热电联产供热节能改造典型案例

华电电力科学研究院有限公司 编

中国电力出版社
CHINA ELECTRIC POWER PRESS

内 容 提 要

为总结供热节能改造经验，进一步指导后续热电联产供热节能改造工作，华电电力科学研究院有限公司组织有关专家和技术人员对集团公司内外已投运的供热节能改造工程进行了全面梳理与总结，选择20余项供热改造工程作为典型案例，编写完成《热电联产供热节能改造典型案例》。

本书从电厂供热基本概况、热负荷分析、供热节能改造技术路线选择、投资估算与财务评价、性能试验与运行情况等角度入手，对典型的供热节能改造工程进行了全面介绍，并对供热节能改造涉及的各项技术如热源侧供热节能技术、热网侧供热节能技术、“互联网＋”智能供热技术和热电解耦技术等进行深入分析，对改造工程的特色与经验进行了深刻的归纳与总结。

本书技术先进，内容全面，基本覆盖当前所有供热节能改造技术，可供电厂或热网公司从事供热节能相关改造的技术人员和管理人员阅读使用。

图书在版编目（CIP）数据

热电联产供热节能改造典型案例/华电电力科学研究院有限公司编. —北京：中国电力出版社，2020.4

ISBN 978-7-5198-4473-8

Ⅰ.①热… Ⅱ.①华… Ⅲ.①供热系统–节能–案例–中国 Ⅳ.①TU833

中国版本图书馆CIP数据核字（2020）第041529号

出版发行：中国电力出版社
地　　址：北京市东城区北京站西街19号（邮政编码100005）
网　　址：http://www.cepp.sgcc.com.cn
责任编辑：畅　舒（010-63412312，13552974812）
责任校对：黄　蓓　朱丽芳
装帧设计：王红柳
责任印制：吴　迪

印　　刷：三河市万龙印装有限公司
版　　次：2020年4月第一版
印　　次：2020年4月北京第一次印刷
开　　本：710毫米×1000毫米　16开本
印　　张：16
字　　数：288千字
印　　数：0001—1500册
定　　价：78.00元

《热电联产供热节能改造典型案例》

编　委　会

前言

近年来，我国城镇化进程加快，北方城市集中供热率普遍提高，供热需求日益增长，南方也逐渐发展了以公共建筑和工业企业为主的集中供热，用能结构和供热热源呈现多样性。随着电力体制改革的推进，我国能源结构转型日益提速，可再生能源快速发展的同时一些地区弃风弃光现象等问题也日益突出，机组灵活性调峰成为火电企业寻求生存的必由之路。此外，信息技术的高速发展和互联网技术的全面普及，对传统行业造成全面冲击，也给智能热网等的快速发展带来了机会。

截至 2019 年年底，中国华电集团有限公司（以下简称“集团公司”）在全国 25 个省市（区）发展了供热业务，供热装机容量为 8205 万 kW，占集团公司火电总装机的 75.7%，远高于全国平均水平。自 2011 年起，华电电力科学研究院有限公司（以下简称“华电电科院”）便致力于热电联产供热节能技术研发和技术服务，涉及采暖供热、工业供热、热电解耦和“互联网+”智能供热等方面，为集团公司下属电厂的供热节能改造工作提供了强有力的技术支持。为总结供热改造项目经验，进一步指导后续热电联产供热节能改造工作，华电电科院对集团范围内已投运的供热节能改造项目进行了全面的梳理与总结，经过充分探讨和筛选，最终选定 20 余项供热改造项目作为典型案例，涵盖了当前主流及有显著应用效果的供热节能技术。依托这些案例编写了《热电联产供热节能改造典型案例》，本书为供热企业的前期规划、生产技术、运维管理等提供详实的资料数据、技术介绍和典型案例。

书中内容涵盖热电联产供热节能改造技术，采暖供热、工业供热和热网供热节能改造技术的典型案例。全书共四章，第一章介绍热电联产供热节能改造技术的基础知识，包括热源侧供热节能技术、热网侧供热节能技术、“互联网+”智能供热技术和热电解耦技术；第二章介绍采暖供热节能改造典型案例，涉及吸收式热泵、大温差热泵、高背压供热、光轴供热、新型凝抽背供热和其他采暖供热节能改造的典型案例；第三章介绍工业供热抽汽改造技术的典型案例；第四章介绍热网侧供热节能技术，涵盖调峰蓄热、长输供热、智能热网技术等的典型案例。

本书由华电电力科学研究院有限公司编写，总结了近些年集团公司内部开展实施的有代表性的供热节能项目案例，同时还精选了部分集团公司外项目案例，得到了浙江大学、辽宁国网经济技术研究院、大连理工大学、西安交通大学、天津大学等单位的大力支持，在此一并表示感谢。

我国热电联产供热节能改造工作正处于快速发展阶段，供热节能改造技术繁多，涉及面广，无法面面俱到。编写组投入大量精力，但受时间和水平所限，本书不足之处在所难免，恳请读者不吝赐教，以便再版时更正。

编　者

2020 年 3 月

目录

前言

第一章

热电联产供热节能改造技术

第一节 热源侧供热节能技术

火力发电厂排入大气的冷凝热损失一般占一次能源总输入热的30%以上，这部分热量品位低且集中，难以直接利用。热源侧供热节能技术以实现集中供热系统综合效率最大化为目标，对热电厂存在的排汽冷凝热直接排放、锅炉排烟温度高、热网循环水泵耗电量大、热网加热器并联需较高抽汽压力等问题进行深入分析，深挖集中供热系统节能潜力，充分回收电厂各类型中低温余热、减少能耗。从电厂整体角度评价经济性，用耦合调节理论指导运行，最终实现全厂集中供热系统综合效率的最优。

热源侧供热节能技术繁多，其中与采暖供热相关的主要有吸收式热泵供热技术、大温差热泵供热技术、汽轮机高背压供热技术、低压光轴转子供热技术、新型凝抽背供热技术等；与工业供热相关的主要有打孔抽汽供热技术、抽汽扩容技术、背压式小汽轮机供热技术、减温减压供热技术、集成优化供热技术等。此外，还有疏水优化供热技术、热网循环泵电泵改汽泵等首站供热节能优化技术。

一、采暖供热节能相关技术

1. 吸收式热泵供热技术

典型的蒸汽型溴化锂吸收式热泵是通过溴化锂吸收剂浓溶液的稀释放热和加热蒸发的特性，回收热量制取工艺或采暖用的热媒。利用高温热能加热发生器中的工质对浓溶液，产生高温高压的循环工质蒸汽，进入冷凝器；在冷凝器中循环工质凝结放热变为高温高压的循环工质液体，进入节流阀；经节流阀后变为低温低压的循环工质饱和汽与饱和液的混合物，进入蒸发器；在蒸发器中循环工质吸收低温热源的热量变为蒸汽，进入吸收器；在吸收器中循环工质蒸汽被工质对溶液吸收，吸收了循环工质蒸汽的工质对稀溶液经热交换器降温后被不断放入吸收器，维持发生器和吸收器中液位、浓度和温度的稳定，实现吸收式热泵的连续制热。

针对湿冷机组和空冷机组，吸收式热泵供热技术方案有一定区别，下面以湿冷机组为例对供热技术方案进行简要介绍。如图 1–1 所示，该系统由吸收式热泵、尖峰加热器、普通的换热器以及相应的供热管网和附件组成。来自汽轮机中低压缸连通管的抽汽驱动吸收式热泵，换热后产生的凝结水通过回收再次进入锅炉；汽轮机低压缸排汽通过凝汽器向循环水冷凝放热，循环水作为吸收式热泵的低温热源，进入吸收式热泵后加热一次网回水，循环水放热后返回汽轮机凝汽器吸热，周而复始进行放热吸热的循环；一次网回水在吸收式热泵内加热升温为中温热源，并根据热用户需求利用尖峰加热器进一步加热，成为一次网供水，一次网通过换热器将热量传递给二次网，最终输送给采暖用户。

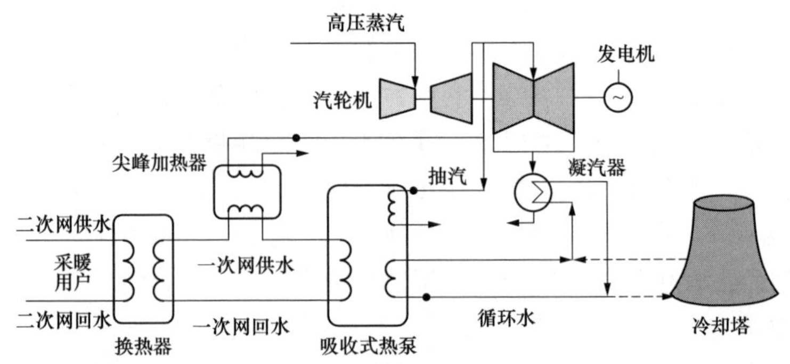

图 1－1　典型吸收式热泵供热系统流程图

该技术实现了正逆耦合循环及热电联产机组的“温度对口，梯级利用”，使低品位的余热得以充分回收利用，减少了热量损失。在电厂实施后，对汽轮机低压缸影响较小，同时还兼具节能环保等优点。

2. 大温差热泵供热技术

大温差热泵供热技术，也称基于 co－ah 循环的热电联产集中供热技术，是指在二级换热站处以吸收式换热机组代替传统的板式换热器，从而使一次管网回水温度降至 30℃以下，增大供回水温差的供热技术。基于吸收式热泵的大温差热泵供热系统如图 1－2 所示。该系统与典型吸收式热泵供热系统的构造、原理以及循环流程基本相同。其不同之处在于：用户端采用热水吸收式热泵和水－水换热器组合的方式加热二次网热水，其中一次网高温热水作为热泵驱动热源进入热水吸收式热泵，放热后温度降低进入水－水换热器加热二次网热水，温度再次降低后作为热水吸收式热泵低温热源返回热泵加热二次网热水。该系统能够有效的降低一次网回水温度，增大一次网供回水温差，供热温差较常规热网运行温差增大近 50%。

3. 汽轮机高背压供热技术

汽轮机高背压供热技术，将原有的汽轮机组背压提高，适当降低凝汽器的真

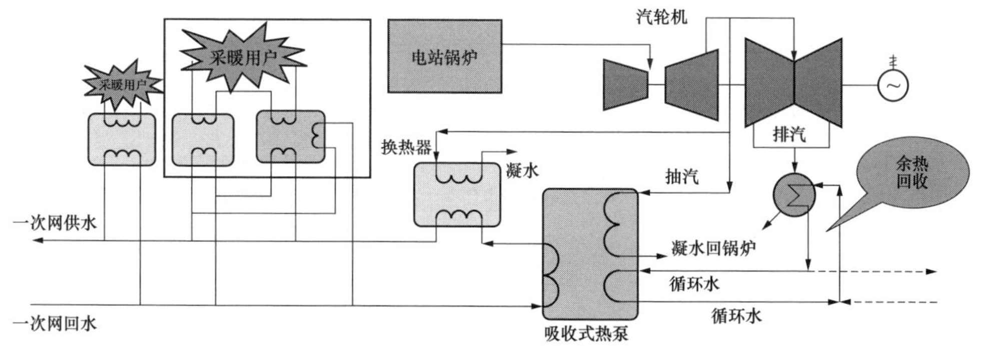

图 1-2 大温差集中供热系统流程图

空，提高排汽压力、温度，并利用排汽加热热网回水，从而提高循环水温度，利用循环水作为热媒向热用户供暖的一项节能技术，它包括直接高背压供热技术和双转子双背压供热技术。

（1）直接高背压供热技术。

1）湿冷机组。湿冷机组进行高背压改造时有两种方式：低压转子去掉末级叶片和低压转子一次性改造方式。低压转子去掉末级叶片是在供热期间，低压转子拆除末一级或两级叶片，提高凝汽器背压，实现高背压供热和“零”冷源损失，节能效果显著。低压转子一次性改造是通过更换静叶栅、动叶栅、叶顶汽封、末级叶片及调整低压通流的级数实现对机组的改造，使机组背压高于纯凝工况的普通背压。湿冷抽汽供热机组改造前后系统如图 1-3 所示。

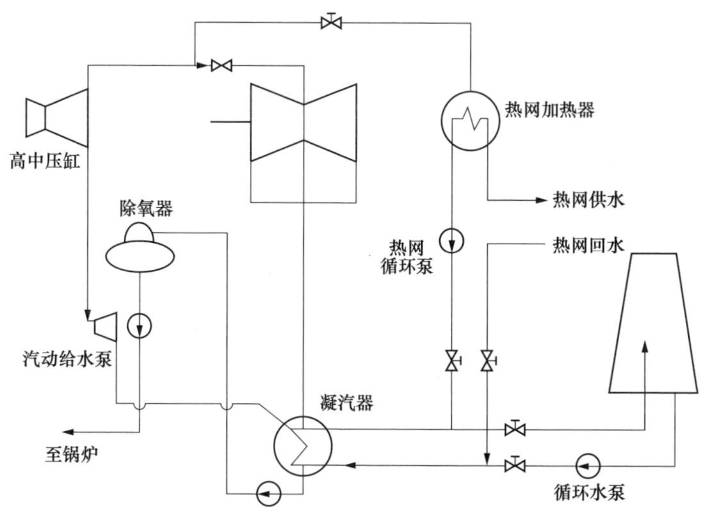

图 1-3 高背压循环水供热系统图

2）空冷机组。

a. 直接空冷机组。直接空冷机组为汽轮机低压缸排汽直接引入空冷岛翅片管束，在管束中与空气换热冷凝成水。直接空冷机组的总热效率较低，其中通过空冷岛排放到大气的能量约占总能量的50%以上，大量余热未被利用。若将直接空冷机组的热网水系统引入机组凝结系统进行加热，需加入新的凝汽器设备，用于回收汽轮机排汽余热，最终实现对热网循环水的加热。直接空冷机组的高背压供热系统图如图1–4所示。

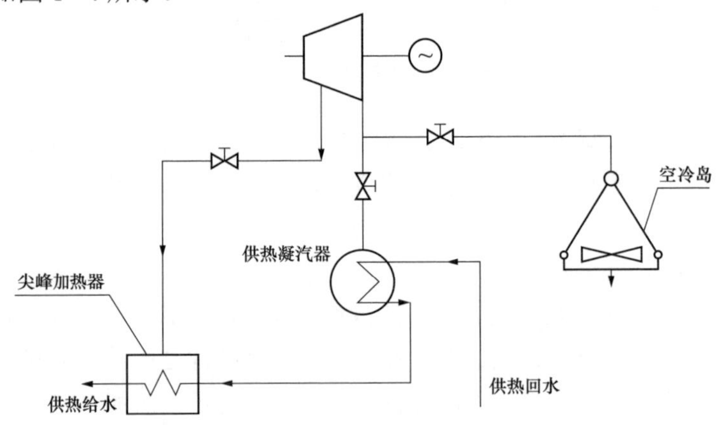

图1–4　直接空冷机组高背压供热系统图

b. 间接空冷机组。间接空冷机组类似于纯凝机组，它有凝汽器，乏汽在凝汽器中冷凝，循环水通过空冷塔换热。可采用间接空冷机组双温区凝汽器供热技术进行供热，它不改变汽轮机本体和间冷塔现状，供热期，适当提高汽轮机背压，利用热网循环水通过凝汽器回收汽轮机排汽余热，进行供热；在非供热期，切换到间冷塔进行纯凝工况运行。

（2）双转子双背压供热技术。

湿冷机组高背压供热改造另一种方案是夏季运行时，湿冷机组维持背压5kPa不变，冬季供热时，更换转子，使机组背压提高（如50kPa左右），供热期结束后再次更换回夏季转子。由于供热期和非供热期采用的是不同的两根低压缸转子，该方式称为双转子双背压方式。“双转子双背压”供热技术由常规的高背压供热方式发展而来，较好地克服了高背压供热在安全性方面的诸多缺陷，是一种比较适合于大型机组的循环水余热回收技术。但采用这种方式，需要有很大的、较稳定的供热面积，否则无法消纳进入凝汽器的巨大余热量。

4. 低压光轴转子供热技术

低压光轴转子供热改造时，仅保留汽轮机的高、中压缸做功，低压缸内的全部通流拆除，设计一根新的光轴转子，只起到在高、中压汽轮机和发电机之间的连接和传递扭矩的作用。图 1–5 所示为无冷却蒸汽的光轴供热系统示意图。

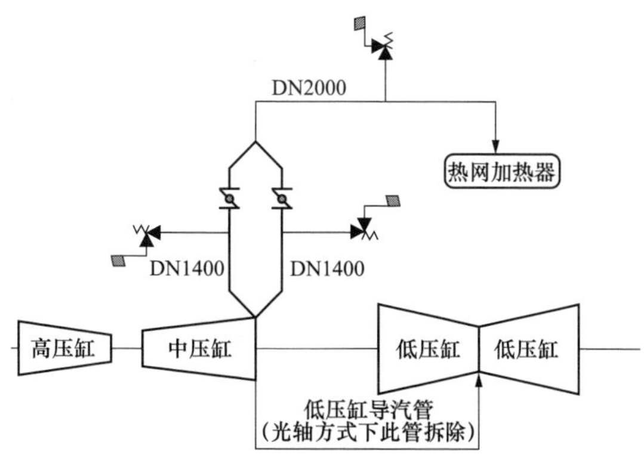

图 1–5　无冷却蒸汽的光轴供热系统示意图

在冬季供热运行时，更换原中低压联通管，增加供热抽汽管道进行供热。同时为了保证机组安全，机组抽汽采用非调整抽汽，抽汽压力与原机组同等工况相持平。为保证原低压转子与新设计低压光轴转子的互换性，中低联轴器和低发联轴器均采用液压螺栓结构。机组在供热运行期间，在低压缸隔板或隔板套槽内安装新设计的保护部套，以防止低压隔板槽档在供热运行时变形、锈蚀。如图 1–6 和图 1–7 分别为改造前后的低压转子示意图。

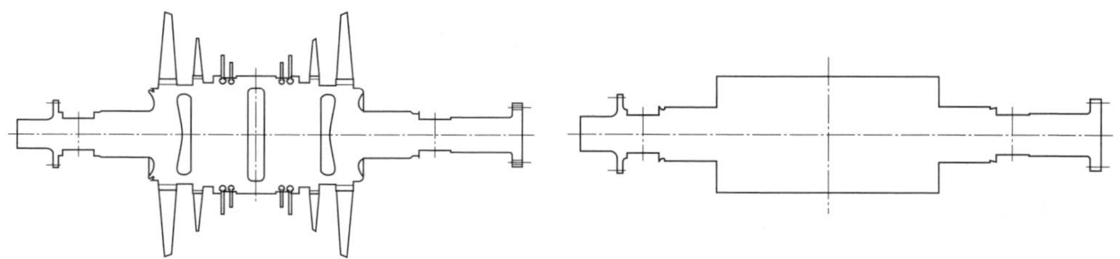

图 1–6　改造前的低压转子示意图　　图 1–7　改造后的低压光轴转子示意图

在夏季非供暖期，低压汽轮机改为原转子，切换为凝汽机组。改造后机组供热期和非供热期运行方式不一样，每年在季节交换时机组需停机，进行低压缸揭缸，更换低压转子、低压隔板、隔板套和联通管等设备部件。

5. 新型凝抽背供热技术

新型凝抽背供热技术是一种可在线实现汽轮机在纯凝（N）、抽汽（C）与背压（B）三种工况间灵活切换的供热技术，是对国产热电机组运行理念的重大突破，具有投资少、改造范围小、经济效益显著等优势。图 1–8 为新型凝抽背供热技术系统示意图。当外界热负荷需求急剧增长时，可以通过关断中低压缸联通管上的液压蝶阀来切除低压缸进汽，实现汽轮机中压缸的排汽全部对外供热，迅速提升机组的供热能力。此时汽轮机低压缸不再进汽做功，机组的出力迅速降低，可快速响应电力调峰的灵活性运行；同时它还可以通过调整阀门，在满足供热需求的前提下将机组电负荷迅速降低，快速响应电网调峰运行灵活性。技术最大难点在于将凝汽器维持在一个较高的真空值，同时保留低压缸一小股冷却汽流，维持低压缸的“空转”运行。

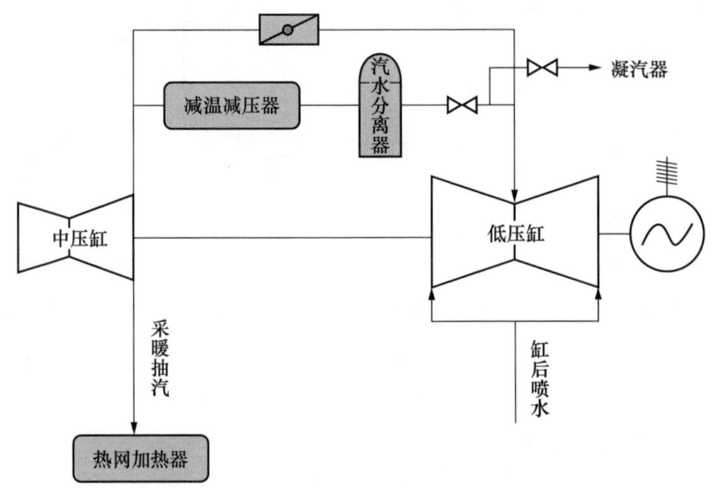

图 1–8　新型凝抽背供热技术系统示意图

新型凝抽背供热技术不同于加装有 3S 离合器的 NCB 型热电机组，它可以在低压转子不脱离、整体轴系始终同频运转的情况下，通过中低压缸连通管上新加装的全密封、零泄漏的液压蝶阀启闭动作，实现低压缸进汽与不进汽的灵活切换。同时它设计加装了一种可以对蒸汽参数进行调节的旁路控制系统，将小股中压排汽作为冷却蒸汽通入低压缸，后缸喷水长期投运，控制排汽温度在正常运行范围内，保证了低压缸在切除进汽的工况下安全运行。

6. 其他热源侧供热节能技术

（1）压缩式热泵供热技术。压缩式热泵在电厂低温余热的利用可分为分布式电动热泵供热和集中式电动热泵供热。

分布式电动热泵供热技术，将热泵分散置于各小区热力站中，电厂凝汽器出口的低温循环水引至各热力站，热泵回收循环水余热加热二次网热水为用户供暖或提供生活热水。

集中式电动热泵供热技术，热泵机组设置于电厂内，凝汽器出口的部分循环水进入热泵作为低温热源，一次网回水由热泵加热至 80～90℃，再进入汽水换热器进行二次加热，送入城市热网。

（2）“NCB”新型机组供热技术。徐大懋、何坚忍等专家针对 300MW 大型供热机组提出了“NCB”新型专用供热汽轮机，具有背压式和抽凝式供热机组的优点，同时又可克服两者的缺点。其特点是在抽凝供热机的基础上，采用两根轴分别带动两台发电机，如图 1–9 所示。在非供热期，供热抽汽控制阀全关、低压缸调节阀全开，汽轮机呈纯凝工况（N）运行，具有纯凝式汽轮机发电效率高的优点；在正常供热期，上述两阀都处于调控状态，汽轮机呈抽汽工况（C）运行，具有抽凝汽轮机优点，不仅对外抽汽供热而且还可以保持高的发电效率；在高峰供热期，供热抽汽调节阀全开、低压缸调节阀全关，汽轮机呈背压工况（B）运行，具有背压供热汽轮机的优点，可做到最大供热能力，低压缸部分处于低速盘车状态，可随时投运。整个机组的特点是在供热期和非供热期都具有很高的效率。

（3）热网疏水系统优化。加热蒸汽疏水管路改造，可以减小主机加热系统的㶲损失，符合能量梯级利用原理，工艺流程图如图 1–10 所示。热网疏水先通过疏水换热器回收一部分热量用于加热热网回水，降温后的热网疏水接口改至对应温度的低压加热器入口（入口凝结水温约 80℃），原疏水至除氧器管路备用，改造后全年统计煤耗率下降约 2g/kWh。此外，由于热网回水温度较低，热网疏水温度较高，温差可达 40～50℃，因此热网疏水可进一步加热热网回水后再回至更低级低压加热器入口，进一步降低主机煤耗。

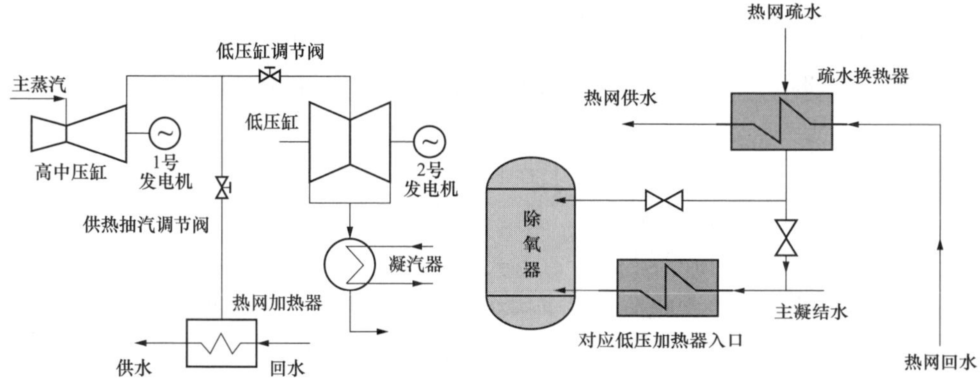

图 1–9 “NCB”新型供热机组工作流程图

图 1–10 热网疏水系统优化工艺流程图

（4）热网循环泵电动改汽动。电动热网循环水泵选型不合理，会导致泵运行效率低，能耗偏高。可考虑将热网循环水泵进行改造，并改成小汽轮机驱动，汽源为采暖抽汽，按照梯级利用原则，小汽轮机排汽用于加热热网回水，其原理图如图 1–11 所示。

（5）热网疏水泵改变频技术。由于采暖期热负荷变化较大，造成疏水流量变化较大，很难保证疏水泵一直在高效区运行，可对热网疏水泵实施变频改造，减少能耗。其原理图如图 1–12 所示。

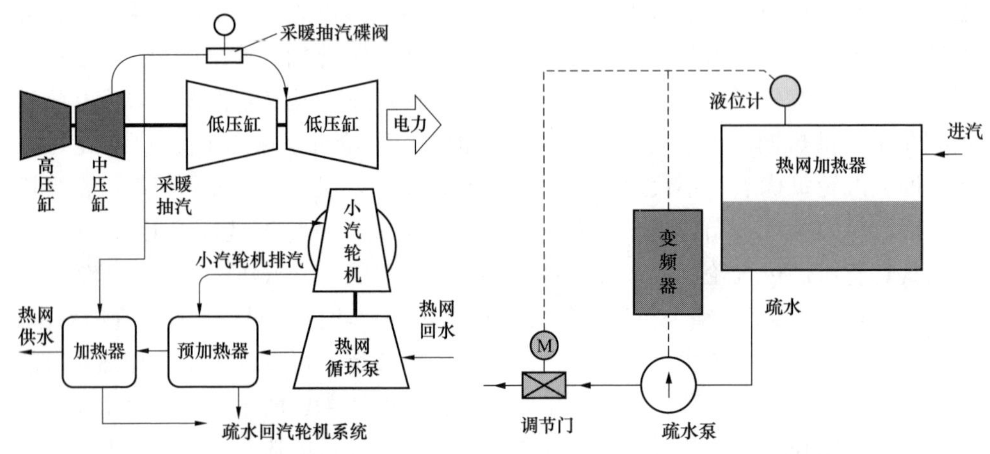

图 1-11 热网循环泵电动改汽动原理图　　图 1-12 热网疏水泵改变频技术原理图

（6）烟气余热回收利用技术。烟气余热的有效利用是燃煤电站锅炉节能的主要途径。当前烟气余热回收利用的技术主要有三类：一是基于低温省煤器技术的常规余热利用集成方案，该方案在空气预热器之后增设低温省煤器，降低了排烟温度的同时也提高了机组的热功转换效率；二是通过增设换热器吸收烟气余热用以加热燃烧用空气，提高进入锅炉的空气温度，从而提高炉膛燃烧温度、燃烧效率，同时降低排烟温度；三是在烟道上增加换热装置，通过吸收烟气余热用以加热锅炉给水、凝结水、除盐水、热网水等水系统的工质，减少除氧器、低压加热器等的加热蒸汽消耗量，从而提高整个机组的经济性。

二、工业供热节能技术

我国集中供热从 20 世纪 90 年代开始，得到了快速的发展。对于早期已经实现工业抽汽集中供热的热电厂，由于供热技术粗放、简单，造成能量损失严重，许多已经进行工业供热的热电厂并没有实现盈利，甚至出现严重亏损的情况。目前，主要存在问题：设计工况偏离实际运行工况、联通管调节阀节流损失严重、旋转隔板节流损失严重、管网设计不合理、不同用户侧所需参数的差异带来的能量损失等。因此，进行工业供热技术的研究与创新，降低供热过程的能量损失是大势所趋。

1. 打孔抽汽供热技术

打孔抽汽是指在凝汽式汽轮机的调节级或某个压力级后引出一根抽汽管道，接至工业抽汽管网。一般打孔抽汽为不可调整抽汽，在电负荷变化时会引起抽汽压力变化，可将打孔抽汽改为可调整抽汽，从而提高打孔抽汽供热机组的适用性和运行稳定性。

一般工艺流程图如图 1–13 所示，打孔抽汽改造后会引起机组轴向推力发生变化，改造前须进行推力轴承改造及轴向推力核算，确保改造后可以满足各纯凝工况和抽汽工况下汽轮机本体的安全运行。

此外，改造前还需对中压调节阀与油动机强度、汽轮机的通流、汽缸及抽汽口、转子临界转速及锅炉受热面等进行全面校核；对相应工业抽汽部位的热工逻辑进行必要改造，对机组的辅助系统如补水系统等进行相应的改造。

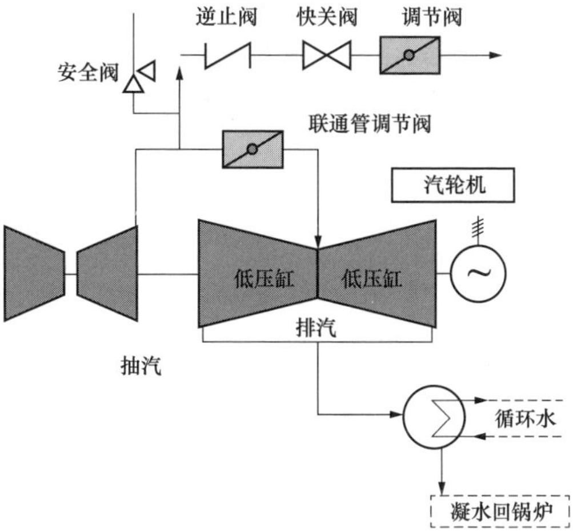

图 1–13　汽轮机打孔抽汽改造示意图

2. 抽汽扩容技术

抽汽扩容技术是在通流级数不变、本体基础不动，尽量利用现有机组部套的原则下，调整部分低压通流正反静叶通流面积，提高中低压分缸压力，增加机组的抽汽能力，增大低负荷供热时调节阀开度，并通过对汽轮机通流强度及本体的校核及轴向推力的校核计算，提高机组运行的安全性，如图 1–14 所示。

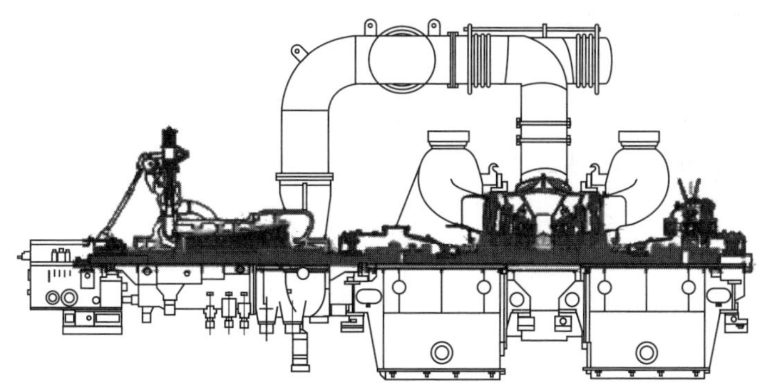

图 1–14　机组抽汽扩容改造系统图

原有机组通过抽汽扩容技术改造后，增加了机组供热能力，降低了机组煤耗，提高了供热安全性。

3. 背压式小汽轮机供热技术

对于一些有较稳定工业抽汽用户的电厂来说，经常面临的问题主要有：一是低负荷时抽汽量不足，二是抽汽参数不能很好匹配，工业抽汽参数较低，需要用高压抽汽（例如冷再等）经减温减压后才能满足，存在较大的节流损失。针对这

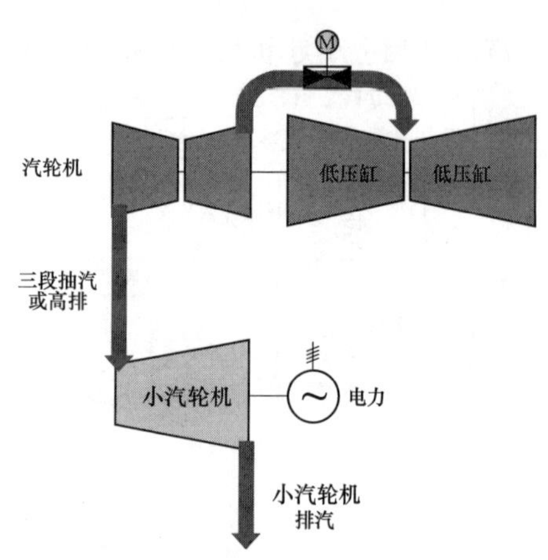

图 1-15　背压式小汽轮机供热示意图

种情况，若能通过小汽轮机将高压抽汽先做功，再利用排汽作为工业抽汽汽源，则将节约大量能源。因此，通过背压小汽轮机驱动厂内大型耗电设备如引风机等，利用小汽轮机排汽作为工业抽汽汽源是一种较理想经济的满足工业抽汽的手段。工艺流程图如图 1-15 所示。

4. 减温减压供热技术

减温减压装置可对热源输送来的一次（新）蒸汽压力、温度进行减温减压，使其二次蒸汽压力、温度达到生产工艺的要求。热电厂可以利用高压蒸汽经过减温减压装置后产生工业用汽所需的二次蒸汽。此技术方案具有技术成熟、改造周期短、投资少等优点，得到了广泛的应用，但是该技术存在一个严重的缺点，就是直接将高参数蒸汽减温减压，节流损失较大，造成了能源的直接浪费。

5. 集成优化供热技术

在工业抽汽供热中，由于机组的抽汽压力单一，缺乏多样性，往往存在机组蒸汽压力与工业供热压力不匹配的情况，可利用压力匹配技术解决该问题。

压力匹配技术主要是利用压力匹配器，通过高压蒸汽经喷嘴喷射产生的高速汽流，将低压蒸汽吸入，使其压力和温度提高，而高压蒸汽的压力和温度降低；两种蒸汽混合后可形成工业抽汽所需压力与温度的蒸汽，如图 1-16 所示。

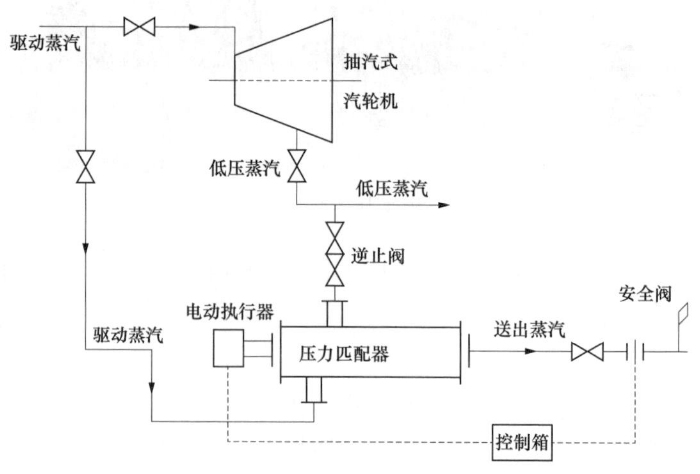

图 1-16　工业抽汽压力匹配技术

另外，采用优化选择抽汽端口的方式，可以降低联产机组供热、发电煤耗，提高供热的经济性，可使机组煤耗下降 10～20g/kWh 左右。图 1－17 所示为工业供热抽汽全工况集成系统图。

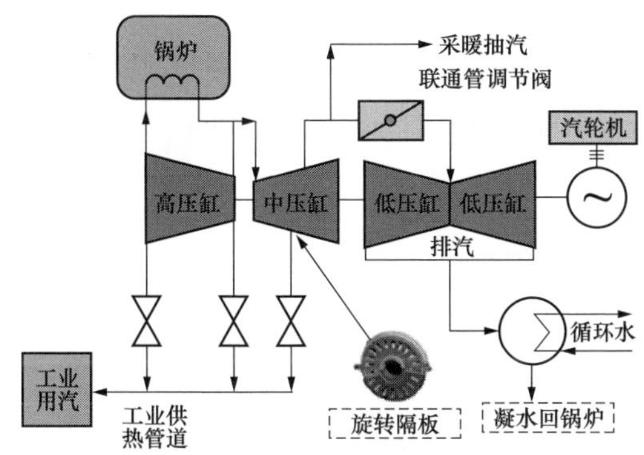

图 1－17 工业供热抽汽全工况集成系统图

第二节 热网侧供热节能技术

当前，我国集中供热系统的控制理念与国外差异较大，主要供热控制方式是总量控制、均匀供热，即供给侧给定热网水总流量，各换热站进行均匀分摊，然而由于集中供热系统管网庞大，这种调节方式实现全网平衡难度较大，很容易引起部分换热站供热过量或欠供的现象。我国集中供热存在的主要问题可以分为技术、装备、设计、管理等方面。

此外，二次管网冷热不均和过量供热产生的损失约占总损失的 30%，主要分布在：换热站间不均匀热损失约 3%，用户间不均匀热损失约 7%，楼宇间不均匀热损失约 7%，过量供热约占 13%。针对各种热损失，本文总结出以下热网侧供热节能主要技术。

1. 水力平衡技术

供热系统实际运行中，水力工况难以做到平衡，往往造成水力失调现象。水力失调进而导致热力失调，造成近端用户过热，末端用户过冷，供热不均、过量供热现象发生。如图 1－18 所示。

热网系统一般既存在静态水力失调，也存在动态水力失调，因此必须采取相应的水力平衡措施来实现系统的水力平衡。通过合理的运行调整及在相应的部位安装静态水力平衡设备和动态水力平衡设备，即可使系统达到水力平衡。

2.“一站一优化曲线”智能调节

目前，国内同一区域的供热系统中，一方面设计负荷裕量过大，另一方面温度调节曲线只考虑了当地室外气温单一因素的影响，而未考虑太阳辐射、屋内散热器面积、建筑物热惰性、小区及小区建筑物特性等影响因素，并且各换热站往往采取统一的温度调节曲线，仅根据经验进行调节。以上两个方面，往往造成供热系统的过量供热问题，如图 1-19 所示。因此，“一站一优化曲线”的制定十分必要。

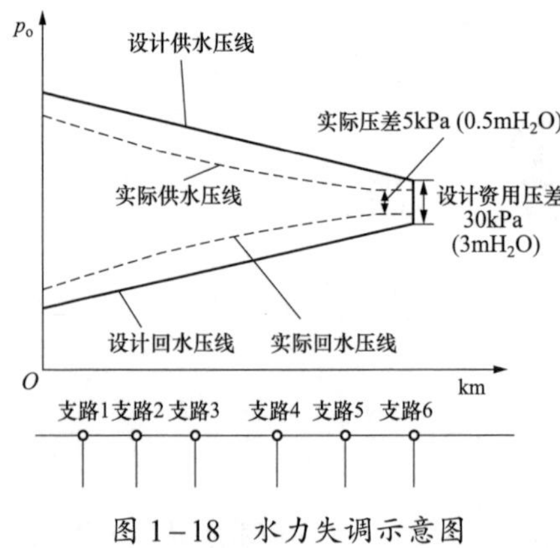

图 1-18 水力失调示意图

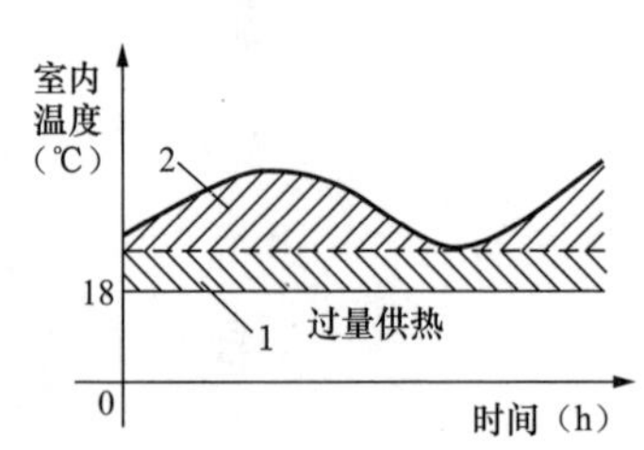

图 1-19 供热系统中的过量供热

“一站一优化曲线”智能调节技术通过综合考虑室外气温、太阳辐射以及建筑物热惰性对供热负荷的影响，折算成一个综合环境温度，实现对温度调节曲线的优化，并建立数学模型。

为了实施“一站一优化曲线”控制策略，实现换热站精细化智能自动调节，需要建设一套智能曲线调节控制系统。“一站一优化曲线”智能曲线调节实施方案有两种，一种是在各换热站端进行扩展，另一种是在集中控制中心端进行扩展，两种各有优缺点和各自的使用范围。

如图 1-20 为基于换热站智能曲线调节系统示意图，在各换热站室外安装气象监测设备，在站内安装智能曲线调节控制器。控制器与气象监测设备及现有换热站控制器相连接，智能曲线调节控制器用于采集储存气象及供热参数，并根据“一站一优化曲线”计算模型对所采集数据进行实时计算，计算出当前换热站最佳供水温度，最终将目标供水温度输入换热站现有 PLC，换热站 PLC 接收到智能曲线调节控制器目标供水温度后启动现有 PID 算法，自动调整换热站供水温度为目标值。

另一种是在监控中心端安装气象监测站，在监控中心架设高性能服务器，安装智能曲线调节系统软件，如图 1-21 所示。智能曲线调节系统软件与气象监测站相连接，采集、储存及计算气象监测数据，系统根据“一站一优化曲线”智能调节原理及各换热站建筑物特征建立每个站的调节控制模型，通过实时监测及计算得出每个换热站最佳供水温度目标值，最终热网监控系统利用现有功能块及通信系统将目标值下达到各换热站进行自动调节。

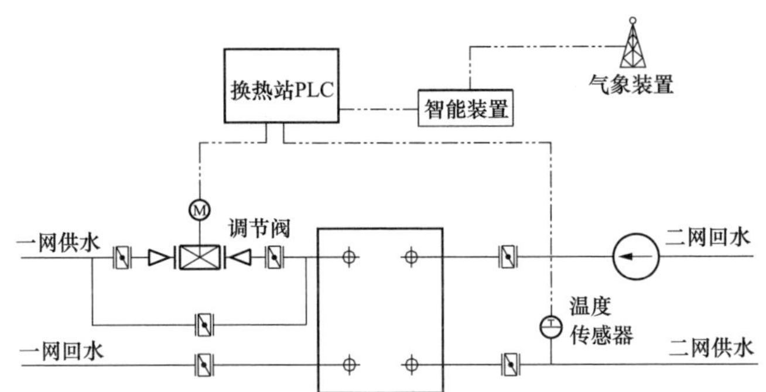

图 1-20 基于换热站智能曲线调节系统示意图

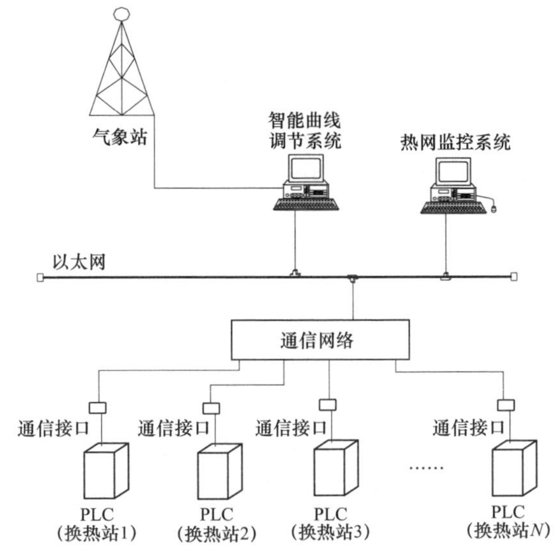

图 1-21 基于监控系统智能曲线调节系统示意图

3. 分时段温控调节阀

为了节约热能，提高能源利用率，需要对部分换热站所辖区域中含有的学校、企事业机关等非常规用热单位进行单独的分时段调节。

分时段温控调节阀的原理是：常用的分时段温控阀主要由阀门、执行器、时间控制器和水温传感器几部分组成。将水温传感器安装在二次网支线回水管上，控制阀安装在二次网支线供水管上，通过时间控制器设置通断时间进行阀门开关的分时段操作。以学校为例，寒假时基本不用热，因此就可以通过时间控制器设置通断时间，不用热时将阀门关小，降低通流的流量，降低热量浪费，在正常用热时，将阀门全开，根据设置的“一站一优化曲线”进行调节控制。

4. 智能热网控制技术

目前在城市集中供热中，新旧热网并存，热力站没有自动化设备，调节时间长，劳动强度大。此外，随着供热面积的扩大和热用户数量的增加，用户服务、热费收缴、设备管理等各项业务的难度与日俱增。因此需要对热网系统进行智能改造，包括热网监控中心和热力站的升级建设。

对于热力站的升级，在硬件方面通过进行调节阀改造，加装变频器和控制反馈系统，最终实现自动调节，无人值守。通过对热网的温度、压力、流量、开关量等进行信号采集测量、控制、远传，实时监控一次网/二次网温度、压力、流量，循环泵、补水泵运行状态，及水箱液位等各个参数状态，进而对供热过程进行有效的监测和控制。

热网监控中心升级主要是通过仿真系统对热网进行水力、热力计算，热网的控制运行分析，使热网运行达到最优化。同时利用故障诊断、能耗分析了解管网保温和阻力损失等情况，使设备的使用效率，热网的管损达到最小值，最终达到热网在最经济条件下运行。通过对历史数据和实时数据的比较，分析管网是否存在泄露，设备是否需要维修，以达到最安全运行。智能热网控制技术系统网络结构图如图 1–22 所示。

5. 热负荷实时调节

目前热网首站调节方式存在的主要问题在于：一是大热网系统的热惯性较大，首站对热量的调节反应抵达末端建筑需要较长时间，调节周期较长。然而环境温度、太阳辐射等因素在一天中都在变化，因此供热需求也在实时变化。另一个问题是首站根据热负荷预测结果进行调节，但是环境温度预测难度较大，仅凭经验调节很难做到热量供需平衡。

针对上述存在的问题，可采用分阶段定压差、定供水温度的调节模式。查找系统最不利环路，分析最不利环路压差。在满足热负荷的情况下，根据曲线实时调整热网循环水泵，使其处于最经济的运行状态。通过热负荷曲线分析，制定合理的供水温度和流量，根据实际运行调节热网水流量，自适应调节供水温度，待系统稳定后，制定供水温度为 PID 系统的目标值，通过控制多种执行机构，维持目标值。目前，蓄热系统和抽汽调节可实现热负荷的实时调节。国外较为普遍的是采用蓄热系统进行热负荷实时调节。

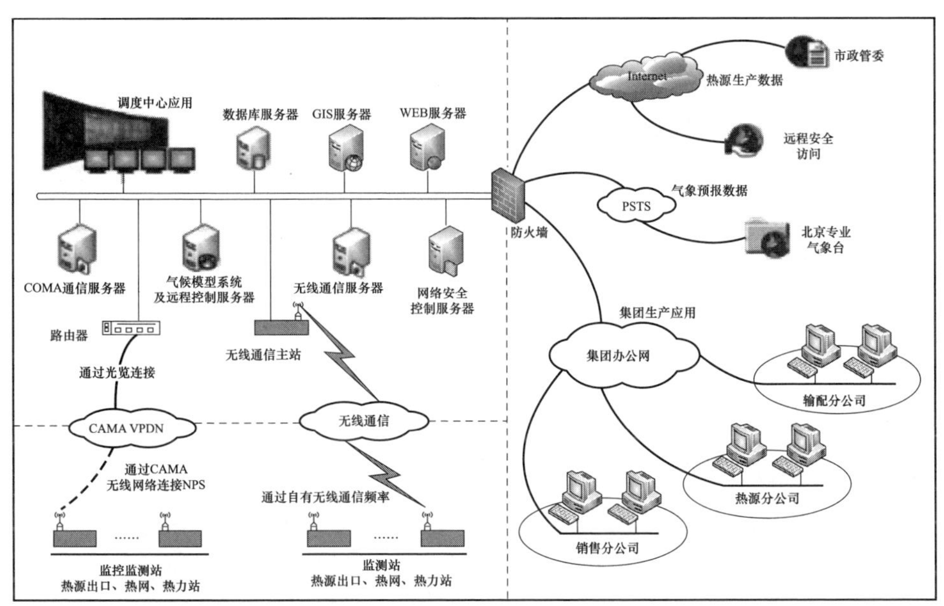

图 1-22 智能热网控制技术系统网络结构图

6. 调峰蓄热技术

蓄热技术是一项提高能源利用效率和保护环境的重要技术，旨在解决热能供求之间在时间和空间上不匹配的矛盾。蓄热罐能够在低负荷的时候将多余的热量吸收储存，等负荷上升时再放出使用。若用户热负荷波动大且比较频繁，蓄热罐将起重要作用，它不仅可以满足供热系统高峰负荷，减少装机容量，提高系统储热能力，实现最大经济效益；还可以在热网出现大的泄露时，提供紧急补水，增强供热系统的安全性和稳定性，如图 1-23 所示。蓄热罐可最大限度地发挥热电联产优势，降低供热系统的运营成本，使热电厂与热力公司收益最大化。

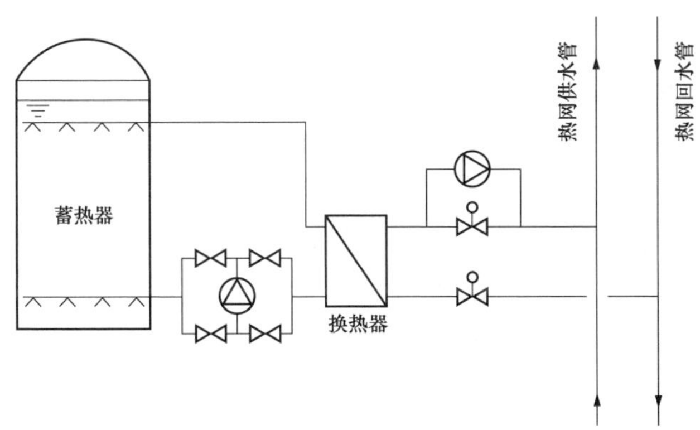

图 1-23 蓄热罐与热网系统间接连接系统示意图

热电联产机组增加蓄热系统可以实现一定程度的热电解耦。对热电厂而言，如果用户侧热负荷波动大且比较频繁，蓄热罐在低负荷时能将多余的热能吸收贮存，等热负荷上升时再放出使用。蓄热罐蓄热时相当于一个热用户，使得用户热负荷需求曲线变得更加平滑，有利于机组保持在较高的效率下运行，提高经济性。放热时，储热罐相当于一个调峰热源，可以单独供热或与原主热源联合供热。

7. 长距离输送供热技术

长距离输送供热是采用有效的技术措施扩大热源的供热输送半径，增加热源的对外供热量。伴随着我国城市和电力行业的快速发展，热电厂的装机容量逐步趋于大型化，并逐步向城市外延迁移，以热电厂为热源的供热管网随之向长距离、大管径、较高参数发展。长距离供热包括采暖供热和工业供热。图 1–24 为长距离输送供热技术示意图。

图 1–24　长距离输送供热技术示意图

第三节　“互联网+”智能供热技术

当前，我国供热智能化水平低、供热方式粗放、能耗高，同时管网跑冒滴漏、水力失衡等现象严重，无有效的监测与诊断手段，集中供热系统中电厂、换热站、热用户之间信息相对孤立，难以实现分户控制与热计量。传统的供热企业信息化应用和分散控制、人工调网的粗放式管理模式已经不能满足新时期供热企业生产、经营、服务等诸多方面的要求。

数字信息技术的高速发展，特别是互联网技术的全面普及，给供热行业带来了整体业务流程改进的机会。利用互联网、大数据、人工智能等手段对供热系统进行升级改造，可有效降低热网损失，提高热网侧的能源利用效率。它通过先进的节能技术、信息技术与自动化技术的深度融合，深度挖掘热电机组的调峰能力，提升火电机组灵活性，实现供热系统的整体节能降耗，最终建立一个“安全、清洁、高效、经济、智慧”的供热体系。

近几年来，国内外随着工业4.0、互联网+、物联网、大数据、云平台、智慧交通、智能电网等概念及技术的兴起，智能热网的概念也逐渐被行业及各研究机构提出，但并没有形成一个统一完整的定义，正处于不断探索、发展、完善的阶段。

1. 技术特点

目前，智能供热主要是通过将热网自动化和信息化进行有效融合，是建立在基于多数据集成、跨平台、高速双向通信网络的基础上，通过先进的传感和测量技术、先进的设备技术、全自动的控制手段和融入科学高效管理方法的信息平台相结合且支持辅助决策、远程监控和移动管理的技术综合应用。实现热介质安全、可靠、经济、高效、环境友好的生产、分配、输送、使用；形成热网环境友好、舒适节能、自动化和信息化有机融合、智慧辅助决策融为一体的“互联网+”智能供热的模式。智能供热系统包括智能决策层、智能控制层和智能设备层。图1–25所示为智能供热系统图。

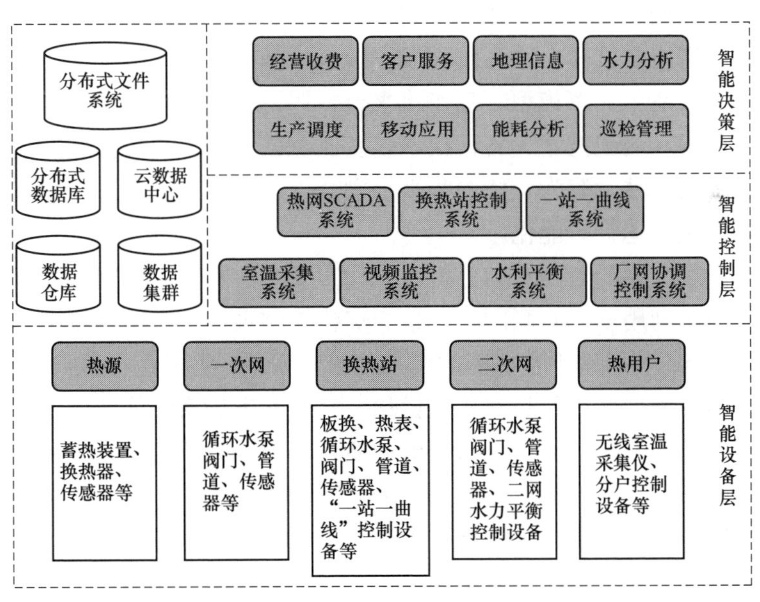

图1–25　智能供热系统图

智能供热是一种一体化的系统网络，按照硬件结构划分，可分为六大部分：供热首站、一次网、换热站、二次网、热用户和外界环境；按照软件结构划分，可分为：自动化控制系统、数据采集系统、热网建模与分析系统、热网运行管理系统等。智能热网的硬件系统如图1–26所示。

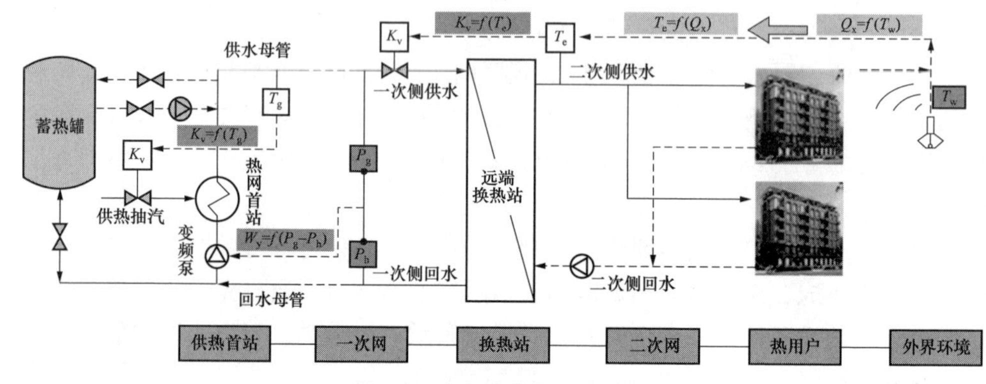

图 1-26　智能热网硬件系统

2. 建设内容

智能供热的主要建设内容有：智能热网平台建设、热力生产运行智能化、网源一体化协调控制、火电机组灵活性提升、企业管理智能化、客户管理智慧化等。

（1）智能热网平台建设。按照分层、低耦合、高复用、接口开放、规范化等思想科学构建智能热网平台。系统开发平台包括基础技术平台、通用业务组件、软件安全体系、系统计算模型、工作流平台、图形平台、报表平台等，也应包括系统的发布技术、构建技术、备份技术以及测试技术等，是集互联网、移动、短信、微信、自动化技术等为一体的跨平台融合。

（2）热力生产运行智能化。

利用基于互联网的智能水力分析系统，实现一次网、二次网水力智能调节，达到水力平衡；利用基于互联网的一站一优化控制系统，实现换热站热负荷按需分配，智能调节；利用基于互联网的信息化管理系统，实现供热生产无人化管理。

结合上述各项技术进行热网节能优化，并实施供热系统硬件设施的自动化升级改造，建立包括负荷预测、全网平衡、能耗分析等循环管控为一体的智能热网调度中心。图 1-27 为能耗及运行经济分析系统网络结构。

（3）网源一体化协调控制。通过互联网技术，将热电厂、热泵、蓄热系统、孤立热力站与分散管网集成于一个大数据系统，进行数据挖掘，统计分析，合理分配，按需供热；同时建立用户侧数据库与热源侧数据库，利用大数据处理技术，对各类数据进行实时分析与反馈，实现智能化实时调节。实现多热源联网以及网源一体化控制，根据城市热负荷实时智能调节总供热量，实现节能降耗。

（4）火电机组灵活性提升。

1）通过信息技术与自动化技术的融合，充分发挥锅炉系统、回热系统等各设备的蓄热能力，深度挖掘火电机组的调峰能力。

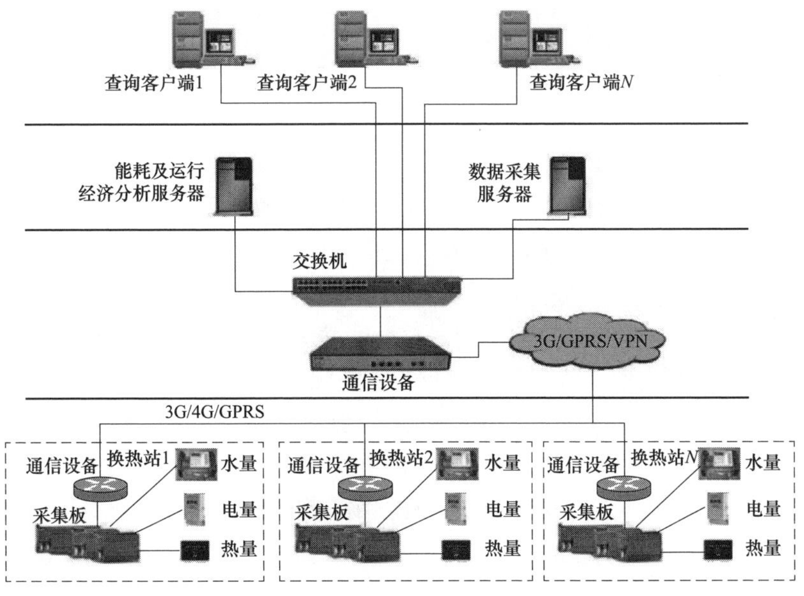

图 1–27 能耗及运行经济分析系统网络结构

2）借助于蓄热系统，在达到热网削峰填谷的同时，实现热电机组的热、电解耦，充分发挥热电机组的调峰能力。

3）基于“互联网+”，进行热网管网的温度、流量等信息分析，实时掌握管网的动态，在低负荷时，可以借助管网系统的蓄热能力，进一步发挥热电机组的调峰能力。

（5）企业管理智能化。

1）流程梳理及企业信息化建设规划，结合企业未来业务发展对信息化系统的要求，基于企业现有的信息技术的应用和组织机构的状况，识别企业信息化应用系统的不足，对企业流程进行梳理和优化，制定企业经营标准化制度。

2）业务系统建设，主要包括：收费系统、营销系统、能耗分析系统、设备动态台账与运行管理系统、设备缺陷及工作票管理系统、GIS 系统。图 1–28 为收费系统的组成。

3）安全生产工作全过程的智能化，主要包括：基于“设备全生命周期管理”理念的智能化设备管理、对关键设备实施动态诊断、

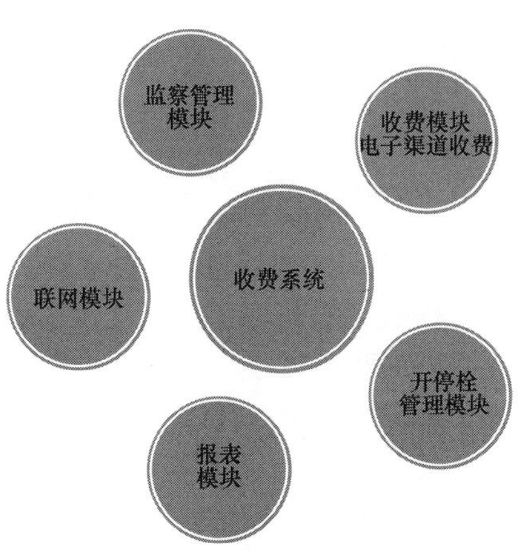

图 1–28 收费系统组成

建立设备参数异常时的智能化快速反应机制、智能化的故障停暖公告通知、基于“互联网+”理念的便携式作业记录仪、基于智能化的数据支撑进行陈旧管网改造等。

（6）客户管理智慧化。

1）多维度客服系统研究及建设。通过热网服务的智能化建设，提供多种服务平台，包括：智能营业厅、网站客服、微信客服、热线客服、手机客服等，企业可随时随地为客户提供服务，从而提高了企业服务响应速度和抢修效率。

2）多元化缴费渠道研究及建设。整合缴费方式，支持手持POS机收费、自助缴费终端、联网收费、移动公司代收、委托代收、微信支付系统、网银缴费等，统一数据接口，实现了各类缴费渠道的统一规划、统一接入、统一管理。

第四节　热电解耦技术

1. 项目背景

当前我国“三北”地区的民生采暖主要依赖燃煤热电机组，冬季供暖期调峰困难。而解决燃煤热电机组的调峰问题，是未来相当长一段时期内减少弃风弃光，实现热电解耦的关键。煤电机组不但总量大，其灵活性潜力也十分可观，通过灵活性改造，煤电机组可以增加20%以上额定容量的调峰能力。同时，煤电机组灵活性改造经济性也具有明显优势，灵活性改造单位投资远低于新建调峰电源投资。因此，提升我国火电机组，尤其是热电机组的灵活性运行能力，挖掘燃煤机组调峰潜力，有效提升电力系统调峰能力，破解当前和未来的新能源消纳困境，减少弃风弃光现象，是符合我国实际的优化选择。

2. 热电解耦主要技术

火电灵活性改造的主要措施中，与供热关系最为密切的是“热电解耦”。它是指通过一定技术手段，减少机组对外供热量与机组出力之间的相互限制，实现机组电、热负荷的相互转移，大幅度提高机组热电比，改变热电机组“以热定电”的运行模式。

热电解耦关键技术，除了前面章节提到的热泵供热技术、高背压供热技术、新型凝抽背供热技术、低压光轴转子供热技术、蓄热调峰技术之外，还包括配置电蓄热锅炉、主蒸汽减温减压供热、机组旁路供热与高参数蒸汽多级抽汽减温减压供热等。

（1）电蓄热锅炉。该技术是指在电源侧设置电锅炉、电热泵等，在低负荷抽汽供热不足时，通过电热或电蓄热的方式将电能转换为热能，补充供热所需，从而实现热电解耦。在热电联产机组运行时，根据电网、热网的需求，通过调节电锅炉用电量（转化为热量）实现热电解耦，达到满足电热需求的目的。

热电厂配置电蓄热锅炉后，可利用夜间用电低谷期的富裕电能，以水为热媒加热后供给热用户，多余的热能储存在蓄热水箱中，在负荷高峰时段关闭电锅炉，由蓄热水箱中储存的热量和机组抽汽共同供热。

（2）主蒸汽减温减压供热。一般情况下，热电厂在机组检修或出现故障时，供热量不足，会首先调度其他抽凝机组加大抽汽量满足供热，若仍无法满足供热需要，需考虑主蒸汽减温减压供热作为补充，即部分主蒸汽在进入汽轮机前直接通过减温减压器供热，剩余的蒸汽进入汽轮机做功，这样汽轮机侧做功蒸汽流量不受供热蒸汽流量的影响，主要受最小冷却流量限制，可不受以热定电运行的约束。

减温减压器是安装在主汽母管和供热母管之间的装置，通过节流降压、喷水降温，将来自锅炉的高温高压蒸汽减温减压到供热所需的参数来供热。

（3）机组旁路供热。汽轮机旁路分为高压旁路和低压旁路，其主要作用是在机组启停过程中，通过旁路系统建立汽水循环通道，为机组提供适宜参数的蒸汽。机组旁路供热方案即通过对机组旁路系统进行供热改造，使机组正常运行时，部分或全部主、再热蒸汽能够通过旁路系统对外供热，实现机组热电解耦，降低机组的发电负荷。机组旁路供热改造后系统如图 1–29 所示。

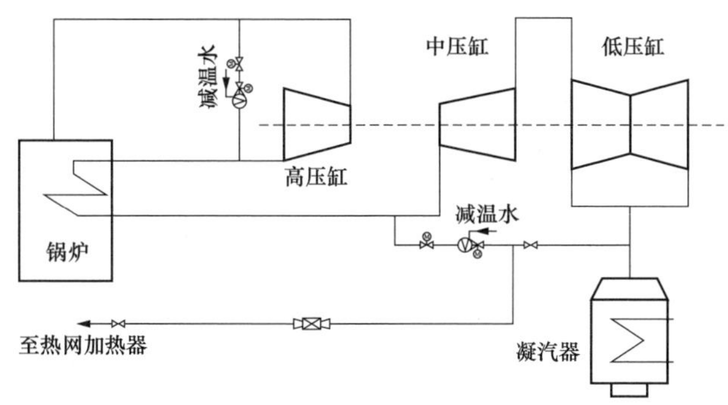

图 1–29　机组旁路供热改造后系统示意图

（4）高参数蒸汽多级抽汽减温减压供热。主要是结合“温度对口、梯级利用”的用能原则，对热电机组包含主蒸汽、再热蒸汽、工业抽汽、采暖抽汽等不同抽汽方式的高效集成，在满足供热与调峰的同时，优先选择低品位能来供热，实现热电机组的“热电解耦”，解决了热电机组受“以热定电”限制的问题。综上各种实现热电解耦的技术，将其体现在图 1–30 中。

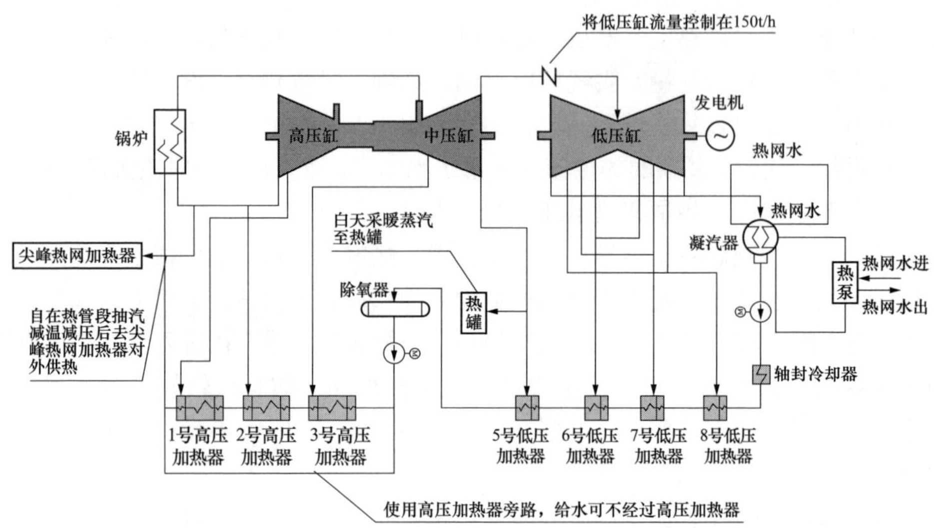

图 1－30　实现热电解耦的技术示意图

第二章 采暖供热节能改造典型案例

第一节 吸收式热泵供热改造典型案例

案例一 吸收式热泵供热技术在某150MW机组的应用

一、项目概况

某电厂现装机容量为两台125MW双抽供热机组，分别于1998年7月及2000年6月投产，设计采暖供热面积约350万m^2。随着电厂所在城市的快速发展，在其实际供热面积已达400万m^2的情况下，尚有将近200万m^2的采暖面积无法供热。由于电厂现有机组所带热负荷已超出设计规模，任何一台机组在冬季故障停运，都将严重影响市区的供热，电厂面临的供热压力巨大。2011年5月集团公司决定在此电厂通过回收循环水余热供热改造扩大供热面积，最大限度地满足电厂周边热负荷增长情况，保证供热运行安全性、可靠性，缓和供热紧张局面。

火电厂低温循环水的能量约占电厂耗能总量的30%以上，充分利用这部分能量可以缓解目前电厂2×125MW供热机组进一步拓展供热市场的热源不足问题，是企业发展的一个良好机遇。

城市的快速发展需要增加城市热源点，提高电厂供热能力。缓解区域供热需求紧张的局面，是电厂义不容辞的责任和义务，循环冷却水余热利用项目是电厂内部挖潜、增大供热量的重要途径。在发电量不变情况下，不增加煤耗和电厂污染物排放，节省了能源，保护了当地环境，提高了能源综合利用率，贯彻了国家可持续发展的战略部署，这也是贯彻《中华人民共和国经济和社会发展“十二五”规划纲要》提出的“十二五”期间单位国内生产能耗降低20%左右，主要污染物排放总量减排10%的重大举措。

二、热负荷分析

电厂热网系统最大供热半径约7692.5m，设计供热面积约350万m^2，当前电厂实际供热面积已接近400万m^2。冬季平均对外供热量约600GJ/h，折合抽汽量385t/h左右；最大对外供热量1004GJ/h，折合抽汽量约410t/h左右。电厂单台机组可供热量139.4MW，两台机组可供热量278.8MW。电厂近期须新增供热面积

153.86 万 m^2，供热缺口较大，在背压机未建成之前只能采用循环水余热供热方式增大全厂供热量。

项目需装设吸收式热泵 3 台，利用汽轮机四段抽汽（0.34MPa，141℃）作为驱动汽源，两台机抽汽量 106t/h，回收一台机组凝汽器排汽量 76t/h，循环水流量 10 000t/h，冷却水供回水温度 31.5/36.0℃，热网循环水流量 5400t/h，热网水供回水温度 58/75.3℃。

电厂原有两台 125MW 抽凝机组可供热量 278.8MW，利用循环水余热可增加供热量 47.9MW，总供热负荷达 326.7MW。单位供热面积按 60W/m^2 计算，增加供热面积 80 万 m^2，电厂仍需扩建 2×25MW 背压机满足热负荷增长的需要。

年采暖热负荷曲线如图 2－1 所示。

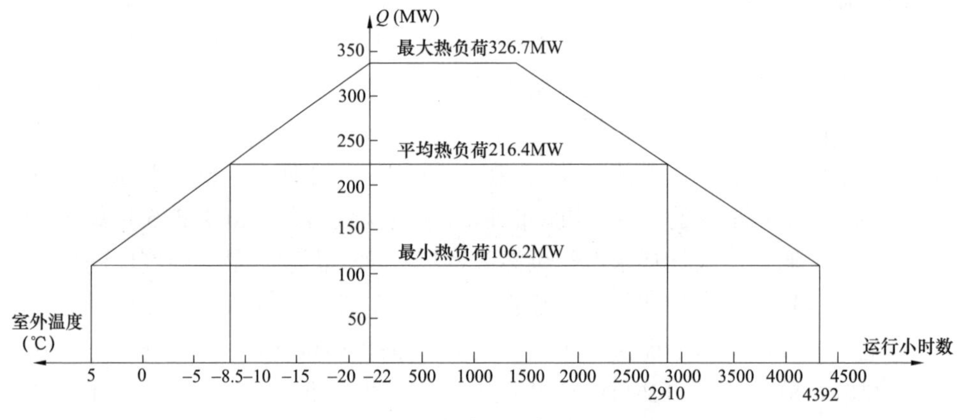

图 2－1　年采暖热负荷曲线

设计参数：

4 段抽汽压力 0.34MPa，抽汽温度 141℃，抽汽流量 104t/h。

三、技术路线选择

1. 汽轮机低真空运行供热技术

汽轮机改造为低真空运行供热后，凝汽器成为热水供热系统的基本加热器，原来的循环冷却水变成了供暖热媒，在热网系统中进行闭式循环，有效地利用了汽轮机凝汽所释放的汽化潜热。但传统的低真空运行供热技术主要受以下几方面的限制：

（1）低真空运行机组类似于背压式供热机组，其通过的新汽量决定于用户热负荷的大小，发电功率受用户热负荷的制约，不能分开独立的进行调节，即其运行是“以热定电”，较适用于用户热负荷比较稳定的供热系统。

（2）凝汽式汽轮机改造为低真空运行循环水供热时，对小型和少数中型机组在经过严格的变工况运行计算，对排汽缸结构、轴向推力的改变、末级叶轮的改造等方面做严格校核和一定改动后方可以实行，但对现代大型机组则是不允许的，尤其对于中间再热式大型汽轮机组，凝汽压力过高会使机组的末级出口蒸汽温度过高，且蒸汽的容积流量过小，从而引起机组的强烈振动，危及运行安全。

2.“NCB”新型供热机组技术

“NCB”新型供热机组技术的特点是在抽凝供热机组的基础上，采用两根轴分别带动两台发电机。在非供热期，采暖抽汽控制阀全关、低压缸调节阀全开，汽轮机呈纯凝工况（N）运行，具有纯凝式汽轮机发电效率高的优点；在正常供热期，采暖抽汽控制阀、低压缸调节阀处于调控状态，汽轮机呈抽汽工况（C）运行，具有抽凝汽轮机优点，不仅对外抽汽供热还可保持高的发电效率；在高峰供热期，采暖抽汽控制阀全开、低压缸调节阀全关，汽轮机呈背压工况（B）运行，具有背压供热汽轮机的优点，可做到最大供热能力，低压缸部分处于低速盘车状态，可随时投运。但是该项技术受两方面的限制：

（1）原供热机组为单轴汽轮机，若改为双轴汽轮机，需解决排汽缸结构、轴向推力改变等因素的影响，同时需完成汽轮机叶轮的改造等工作，改造过程需要停机，难度大。

（2）即使能够完成改造，供热机组在采暖季呈背压工况运行，为保持其稳定高效工作，需要较大容量的调峰热源，而以目前状况是很难实现的。

3. 利用压缩式热泵回收乏汽余热技术

利用压缩式热泵回收乏汽余热主要有两种方式，一种是铺设单独的管道，将电厂凝汽余热引至用户，在用户热力站等处设置分布式电动压缩式热泵，这种方式能收到一定的节能效果，但管道投资巨大，输送泵耗高，无法远距离输送，供热半径仅限制在电厂周边 3～5km 范围以内；另一种方式是在电厂处集中设置电动压缩式热泵，这种供热形式造成厂用电耗量大，在能源转换效率上显然不是最好的方式。

4. 利用吸收热泵回收余热技术

吸收式热泵余热回收技术以其高效节能和较好经济效益的特点，尤为引人注目。吸收式热泵常以溴化锂溶液作为工质，对环境没有污染，不破坏大气臭氧层，且具有高效节能的特点。它由高温热源驱动，将低温热源的热量提高到中温，从而提高系统的能源利用效率。

本项改造工程应用吸收式热泵可系统地解决热电厂存在的以下问题：

（1）电厂的循环水不再依靠冷却塔降温，而是作为各级热泵的低温热源，原本白白排放掉的循环水余热可回收，可提高热电厂供热能力 50%左右，提高综合能源利用效率 20%左右。

（2）各级吸收式热泵仍采用电厂原本用于供热的蒸汽热源，这部分蒸汽热量最终仍进入一次热网中，而利用凝汽器提供的部分供热，可减少汽轮机的抽汽量，增加汽轮机的发电能力，提高系统整体能效。

（3）逐级升温的一次网加热过程避免了大温差传热造成的大量不可逆传热损失。

（4）如果用户侧采用吸收式换热机组可将一次网供回水温差增加了 50%～80%，意味着可以大幅提高管网输送能力，节约了大量新建、改建管网的投资。

（5）用户处二次网运行完全保持现状，使得该技术非常利于大规模的改造项目实施。

四、本方案设计参数

本项目吸收式热泵的参数见表 2-1、表 2-2。

表 2-1　A 公司蒸汽型吸收式热泵性能参数

型　号		XRI2.2-35.65/31.5-3768（58/76）	
制热量		kW	37 680
		104kcal/h	3240
热水	进出口温度	℃	58→76
	流量	t/h	1800
	压力降	MPa	0.11
	接管直径（DN）	mm	500
余热水	进出口	℃	35.65→31.5
	进出口流量	t/h	3333
	压力降	MPa	0.08
	接管直径（DN）	mm	600
蒸汽	压力	MPa	0.22
	耗量	t/h	34.73
	温度	℃	141.5
	凝水温度	℃	≤116
	蒸汽管直径	mm	2×300
	凝水管直径	mm	2×125
电气	电源	3ϕ-380V-50Hz	
	总电流	A	140
	功率容量	kW	45

续表

型　号		XRI2.2－35.65/31.5－3768（58/76）	
制热量		kW	37 680
		104kcal/h	3240
外形	长度	mm	11 000
	宽度		8200
	高度		6200
	分体后最大单件运输尺寸		10 200 × 3800 × 3600

注 1. 技术参数表中各外部条件，蒸汽、热水、余热水均为名义工况值，实际运行时可适当调整。

2. 蒸汽压力 0.22MPa（表压力）指进机组压力，不含阀门的压力损失。

3. 制热量调节范围为 20%～100%。

4. 热水、余热水侧污垢系数 0.086m²K/kW（0.000 1m² • h • ℃/kcal）。水质应符合 GB/T 18362—2001《直燃型溴化锂吸收式冷（温）水机组》中的水质标准。

5. 余热水水室最高承压 0.8MPa。热水水室最高承压 1.6MPa。

表 2－2　　B 公司蒸汽型吸收式热泵性能参数

项目		单位	RHP192
台数		—	6
制热量		kW	19 238
		$\times 10^4$kcal/h	1654
热水	进出口温度	℃	58→76.4
	流量	m^3/h	900
	水压损失	mH_2O	12
	接管尺寸	mm	400
	水室承压	MPa（表压力）	1.6
热源水	回收余热量	$\times 10^4$kcal/h	685
	进出口温度	℃	36→31.5
	流量	m^3/h	1522
	水压损失	mH_2O	6.8
	接管尺寸	mm	500
	水室承压	MPa（表压力）	0.8
蒸汽	蒸汽压力	MPa（表压力）	0.2
	凝水出口背压	MPa（表压力）	＜0.02
	流量	t/h	17.3
	蒸气接管尺寸	mm	350 × 2
	凝水接管尺寸	mm	80 × 2

续表

项目		单位	RHP192
控辅助动制力	电压×频率	V・Hz・ϕ	380×50×3
	电源容量	kVA	65.7
	溶液泵	kW	15×2
	冷剂泵	kW	1.5×2
	真空泵	kW	0.75
外形尺寸		mm	11 000×4100×5775
最大搬运质量		t	57
运转质量		t	122

注　热水侧污垢系数：0.086m^{2}K/kW（0.000 1m^{2}h℃/kcal）；热源水侧污垢系数：0.086m^{2}K/kW（0.000 1m^{2}h℃/kcal）；蒸汽系蒸汽过热度：≤10℃。

五、投资估算与财务评价

投资估算包括范围：新建 3 台吸收式热泵及其附属系统和相应建构筑物。

估算结果：改造工程静态投资 5869 万元，建设期贷款利息 82 万元，工程动态投资 5951 万元。详情见表 2–3。

表 2–3　　发电工程总估算表　　万元

序号	工程或费用名称	建筑工程费	设备购置费	安装工程费	其他费用	合计	各项占总计
一	主辅生产工程	440.04	4077.51	461.33		4978.88	84.83%
1	热力部分	405.10	3968.48	198.61		4572.19	77.90%
2	水工部分	34.94		101.97		101.97	1.74%
3	电气部分		32.93	76.49		109.42	1.86%
4	热工控制部分		76.10	84.26		160.37	2.73%
二	编制年价差	44.00		55.36		99.36	1.69%
三	其他费用				511.65	511.65	8.72%
1	建设场地费用				33.63	33.63	0.57%
2	项目建设管理费				51.54	51.54	0.88%
3	项目建设技术服务费				396.49	396.49	6.76%
4	调试及启动试运费				30.00	30.00	0.51%
四	基本预备费				279.49	279.49	4.76%
	工程静态投资	484.04	4077.51	516.69	791.15	5869.39	100.00%
	各类费用占静态投资比例	8.25%	69.47%	8.8%	13.48%	100.00%	

续表

序号	工程或费用名称	建筑工程费	设备购置费	安装工程费	其他费用	合计	各项占总计
五	工程动态费用				81.88	81.88	
	建设期贷款利息				81.88	81.88	
	工程动态投资	484.04	4077.51	516.69	873.03	5951.27	

本改造工程年新增供热量收入2218万元，年新增总成本费用655万元，其中折旧费298万元，年增值税288万元，年实现利润1274万元，年所得税319万元，年税后利润956万元，总投资收益率16.06%，资本金净利润率80.29%，投资回收期6.23年。通过上述指标可以看出，本改造工程技术上可行，经济上合理。

六、性能试验与运行情况

2011年8月，电厂的2号机组进行循环水余热利用工程改造，利用三台余热回收机组，以1号和2号汽轮机的四段抽汽为驱动能源，产生制热效应，回收低温余热，用来扩大热网供热面积。2011年11月8日23点58分，循环水余热利用项目三台热泵机组顺利完成调试，正式并网投产供热。根据合同要求，电厂委托第三方对三台热泵的热力性能进行整体测试，现场试验工作于2011年12月1日开始，于12月6日顺利完成。

1. 试验工况

本次试验共完成试验工况8个，详见表2-4。

表2-4　　热泵试验工况及时间

编号	试验工况	试验日期	开始时间	结束时间	主要测试内容
T01	设计负荷下，最大抽汽考核工况1	2011-12-02	17:50	18:50	热泵回收循环水余热功率，热泵*COP*，余热回收机组出口热网水温，热网水压降，余热回收机组及其附属设备的电耗，循环水节水量
T02	设计负荷下，最大抽汽考核工况2	2011-12-02	22:30	23:30	
T03	低负荷运行工况	2011-12-03	0:20	1:00	
T04	低负荷运行工况	2011-12-03	1:30	2:30	
T05	低负荷运行工况	2011-12-03	3:00	3:40	
T06	低负荷运行工况	2011-12-03	5:00	5:50	
T07	热泵投停对比工况1-投热泵	2011-12-03	7:30	8:30	发电量的影响，真空和厂用电的影响分析
T08	热泵投停对比工况2-停热泵	2011-12-03	14:20	15:10	

注　表中所列时间为计算时所选取的有效时间段。

2. 试验结果

通过以上试验结果的计算及分析，可得出以下结论：

（1）在最大抽汽工况下，热网水流量分为 4416.98t/h 和 4485.01t/h 时，抽汽压力分别为 0.32MPa 和 0.31MPa，抽汽量分别为 101.58t/h 和 105.68t/h 时，余热回收机组回收循环水余热量分别为 49.73MW 和 49.72MW，均大于保证值。机组的 *COP* 值分别为 1.72 和 1.70。

（2）在热泵入口热网水温度分别为 55.8℃和 55.2℃时（小于 58℃），两个工况下的余热回收机组出口热网水温分别为 78.9℃和 78.4℃，均高于保证值 76℃；热网水压损分别为 63.1kPa（6.43mH_2O）和 63.9kPa（6.51mH_2O），均小于保证值 196.2kPa（20mH_2O）。

（3）余热回收机组及其附属设备的电耗分别为 132.5kW 和 140.6kW，均小于保证值 165kW。

通过统计 1 号和 2 号热网疏水泵的耗功，以及热泵系统的耗电功率分析，可发现投运热泵后厂用电稍有增大，增加了 84.57kW，相当于增加厂用电率 0.05 个百分点。在供暖期内，参考循环水一般的补水率 2%～3%，按每小时补水量 250t 计算，整个采暖期可节约用水约 72.3 万 t。通过改造 2 号机的循环水，利用热泵机组回收循环水的余热，能大幅降低全厂的供电煤耗率。若能改造 1 号机的循环水，通过热泵机组回收 1 号机循环水的余热，则全厂煤耗率水平能进一步降低。

 案例二　吸收式热泵供热技术在某 300MW 机组的应用

一、项目概况

某电厂所在地区地理环境属于盆地，条件特殊，烟尘不易扩散，现拥有千余家较大的工业企业，因此，城市大气环境污染情况较为严重。

某电厂目前承担着此地区绝大部分工业及民用采暖用热负荷。根据当地规划，预计采暖建筑面积将达到 2515 万 m^2，而电厂一期 2×300MW 供热机组现有供热面积已经超出其设计的 697 万 m^2 最大安全供热能力，且已达到设计的 860 万 m^2 最大供热面积。由于缺乏备用热源，集中供热工作存在很大安全隐患，若电厂机组设备稍有闪失，即可能造成大面积停暖事故，严重威胁地区居民冬季正常的采暖用热，存在很大的供热安全隐患。

本项目利用电厂现有厂区内场地（部分土地需征用），安装 8 台 40.7MW 热泵，回收现有 300MW 供热机组循环水余热，以提高现有机组的供热能力和经济性。通过热泵技术改造一台机组，可新增供热负荷 134MW。根据目前电厂供热母管最大供热能力，本项目可将电厂供热面积扩展到 1335 万 m^2。该工况下，1

号机组的抽汽量为432t/h，2号机组的抽汽量为437t/h，机组抽汽量均处于原设计抽汽量的允许范围内。

二、热负荷分析

电厂一期2×300MW供热机组现有供热面积已经超出其设计的最大安全供热能力，截至2011年年底，已接入面积达920万m^2最大供热面积，未来还将持续新增供热面积。地区规划热负荷表见表2–5。

表2–5　　地区规划热负荷表

项目	2010年	2015年	2020年
综合热指标（W/m^2）	63.1	60.9	58.6
新增建筑采暖热指标（W/m^2）	55.0	50.0	48.0
人均建筑面积（m^2/人）	31.3	36.7	43.1
人口（万人）	47.0	48.3	49.7
居住建筑面积（$\times 10^4m^2$）	1468.5	1773.9	2142.9
公共建筑面积（$\times 10^4m^2$）	489.5	591.3	714.3
供热面积合计（$\times 10^4m^2$）	1958.0	2365.2	2857.2
规划增加的供热面积（$\times 10^4m^2$）	368.7	407.3	492.0
热负荷（MW）	1235.8	1439.4	1675.6
集中供热面积（$\times 10^4m^2$）	881.1	1655.7	2571.5
集中供热负荷（MW）	556.1	1007.6	1508.0
集中供热普及率（%）	45.0	70.0	90.0

本项目由于利用循环水作为第一类溴化锂吸收式热泵的低温热源，汽轮机的五段抽汽为第一类溴化锂吸收式热泵的驱动汽源，为了提高本项目可靠性，无论是作为驱动汽源的五段抽汽还是作为低温热源的循环水，均与1号机组和2号机组相连，两台机组互为备用，本项目300MW机组循环水余热回收利用项目提高了电厂的供热可靠性。

三、技术路线选择或方案比选

1. 各种汽轮机排汽冷凝热利用方案分析

（1）汽轮机低真空运行供热技术。汽轮机低真空运行供热技术在理论上可以实现很高的能效，国内外都有很多成功的研究成果和运行经验。凝汽式汽轮机改造为低真空运行供热后，凝汽器成为热水供热系统的基本加热器，原来的循环冷却水变成了供暖热媒，在热网系统中进行闭式循环，有效地利用了汽轮机凝汽所释放的汽化潜热。当需要更高的供热温度时，则在尖峰加热器中进行二级加热。

传统的低真空运行供热技术主要受以下几方面的限制：

1）低真空运行机组类似于背压式供热机组，其通过的新汽量决定于用户热负荷的大小，所以发电功率受用户热负荷的制约，不能分开独立的进行调节，即其运行是“以热定电”，因此只适用于用户热负荷比较稳定的供热系统。

2）汽轮机背压提高后，会影响汽轮机组的发电效率。

3）凝汽式汽轮机改造为低真空运行循环水供热时，对小型和少数中型机组在经过严格的变工况运行计算，对排汽缸结构、轴向推力的改变，末级叶轮的改造等方面做严格校核和一定改动后方可以实行，但对现代大型机组则是不允许的，尤其对于中间再热式大型汽轮机组，凝汽压力过高会使机组的末级出口蒸汽温度过高，且蒸汽的容积流量过小，从而引起机组的强烈振动，危及运行安全。

因此该种方式不适用于此电厂的凝汽余热利用改造项目。

（2）利用压缩式热泵回收乏汽余热技术。铺设单独的管道，将电厂凝汽余热引至用户，在用户热力站等处设置分布式电动压缩式热泵，这种方式能收到一定的节能效果，但管道投资巨大，输送泵耗高，因此无法远距离输送，供热半径仅限制在电厂周边 3～5km 范围以内。另一种方式就是在电厂处集中设置压缩式热泵，可以是电动的，这种热泵形式造成厂用电耗量大，在能源转换效率上不是最好的方式；也可以是汽轮机直接做功驱动的，但仅当有压力较高的蒸汽时才具有可行性。

（3）利用吸收热泵回收余热技术。将吸收式热泵机组集中设置在电厂内部，系统流程如图 2-2 所示，与常规热电联产集中供热系统相比，仅采用吸收式热泵替代汽水换热器低温加热部分。具体方案为：采用吸收式热泵回收汽轮机排汽冷凝热，将一次网热水从 60℃加热到 90℃，热水 90℃到 120℃仍然使用汽轮机抽汽来加热；汽轮机排汽向冷却水冷凝放热，冷却水 40℃进热泵，30℃出热泵，再进汽轮机凝汽器吸热升温，如此循环，将凝汽器排热输送给热泵；吸收式热泵需要使用部分 0.2MPa（绝对压力）以上的饱和蒸汽作为驱动热源。

这种方式可以回收部分汽轮机乏汽余热，具有一定节能效果，但还存在以下不足：

1）由于受热网回水温度高的限制，为了达到回收余热的目的，需要的热泵容量大，导致电厂热泵设备占地面积大，在多数电厂会缺少场地布置。

2）由于热网回水温度相对较高，一般电厂回收余热要求更高汽轮机抽汽参数和余热参数才能到达一定效果；回收余热的比例较小，节能性受到限制。

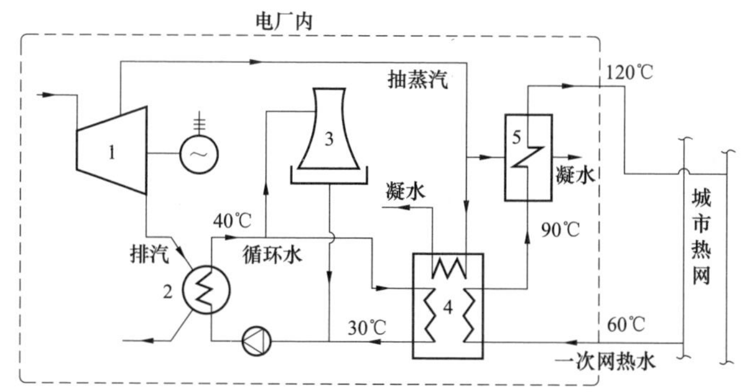

图 2-2 集中式吸收热泵供热方式系统流程图

1—汽轮机；2—凝汽器；3—冷却塔；4—吸收式热泵；5—汽水换热器

（4）“NCB”新型供热技术。“NCB”新型供热技术的特点是在抽凝供热机组的基础上，采用两根轴分别带动两台发电机。在非供热期，采暖抽汽控制阀全关、低压缸调节阀全开，汽轮机呈纯凝工况（N）运行，具有纯凝式汽轮机发电效率高的优点；在正常供热期，采暖抽汽控制阀、低压缸调节阀处于调控状态，汽轮机呈抽汽工况（C）运行，具有抽凝汽轮机优点，不仅对外抽汽供热还可保持较高的发电效率；在高峰供热期，采暖抽汽控制阀全开、低压缸调节阀全关，汽轮机呈背压工况（B）运行，具有背压供热汽轮机的优点，可做到最大供热能力，低压缸部分处于低速盘车状态，可随时投运。

但此电厂供热机组如应用该项技术改造受两方面的限制：原 300MW 机组为单轴汽轮机，如改造为双轴汽轮机，需要解决排汽缸结构、轴向推力的改变等因素的影响，同时需要完成汽轮机叶轮的改造等工作，改造过程需要停机，改造难度大。

（5）大温差集中供热技术。大温差供热系统由汽轮机、凝汽器、蒸汽吸收式热泵、汽－水换热器、热水吸收式热泵、水－水换热器以及连接管路和附件组成。其主要特征是：热网供热温差大，较常规热网运行增大约一倍温差，这样会大幅度增加热网的输送能力，同时由于供热回水温度低，无保温和热应力补偿问题，进而可以降低回水管网和整个管网的投资；利用汽轮机排汽预热大热网回水，并利用循环冷却水作为吸收式热泵的低位热源，优点是尽可能大限度地回收了电厂发电过程中产生的余热；在末端采用热水吸收式热泵和水－水换热器组合的方式加热二次网供热热水，增大了大热网的供、回水温差，同时热泵不需要外来能源做驱动力。在余热利用开发中能最大挖掘节能潜力，同时改造热源与热网两侧，使得热源侧余热充分回收，热网侧现有管网输送能力大大提高而避免破路施工，但两侧改造费用较大，特别是对现有热力站换热设备的改造需要多方协调，工作量大。

2. 吸收式热泵回收循环水余热系统

（1）吸收式热泵技术。吸收式热泵全称为第一类溴化锂吸收式热泵，它在高温热源（蒸汽、热水、燃气、燃油、高温烟气等）驱动下，提取低温热源（地热水、冷却循环水、城市废水等）的热能，输出中温的工艺或采暖热水的一种技术。具有安全、节能、环保效益，符合国家有关能源利用方面的产业政策，是国家重点推广的高新技术之一。

吸收式热泵的能效比 *COP* 按工况的不同可达 1.7～2.4。而常规直接加热方式的热效率一般按 90%计算，即 *COP* 值为 0.9。采用吸收式热泵替代常规直接加热方式在获得工艺或采暖用热媒热量相同的条件下，可节省总燃料消耗量的 40%以上，节能效果显著。

（2）蒸汽型吸收式热泵技术。蒸汽型溴化锂吸收式热泵运行原理：以蒸汽为驱动热源，溴化锂浓溶液为吸收剂，水为蒸发剂，利用水在低压真空状态下低沸点沸腾的特性，提取低位余热源的热量，通过吸收剂回收热量并转换制取工艺性或采暖用的热水。

热泵机组是由取热器、浓缩器、一次加热器及二次加热器，高低温热交换器所组成的热交换器的组合体，另外包括蒸汽调节系统以及先进的自动控制系统。

四、本方案设计参数

本方案热泵主要性能参数见表 2-6。

表 2-6　　　　蒸汽型吸收式热泵性能参数

型　号		XRI2.2-36/27-4070（50/78）	
制热量		kW	40 700
		10^4kcal/h	3500
热水	进出口温度	℃	50→78
	流量	t/h	1250
	阻力损失	kPa（mH_2O）	100（10）
	接管直径（DN）	mm	450
余热水	进出口温度	℃	36→27
	流量	t/h	1585
	阻力损失	kPa（mH_2O）	90（9）
	接管直径（DN）	mm	450

续表

型 号		XRI2.2－36/27－4070（50/78）	
制热量		kW	40 700
		10^4kcal/h	3500
蒸汽	压力（表压力）	MPa	0.22
	耗量	kg/h	36 940
	凝水温度	℃	≤90
	凝水背压（表压力）	MPa	0.05
	汽管直径（DN）	mm	2×350
	凝水管直径（DN）	mm	2×125
电气	电源	3ϕ－380V－50Hz	
	电流	A	155
	功率容量	kW	50
外形	长度	mm	10 000
	宽度		8500
	高度		6170（含运输架）
运行质量		t	212
运输质量			172

注 1. 技术参数表中各外部条件，蒸汽、热水、余热水均为名义工况值，实际运行时可适当调整。

2. 蒸汽压力 0.22MPa（表压力）指进机组压力，不含阀门的压力损失。热水出口温度允许最高 95℃。

3. 制冷量调节范围为 20%～100%，余热水流量适应范围为 60%～120%。

4. 热水、余热水侧污垢系数 0.086m^2K/kW（0.000 1m^2·h·℃/kcal）。

5. 热水、余热水水室设计承压 0.8MPa（表压力）。

6. 机组运输架为上浮式，运输架高度增加 280mm。

7. 机组所有对外接口法兰标准按 HG/T 20592～20635—2009《钢制管法兰、垫片、紧固件》。

五、投资估算与财务评价

本工程为循环水余热利用改造项目，工程量主要包括热力系统、电气系统、热工控制系统改造。工程建设工期为 6 个月。工程动态投资 12 996.59 万元，其中静态投资 12 632.56 万元，建设期贷款利息 364.03 万元，详情见表 2－7。

表 2－7　　总 估 算 表　　万元

序号	工程或费用名称	设备购置费	安装工程费	建筑工程费	其他费用	合计	占投资额（%）
一	设备及安装工程	8243.43	1648.38			9891.81	76.11%
1	热力系统	7807.53	1323.53			9131.06	70.26%
2	电气系统	182.32	142.53			324.85	2.50%
3	热工控制系统	253.58	133.56			387.14	2.98%

续表

序号	工程或费用名称	设备购置费	安装工程费	建筑工程费	其他费用	合计	占投资额（%）
4	编年价差		48.75			48.75	0.38%
二	建筑工程			1154.82		1154.82	8.89%
1	热力系统			545.10		545.10	4.19%
2	附属生产工程			341.00		341.00	2.62%
3	编年价差			268.72		268.72	2.07%
三	其他费用				1585.93	1585.93	12.2%
1	建设场地征用及清理费				300.00	300.00	2.31%
2	项目建设管理费				184.23	184.23	1.42%
3	项目建设技术服务费				382.25	382.25	2.94%
4	整套启动试运费				67.91	67.91	0.52%
5	生产准备费				49.98	49.98	0.38%
6	基本预备费				601.55	601.55	4.63%
四	一至三部分投资合计	8243.43	1648.38	1154.82	1585.93	12 632.56	97.20%
五	静态投资					12 632.56	97.20%
六	建设期利息					364.03	2.80%
七	动态总投资					12 996.59	100.00%

吸收的循环水余热按两种收入方案计算：一是供热面积增加，吸收的余热对外供热，可以增加售热收入；二是供热面积不变，电厂发电量增加，可以增加售电收入。

本项目两种收入方案均能够按期还本付息。

方案一情况下，项目投资的内部收益率为 29.82%，投资回收期为 3.69 年；项目资本金的内部收益率为 110.56%，投资回收期为 1.31 年。资本金净利润率为 104.07%，总投资收益率为 29.14%。项目盈利能力很强。

方案二情况下，项目投资的内部收益率为 16.95%，投资回收期为 5.77 年；项目资本金的内部收益率为 52.63%，投资回收期为 2.29 年。资本金净利润率为 46.27%，总投资收益率为 14.82%。项目盈利能力强。

六、性能试验与运行情况

电厂于 2012 年 9 月安装 8 台单机容量为 40.7MW 蒸汽驱动型溴化锂吸收式热泵，回收一台机组循环水排水的余热 134MW。热泵驱动蒸汽从机组五段采暖抽汽抽取，热泵接待基础负荷，原有热网加热器作为尖峰备用。可将采暖用热网回水从 52℃加热到 80℃左右，再由原有热网加热器加热到 98℃，循环冷却水降至 27℃后作为冷介质再去凝汽器循环利用。热泵机组性能现场试验工作于 2013 年 3 月 5 日开始，3 月 10 日顺利完成。

1. 试验工况

本次试验共完成试验工况 4 个，详见表 2–8。

表 2–8　热泵机组试验工况及时间

编号	试验工况	试验日期	开始时间	结束时间	主要测试内容
T01	6 台热泵性能工况 1	2013–03–07	16:45	17:30	热泵回收循环水余热功率，热泵 *COP*，热网水压降，余热回收机组及其附属设备的电耗，发电量的影响，真空和厂用电的影响分析，循环水节水量
T02	6 台热泵性能工况 2	2013–03–07	19:45	20:15	
T03	4 台热泵性能考核工况	2013–03–08	22:20	23:00	
T04	6 台热泵性能考核工况	2013–03–09	12:50	13:30	

注　表中所列时间为计算时所选取的有效时间段。

2. 试验结果

通过以上试验结果的计算及分析，可得出以下结论：

（1）在 T03–4 台热泵性能考核工况和 T04–6 台热泵性能考核工况下，热泵机组回收循环水余热量试验值分别为 79.07MW 和 106.42MW，经参数修正后回收循环水余热量分别为 70.31MW 和 101.99MW，对应单台机组回收循环水余热量平均值分别为 17.58MW 和 17.00MW，均大于设计值 17MW。两个工况下机组 *COP* 值分别为 1.68 和 1.65，经疏水温度修正后的 *COP* 值分别为 1.72 和 1.68。

（2）两个工况下的热网水流量分别为 4966.0t/h 和 7421.5t/h，热网水压损分别为 80.12kPa（8.17mH_2O）和 81.65kPa（8.32mH_2O），修正至设计流量下的压损分别为 82.8kPa（8.28mH_2O）和 85kPa（8.50mH_2O），均小于设计值 100kPa（10mH_2O）；热网进水温度分别为 44.8℃和 46.1℃，此时余热回收机组出口热网水温分别为 78.5℃和 77.5℃。

（3）两个工况下热泵机组及其附属设备的电耗分别为 117.99kW 和 174.28kW，对应单台热泵耗电分别为 29.50kW 和 29.05kW，均小于保证值 50kW。

可以看出，在目前的试验工况条件下，通过改造 2 号机的循环水，利用热泵机组回收循环水的余热，不论电厂有无新增供热面积，投运热泵均能大幅降低供电煤耗率。一个重要原因是试验阶段热网负荷小，对外供热完全由热泵来接待，尖峰加热器没有调峰，机组供热抽汽量较小，热泵节煤效果更加显著。

3. 当前热泵系统存在的问题及建议

（1）试验中发现热泵系统有一些 DCS 测点数据不对，另外系统还缺少若干个重要测点，影响运行操盘，需要校核增加。

（2）试验中发现 3、5 号热泵制热效果明显不如其余热泵，建议电厂对该两台热泵进行仔细排查。

（3）热泵驱动蒸汽减温器调门控制应以热泵入口蒸汽温度为控制目标，使蒸汽过热度在 10℃左右，以此来确定减温水调门开度。

案例三　吸收式热泵供热技术在某 600MW 机组的应用

一、项目概况

某独资企业一期工程 2×600MW 燃煤纯凝汽式发电机组，年发电量近 70 亿 kWh。汽轮机为亚临界、中间再热、单轴三缸四排汽、冲动凝汽式，设计额定功率为 600MW，最大连续出力 641.6MW。汽机采用高中压缸合缸结构，低压缸为双流反向布置。后来通过纯凝机组供热改造后单机额定抽汽量 400t/h，最大抽汽量 450t/h，额定供热面积 800 万 m^2。

该企业是该市供热的主要热源，已接带的供热面积基本达到机组设计供热负荷，根据现有供热条件，供热能力已达到饱和。而根据该市供热规划及实际供暖需求，该企业亟需扩大供热能力以满足该市新的供暖需求的增长。另外由于企业缺乏备用热源，集中供热安全隐患较大，若发生机组非停，可能造成大面积停暖事故，对居民正常采暖产生巨大安全威胁以及一定的社会影响。

二、热负荷分析

1. 热负荷分析

据《某市城市供热规划（2004 年修订本）》及《某市城区热电联产总体规划（2006～2015 年）》，某市规划热负荷见表 2–9。

表 2–9　某城区各行政区规划热负荷汇总表

行政区	2006 年现状		规划期 2010 年		展望期 2015 年	
	建筑面积（$\times10^4m^2$）	热负荷（MW）	建筑面积（$\times10^4m^2$）	热负荷（MW）	建筑面积（$\times10^4m^2$）	热负荷（MW）
某区 1	1960	1313.2	2473	1607.5	2802	1681.2
某区 2	1507	1009.7	1907	1239.6	2161	1296.6
某区 3	1362	912.5	1739	1130.4	2227	1559.0

续表

行政区	2006 年现状		规划期 2010 年		展望期 2015 年	
	建筑面积（$\times 10^4 m^2$）	热负荷（MW）	建筑面积（$\times 10^4 m^2$）	热负荷（MW）	建筑面积（$\times 10^4 m^2$）	热负荷（MW）
某区 4	201	134.7	470	305.5	1336.2	668.0
某区 5	174	116.6	230	149.5	370	222.0
某区 6	5	3.35	249	161.9	580	348
合计	5209	3490	7068	4594.2	9476	5685.6

如表 2–9 所示，某城区经济发展迅速，住房面积不断增长，需电厂新增热源来满足供热需求。根据该市集中供热热源能力不足和供热市场激烈竞争的情况，某企业根据工业园区、奶业公司的开发建设规划，提出了分区域、分阶段、按节奏逐步实现直接供热到用户的发展目标。为此，该企业充分挖掘现有 2×600MW 机组的供热潜力，对其供热系统进行扩容。另一方面，某企业设计供热面积 800 万 m^2，截至 2012 年，实际接带供热面积已达 800 万 m^2，供热能力已达到饱和。以当前供热能力，企业供热市场的开拓和自身的发展也将受到制约。进行循环水余热回收有利于企业提高供热能力，抢占供热市场，对企业的长远发展有积极促进作用。

2. 供热安全性分析

某企业所带供热面积为 800 万 m^2，改造后新增供热面积 300 万 m^2，总供热面积为 1100 万 m^2。根据供热规范："为保证热电联产要求，既当 1 台容量最大的锅炉停用时，其余锅炉应承担冬季采暖、通风和生活用热水热量的 60%～75%，严寒地区取上限"。鉴于该地区为非严寒地区，则当一台机组停机时，另一台机组至少需要满足 660 万 m^2。

根据某企业现有两台机组抽汽能力，考虑一台机组停机（2 号机组），1 号机最大抽汽量 450t/h，可满足供热面积 500 万 m^2，无法独立满足热电联产供热安全性要求。

鉴于上述情况，该市区供热公司为多热源联网运行方式，总供热面积超过 3000 万 m^2，该企业只是其多热源的一部分。该企业供热改造后总供热面积只占该市区供热公司总供热面积的 30%，当该企业一台机组发生停机时，对供热区域的供暖安全性的影响在安全范围之内。

三、设计参数

1. 原供热机组概况

该企业 2 台 600MW 机组为哈尔滨汽轮机厂有限责任公司生产的亚临界三缸

四排汽汽轮机，其供热改造汽机本体部分由哈尔滨汽轮机厂有限责任公司完成。依据供热要求和机组的实际情况，采用连通管加装液压蝶阀控制抽汽参数的方式，保证机组供热额定 400t/h、最大 450t/h 的供热要求。供热改造后，两台机组实现集中供热面积为 800 万 m^2。

根据 GB 50019—2003《采暖通风及空气调节设计规范》，该市供暖期天数 182 天，计供暖室外计算温度−19℃，供暖期平均温度−6.5℃，供暖室内计算温度 18℃。通过对该市实际供暖数据分析，供暖综合热指标为 50W/m^2。供暖期为每年的 10 月 15 日至次年 4 月 15 日，共 6 个月采暖期。

该企业将热趸售给热力公司，供热价格为 20.6 元/GJ。

2. 热网供回水参数

该企业的原供热方式如图 2−3 所示。

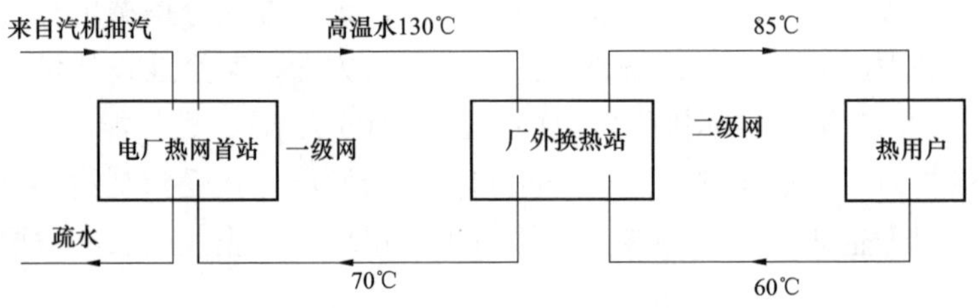

图 2−3　电厂原供热方式简图

热网水流量：8300t/h；

热网水供/回水温度：100/50℃；

热网水供/回水压力：1.3/0.3MPa。

3. 汽轮机及辅机设备现状

（1）机组型号及汽轮机形式。该企业汽轮机组的主要技术参数见表 2−10 所示。

表 2−10　　该企业汽轮机组主要技术参数

序号	名　称	有关参数
1	机组型号	N600−16.67/538/538
2	机组型式	亚临界、一次中间再热、单轴、三缸四排汽、冷凝式
3	功率	额定：600MW；最大：641.6MW
4	转速	3000r/min
5	转向	顺时针（从调端看）
6	排汽压力	4.9kPa

续表

序号	名　称	有关参数
7	通流级数	共 44 级 高压缸：1 个单列调节级 +9 个压力级 中压缸：6 个压力级 低压缸：4×7 个压力级（两个双流低压缸）
8	末级叶片高度	1000mm
9	配汽方式	复合调节
10	给水回热级数	3 级高压加热器 +1 级除氧 +4 级低压加热器
11	给水温度	271.9℃
12	加热器退出运行时负荷限制情况	不限负荷
13	汽轮机转子原始偏心度	0.076mm
14	允许长期连续运行的频率变化范围	48.5～50.5Hz
15	盘车转速	3.35r/min
16	汽轮机总长	27 800mm
17	汽轮机中心线距运行层标高	1070mm
18	噪声水平	≤90dB（A）

（2）凝汽器技术参数。凝汽器在额定工况下的工作参数：

型号：N–38000–4；

冷却面积：38 000m^2；

管材：TP317L；

管径：ϕ25×0.7（顶部三排及通道外侧、空冷区），ϕ25×0.5（主凝结区）；

平均背压：0.004 9MPa（绝对压力）；

水室设计压力：0.5MPa（绝对压力）；

冷却水流量：69 680t/h；

冷却水进口温度：20℃；

冷却管总数：42 508 根；

凝汽器自重：743t；

汽轮机侧充满水时的荷载：2598t；

运行时的荷载：492t。

4. 热网首站现状

（1）热网加热器主要技术参数见表 2–11。

表 2-11　　热网加热器主要技术参数

型号及型式	JR-1000-1 卧式波纹管换热器	型号及型式	JR-1000-1 卧式波纹管换热器
加热器数量（台）	4	加热器总面积（m^2）	1000
蒸汽冷却段热交换面积（m^2）	301	凝结段热交换面积（m^2）	437
疏水冷却段热交换面积（m^2）	128	壳侧设计压力（MPa）	1.2
壳侧设计温度（℃）	385	管侧设计压力（MPa）	2.0
管侧设计温度（℃）	150	壳侧试验压力（MPa）	3.0
管侧试验压力（MPa）	3.0	壳侧最大允许压降（MPa）	0.05
管侧最大允许压降（MPa）	0.05	管侧流速（m/s）	1.00
蒸汽进口流速（m/s）	28.5	疏水出口管内流速（m/s）	1.1
给水端差（℃）	44.53	疏水端差（℃）	50
循环水流量（单台）（t/h）	1755	循环水进口压力（MPa）	1.8
循环水进口温度（℃）	70	循环水进口热焓（kJ/kg）	294.77
循环水出口温度（℃）	130	循环水出口热焓（kJ/kg）	547.43
蒸汽流量（单台）（t/h）	167.605	蒸汽进口压力（MPa）	0.8～1.0
蒸汽进口温度（℃）	338.2	蒸汽进口热焓（kJ/Kg）	3136
疏水流量（单台）（t/h）	约 167.605	疏水出口压力（MPa）	0.8～1.0
疏水出口温度（℃）	130	疏水出口热焓（kJ/Kg）	507.84

（2）热网循环泵（一台变频控制）主要技术参数见表 2-12。

表 2-12　　热网循环泵主要技术参数

循环泵			
型号及型式	KQSN450-N9/568T 卧式双吸离心泵	型号及型式	KQSN450-N9/568T 卧式双吸离心泵
设计压力（MPa）	1.6	数量	4 台
设计流量（m^3/h）	2500	设计总动压头［kPa（mH_2O）］	930（93）
效率（%）	83	转速（r/min）	1480
功率（kW）	900	进水温度（℃）	70
生产厂家	上海凯泉		
电动机			
型号	Y450-4	额定功率（kW）	900
效率	93	绝缘等级	F
额定转速（r/min）	1480	生产厂家	湘潭电机厂

（3）一次管网技术参数。热网首站设置 2 根 DN1200 的热网水管道，从热网回水首站出口先走热网水高管架，再走直埋送至厂区围墙处 1m 与外网连接。

热网循环水系统采用母管制。

在最大采暖热负荷，即采暖面积为 800 万 m^2 时，热网循环水量约 8000t/h。热网首站设 4 台 100%容量热网水泵，最大热负荷时 4 台运行，无备用。

（4）热网首站的布置。热网首站布置在一期主厂房扩建段的南侧，长 38m，宽 20m，屋面高 19.5m。首站分三层布置，热网补水除氧器、热网加热器布置在运转层（12.600m），疏水罐布置在中间层（6.300m），零米层布置热网循环水泵、热网疏水泵及热网补水泵。同时热网循环泵变频间布置于首站零米，中间层布置高压配电间，运转层布置热控电子设备间及低压配电间。

（5）热网补给水处理。热网循环水量 8000t/h，热网补水率 0.5%～1%，热网补水量 40～80t/h。某企业现有 3×60t/h 反渗透装置，锅炉正常补水量为 62～92t/h，尚余 88～118t/h，满足热网供水量。反渗透装置的出水水质也满足热网补水水质要求，热网系统设 2 台热网补水泵和 1 套加碱调节 pH 值装置。

四、技术路线选择或方案比选

1. 方案技术经济分析

考虑到热泵供热的特点并结合电厂实际情况（主要考虑供热实际供热面积情况），主要方案如下：

热泵供热方案计算均以机组额定抽汽工况数据为基准。所有方案的一个最主要的设计原则为改造一台机组并充分挖掘改造机组的潜力，实现供热能力最大化，另一台机组作为供热调峰使用。

方案利用第一类吸收式溴化锂热泵技术，回收 2 号机组低品质的循环水余热，对热网循环水进行加热。由于提取低品位的热量，减少了散热损失，提高了整机热效率。

本方案在冷却塔侧引出新循环水管道进入热泵系统并部分旁通冷却塔，通过调节进入热泵系的循环水量以及上塔冷却水量控制凝汽器出口循环水温度。由于无法完全回收汽轮机排汽余热，在该种技术方案中，提高背压对机组发电负荷影响是整体性的，会造成较大的发电负荷损失。

本方案只改造一台机组，在满足机组最大安全抽汽量条件（本方案中汽轮机的额定抽汽量为 400t/h）和热网水流量（热网流量扩展为 10 000t/h，新增一台热网循环泵，型号与原热网循环泵一致）条件下计算采用热泵供热方式的收益。其具体方式根据电厂现有机组的实际情况，选择从中低压缸连通管抽取蒸汽用于热泵和尖峰加热器。用于热泵的驱动汽源的驱动蒸汽量为 282t/h，可回收 2 号机组的循环水余热 148MW，在供暖初末期，可依靠热泵将热网水从 50℃加热至 81℃用于供暖；在供暖高寒期通过引入 2 号机组剩余蒸汽和 2 号机组供暖抽汽进入尖峰加热器将 8000t/h 的热网水从 81℃加热至所需的热网水供暖温度。通过计算，高寒期本方案可满足 1100 万 m^2 的供热面积需求。

以原机组额定供热工况为基准，依据本方案的设计，当回收余热全部用于新增供热面积时，可实现 300 万 m^2 供热面积的增加。当电厂供热面积达到 1100 万 m^2 时，回收余热全部按供热收益计算（考虑热泵余热回收系统在整个供暖季均处于额定热负荷工况）。该方案不同选型工况主要运行经济性数据见表 2-13。

表 2-13　　主要技术经济参数对比

参数名称	方案一	方案二	方案三	方案四	方案五
机组背压［MPa（绝对压力）］	0.007 4	0.007 0	0.006 6	0.006 3	0.005 9
热泵循环水进水温度（℃）	37.00	36.00	35.00	34.00	33.00
热泵循环水出水温度（℃）	31.00	30.00	29.00	28.00	27.00
进热泵循环水量（℃）	21 274.51	21 274.51	21 274.51	20 912.70	20 240.00
热泵吸收余热量（MW）	148.45	148.45	148.45	145.93	141.22
热泵 *COP* 值	1.70	1.70	1.70	1.68	1.68
热泵供热量（MW）	360.53	360.53	360.53	360.53	360.53
热泵驱动汽源压力［MPa（绝对压力）］	0.45	0.45	0.45	0.45	0.45
热泵驱动汽源温度（℃）	310.00	310.00	310.00	310.00	310.00
驱动蒸汽用汽量（t/h）	281.67	281.67	281.67	285.02	275.95
热网水回水温度（℃）	50.00	50.00	50.00	50.00	50.00
热网水热泵出口温度（℃）	81.00	81.00	81.00	81.00	80.00
热网进热泵循环水量（t/h）	10 000.00	10 000.00	10 000.00	10 000.00	10 000.00
热泵台数	6.00	6.00	6.00	6.00	6.00
热泵单机功率（MW）	60.09	60.09	60.09	60.09	60.09
背压影响机组出力（MW）	11.30	10.03	8.76	7.48	6.20
节标准煤量（万 t）	6.79	6.95	7.13	7.14	7.04
2 号机组全年煤耗下降（g/kWh）	20.17	20.67	21.16	21.22	20.91
全厂全年煤耗下降（g/kWh）	10.49	10.75	11.01	11.04	10.88
新增供热量（万 GJ）	214.76	214.76	214.76	211.11	204.30
背压影响燃煤成本（万元）	417.80	370.81	323.74	276.57	229.31
年总收益（万元）	3701.89	3748.87	3795.95	3765.82	3668.97

续表

参数名称	方案一	方案二	方案三	方案四	方案五
热泵单价（万元）	1050.00	1110.00	1170.00	1230.00	1300.00
热泵总价（万元）	6300.00	6660.00	7020.00	7380.00	7800.00
成本增加（万元）	0.00	360.00	720.00	1080.00	1500.00
20 年收益增加（万元）	0.00	939.74	1881.27	1278.70	−658.31

表 2−13 为根据五种背压工况下的热泵选型对比分析数据，可见在蒸汽和热网水参数等边界条件确定的条件下，背压直接影响了循环水温，从而影响机组改造后的煤耗和项目建设成本（主要是热泵的采购成本）。五种选型方案更直观的煤耗和效益成本指标数据对比如图 2−4 所示。

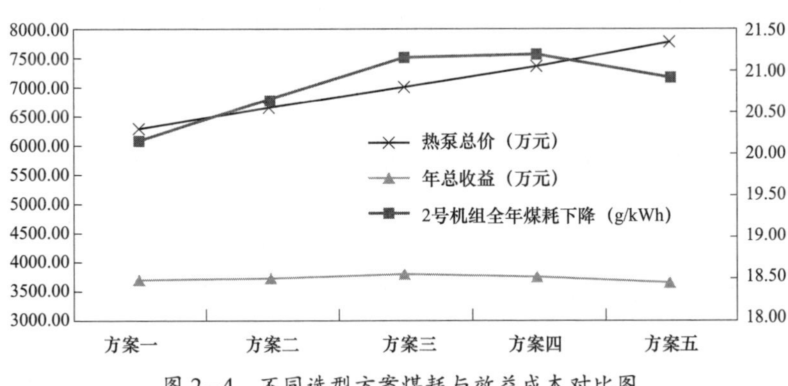

图 2−4　不同选型方案煤耗与效益成本对比图

如图 2−4 所示，不同方案中，最大煤耗与最小煤耗之间的差别为 1.05g/kWh。随着背压降低，机组采购成本增加，另一方面热泵 *COP* 降低，从而影响系统售热收益。

经过综合对比分析，五种工况年总收益差别较小，但方案三、方案四比其他方案机组全年煤耗下降量大，且方案三热泵总价比方案四低，因此，方案三最优。该方案对应机组改造前后热力参数对比见表 2−14。

表 2−14　　机组改造前后热力性能参数对比

参数名称	改造前	改造后
机组背压［MPa（绝对压力）］	0.004 9	0.006 6
机组出力（MW）	541.39	532.63
机组总输入热量（kJ/h）	4 936 968 680	4 936 968 680
抽汽压力［MPa（绝对压力）］	0.45	0.45

续表

参数名称	改造前	改造后
抽汽温度（℃）	310	310
热网加热器抽汽量（t/h）	400	118
疏水温度（℃）	120	120
热网加热器供热量（MW）	287	85
热泵抽汽量（t/h）	/	282
热泵吸收余热量（MW）	/	148.45
热泵供热量（MW）	/	350.74
机组总供热量（MW）	287	435.74
机组热耗（kJ/kWh）	7210.67	6323.84

2. 煤耗分析

计算表明，依据工况三设计，在对热泵系统进行改造后 2 号机组在设计工况下全年可回收循环水余热 215 万 GJ，在当前供热水平下，按 40kG/GJ 可折算成标准煤量为 8.6 万 t。

机组改造后背压有原来的 4.9kPa 升到 6.6kPa，额定供热工况条件下，将影响机组发电负荷减少 8.76MW，造成机组全年耗煤量上升 1.15 万 t；热泵系统引起新增耗电功率为 2.47MW，造成机组全年耗煤量上升 0.32 万 t。

综上所述，额定供热工况下，系统改造可降低机组全年耗煤量 7.13 万 t，以机组 2014 年全年发电量计算，可降低 2 号机组的全年发电煤耗 21.2g/kWh；以全厂 2014 年全年发电量计算，可降低全厂的全年发电煤耗 11g/kWh。

五、投资估算与财务评价

1. 投资估算

本工程为主要包括热力系统、供水系统、电气系统、热工控制系统以及附属生产工厂的改造。本工程建设工期为 6 个月。工程动态投资 12 381 万元，其中静态投资 12 237 万元，建设期贷款利息 144 万元。详见表 2-15。

表 2-15　　总投资估算表　　万元

序号	工程或费用名称	建筑工程费	设备购置费	安装工程费	其他费用	合计	各项占静态投资比例
一	主辅生产工程	843	7541	2432		10 816	88.39%
1	热力系统	576	7157	2015		9747	79.65%
2	供水系统	0	0	150		150	1.22%

续表

序号	工程或费用名称	建筑工程费	设备购置费	安装工程费	其他费用	合计	各项占静态投资比例
3	电气系统	0	116	127		242	1.98%
4	热工控制系统	0	269	141		410	3.35%
5	附属生产工程	268	0	0		268	2.19%
二	编制年价差	64	0	97		161	1.31%
	小计	907	7541	2529		10 977	89.70%
三	其他费用						
1	项目管理费				167	167	1.37%
2	项目技术服务费				449	449	3.67%
3	整套启动调试费				68	68	0.56%
4	基本预备费				575	575	4.70%
	小计				1260	1260	10.30%
四	工程静态投资	907	7541	2529	1260	12 237	100.00%
	各项静态投资的比例	7.42%	61.63%	20.66%	10.30%	100.00%	
五	工程动态费用						
1	建设期贷款利息				144	144	
	小计	0	0	0	144	144	
	工程动态投资	907	7541	2529	1404	12 381	

2. 财务评价

经过计算，项目投资的内部收益率为 26.68%，投资回收期为 4.69 年；项目资本金的内部收益率为 117.45%，投资回收期为 1.86 年。内部收益率高于基本收益率 10%，因此项目盈利能力较强。具体财务指标见表 2–16 所示。

表 2–16　　财务评价指标表

项目名称		单位	经济指标
项目投资（税后）	内部收益率	%	26.68
	净现值	万元（$I_e=10\%$）	16 469.05
	投资回收期	年	4.69
资本金	内部收益率	%	117.45
	净现值	万元（$I_e=10\%$）	17 532.36
	投资回收期	年	1.86

此外，以标准煤价、静态投资两个要素作为项目财务评价的敏感性分析因素，以增减 5%和 10%为变化步距，进行敏感性分析，得出：静态投资、标准煤价分别调整正负 10%和 5%时，项目投资内部收益率在 23.27%～30.13%之间，资本金净利润率在 74.07%～99.69%之间。可见本项目抗风险能力很强。

六、性能试验与运行情况

为评价循环水余热回收工程节能效果，该企业委托第三方对包括吸收式热泵机组在内的 2 号机组供热系统进行性能试验。试验现场工作于 2016 年 12 月 10 日～2017 年 1 月 13 日完成。

1. 试验目的

（1）测试设计条件下吸收式热泵的主要性能指标，如供热量和回收余热热量、性能系数 *COP*、水侧压损等。

（2）测试变工况条件下吸收式热泵的主要性能指标，如供热量和回收余热热量、性能系数 *COP*、水侧压损等。

（3）在给定供热负荷（热泵运行）和电负荷下，测定 2 号汽轮机组主要经济性指标：

1）汽轮机热耗率；汽轮机高、中、低压缸效率；厂用电率；计算发电、供电标准煤耗率（基于给定的锅炉效率）。

2）机组总供热负荷、吸收式热泵组供热量和回收余热热量；吸收式热泵 *COP*。

3）试验工况：选定的负荷点（见第二节）。

4）试验结果的修正：试验热耗率进行参数修正和系统修正，不进行老化修正。

5）测定主要经济性指标随负荷变化规律。

（4）测试一定供热负荷（热泵运行）和电负荷下，2 号机组的最佳排汽压力。

2. 试验工况

试验工况见表 2-17。

表 2-17　试验工况汇总表

序号	工况名称	工况代码	试验日期
1	510MW 工况 1	510MW-37℃	2016-12-21
2	510MW 工况 2	510MW-35℃	2016-12-20
3	510MW 工况 3	510MW-33℃	2016-12-20
4	510MW 工况 4	510MW-31℃	2016-12-21
5	440MW 工况 1	440MW-33℃	2017-01-06
6	440MW 工况 2	440MW-31℃	2017-01-06

续表

序号	工况名称	工况代码	试验日期
7	440MW 工况 3	440MW－37℃	2016－12－21
8	440MW 工况 4	440MW－35℃	2016－12－25
9	360MW 工况 1	360MW－37℃	2017－01－11
10	360MW 工况 2	360MW－35℃	2017－01－09
11	360MW 工况 3	360MW－33℃	2017－01－11
12	360MW 工况 4	360MW－31℃	2017－01－10
13	漏汽率－再热温度	LQRH	2016－12－27
14	漏汽率－主汽温度	LQMS	2016－12－27
15	热泵设计工况 1	RB－设计工况 1	2016－12－23
16	热泵设计工况 2	RB－设计工况 2	2016－12－23
17	热泵变工况 1	RB－QD－0.1MPa	2016－12－23
18	热泵变工况 2	RB－QD－0.2MPa	2016－12－23
19	热泵变工况 3	RB－QD－0.3MPa	2016－12－23
20	热泵变工况 4	RB－YR－37℃	2016－12－28
21	热泵变工况 5	RB－YR－32℃	2016－12－23

3. 结论

（1）在试验条件下，吸收式热泵机组平均总供热量为 68.64MW，回收余热循环水热量 25.54MW，*COP* 为 1.60；扣除疏水冷却器换热量后，吸收式热泵供热量为 62.33MW，驱动蒸汽输入吸收式热泵热量为 36.76MW，吸收式热泵 *COP* 为 1.70。据此推算，当 6 台吸收式热泵机组均达到试验条件时，总供热量可达到 411.84MW，回收余热循环水热量为 153.24MW。

（2）在试验供热负荷条件下，510MW 工况时，运行吸收式热泵机组可使 2 号机组总热耗率降低约 96.9kJ/kWh，折合发电煤耗率 3.63g/kWh；440MW 工况时，运行吸收式热泵机组可使 2 号机组总热耗率降低约 31.3kJ/kWh，折合发电煤耗率 1.17g/kWh；360MW 工况时，运行吸收式热泵机组可使 2 号机组总热耗率降低约 40.8kJ/kWh，折合发电煤耗率 1.53g/kWh。

（3）根据试验结果分析：2 号机组供热负荷（吸收式热泵机组驱动蒸汽压力）、汽轮机排汽压力以及当前驱动蒸汽疏水返回至除氧器运行方式时影响 2 号机组供热经济性的主要因素。

（4）从循环水余热回收供热系统运行优化试验结果来看，在试验供热负荷条件下、各个电负荷电时，随着汽轮机排汽压力的降低，2 号机组供热经济性逐渐提高。建议在运行过程中，在保证吸收式热泵安全运行的基础上，应当尽可能降低汽轮机排汽压力，以使机组供热经济性达到最优。

（5）试验条件下通过降低汽轮机排汽压力，可使机组总热耗率降低 66～129kJ/kWh，折合发电煤耗率 2.47～4.84g/kWh，节能效益显著。

第二节　大温差热泵供热改造典型案例

案例一　大温差热泵供热技术在某 150MW 机组的应用

一、项目概况

1. 项目背景

某地级市属于高寒地区，全年采暖期达 165 天，为了节约能源和改善冬季采暖期的大气环境，市计划委员会于 1998 年批复了由市规划设计院和市集中供热公司筹备处共同编制的《城市供热工程规划》（简称《规划》）。近些年来随着城市供热需求增势迅猛，市里已经出现了明显的供热能力不足现象，为此需要充分利用现有的热电厂资源，积极进行改造和扩建工作，最大限度地满足该区域的供热要求。

市里有大面积的城市棚户区，棚户区居住环境极为恶劣。早在 2006 年，市里就启动了沉陷区和棚户区（简称“两区”）治理改造工程，目前已建成民居 600 多万平方米，全部建成后，将有近 10 万户、30 多万员工家属住上新楼房。

2. 供热现状

某电厂于 1939 年建成，电厂经过多次扩建，机组容量不断扩大，目前利用 2007 年投产建设的 2×135MW 空冷供热机组为市城区供热和供电。2009 年采暖季，某电厂承担“两区”约 260 万 m^2 的建筑采暖面积。2010 年采暖季预计“两区”新增采暖面积约 378 万 m^2，届时“两区”建筑采暖面积将达 638 万 m^2。

3. 项目建设的必要性

（1）当地市政府要求保证民生供暖。2010 年 7 月，当地人民政府召开专题会议，会议邀请国家发改委能源研究所、华北市政院等单位的专家就 2010 年采暖季“两区”400 万 m^2 的供热问题和保证市区新增供热面积的热源稳定问题进行了研究。会议强调供热是民生大事，各级各部门一定要高度重视，想方设法保证冬季供暖。会议议定：为保证“两区”2010 年采暖供热，要求电厂对 2×135MW 供热机组进行乏汽余热回收利用改造，挖掘热源潜力。

（2）电厂急需提高热源供热能力。采暖综合热指标按 60W/m^2 计算，2010 年

“两区”总热负荷需求达383MW。从表2-18可以看出，“两区”的供热系统将面临着严重的供热能力不足问题，2010年采暖季将会出现约200万m^2的缺口，而由于当地大气环境治理的要求，又要严格控制城区燃煤锅炉及燃煤电厂的建设。集中供热是城市基础设施建设的一项重要组成部分，如“两区”的居民冬季采暖问题不能解决，将严重限制该区域居民的生活水平，影响该区域的和谐稳定发展。

表2-18　“两区”供热系统供需平衡

项　目	2009年采暖季	2010年采暖季
“两区”供热面积（万m^2）	260	638
“两区”供热负荷（MW）	156	383
电厂供热能力（MW）	268	268
热源供热能力与热负荷差值（MW）	+112	-115

为保障“两区”改造项目2010年采暖季的供热，并应对未来热负荷需求的增加，亟待提高当地的集中供热能力。其中最为可行的办法即是提高既有热电厂的供热能力。

（3）实现电厂可持续发展。调查发现，某电厂2×135MW供热机组大量的汽轮机乏汽余热通过空冷岛排放掉，以保证汽轮机末端的正常工作，在最大抽汽工况下，该部分热量可占燃料燃烧总发热量的28%以上，相当于供热量的77%以上，这部分低品位热量对于电厂发电来说是废热，但对于民用供暖而言，这部分热量是可以利用的，如不能合理利用这部分低品位能源，就会形成巨大的能源浪费。如果能够将该部分乏汽余热充分回收并用于民用供暖，则可以大幅提高该电厂的供热能力和能源利用效率，增强企业的竞争力，并带来巨大的节能、环保与社会效益。

某电厂目前有两台CKZ135-13.24/535/535/0.245型超高压、一次中间再热、单抽、单轴、双排汽凝汽式直接空冷汽轮机组，拟采用基于吸收式热泵的热电联产集中供热技术，回收热电厂汽轮机乏汽余热，提高热电厂供热能力，改造后可满足2010年“两区”共计638万m^2的建筑采暖需求。项目改造内容包括：在电厂内的空冷岛下方安装2台余热回收机组；由热力公司配合改造部分用户热力站，安装吸收式换热机组以降低热网回水温度。

二、热负荷分析

1. 采暖综合热指标

建筑采暖综合热指标由所在地区气象条件及建筑物的围护结构特征所决定。

对 2009 年采暖季的实际运行能耗数据及供热面积的分析统计，推算“两区”供热系统的采暖综合热指标约为 60W/m²，本项目中的计算分析均以此为依据。由图 2-5 可以看出，扣除热网首站和用户热力站环节的换热损失以及一次热网输送损失，系统传递到二次热网的热量约为 48.6W/m²。

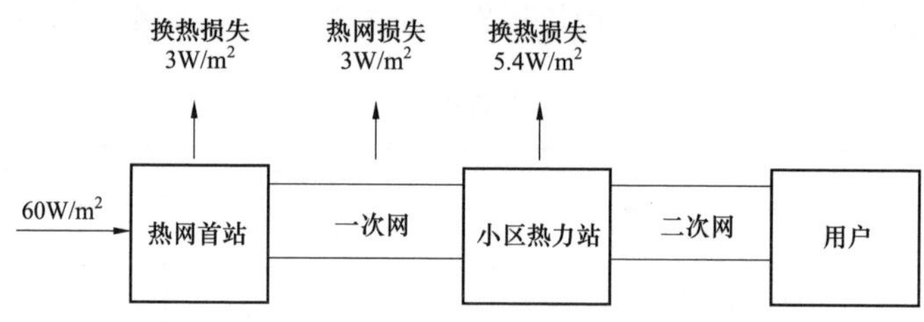

图 2-5 “两区”供热系统采暖综合热指标构成

2. 热负荷状况

2009 年采暖季“两区”采暖需求为 260 万 m²，2010 年采暖季预计新增采暖面积 378 万 m²，总供热面积达 638 万 m²，其中棚户区约为 511 万 m²，沉陷区约为 127 万 m²，见表 2-19。由此，“两区”2010 年采暖季总热负荷需求约为 383MW。

表 2-19 “两区”供热面积统计

项目	棚户区（万 m²）	沉陷区（万 m²）
2009 年采暖季现状	200	60
2010 年采暖季新增	311	67
合计	511	127

3. 采暖热负荷系数

某地级市的采暖气象资料：冬季室外采暖计算温度为-17℃，采暖期室外平均温度为-5.2℃，室内计算温度为 18℃，采暖天数为 165 天，按气象资料测定的某地级市冬季延时热负荷系数见表 2-20。

表 2-20 采暖期室外延时热负荷系数表

延时天数		室外日平均温度（℃）	热负荷系数	该温度下的采暖热负荷（MW）
天	小时			
5	120	-17.00	1.00	382.8
15	360	-15.14	0.95	362.4
25	600	-13.55	0.90	345.0

续表

延时天数		室外日平均温度（℃）	热负荷系数	该温度下的采暖热负荷（MW）
天	小时			
35	840	－12.04	0.86	328.6
45	1080	－10.60	0.82	312.8
55	1320	－9.19	0.78	297.4
60	1440	－8.50	0.76	289.8
65	1560	－7.81	0.74	282.3
70	1680	－7.14	0.72	274.9
75	1800	－6.46	0.70	267.6
85	2040	－5.13	0.66	253.0
115	2760	－1.24	0.55	210.4
126	3024	0.15	0.51	195.2
135	3240	1.29	0.48	182.8
145	3480	2.53	0.44	169.2
155	3720	3.77	0.41	155.6
165	3960	5.00	0.37	142.2

依据以上条件，采暖热负荷延续时间曲线如图 2–6 所示，2010 年采暖供热量为 356.4 万 GJ。

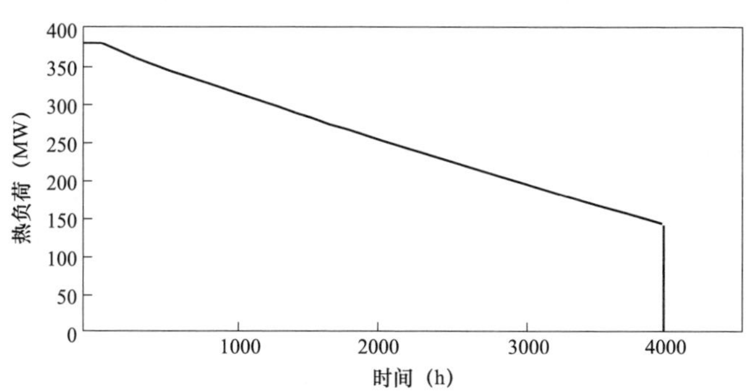

图 2–6 “两区”集中供热负荷延时曲线

三、热源现状

某电厂的两台 CKZ135–13.24/535/535/0.245 型汽轮机组为哈尔滨汽轮机厂制造，超高压、一次中间再热、双缸、双排汽、单轴、单抽、凝汽式直接空冷汽轮机，采暖抽汽口位置为中压缸排汽部分，中、低压缸连通管道上的调节蝶阀调节排汽压力，汽轮机主要性能及参数见表 2–21。

表 2-21　　汽轮机性能及参数表

序号	名称	单位	最大供热工况	额定供热工况	冷凝工况（THA）	冷凝工况（VWO）
1	汽轮机功率	MW	129.34	135	135	151.95
2	主蒸汽流量	t/h	480	452.82	421.15	480
3	高压主汽门前主蒸汽压力	MPa	13.239	13.239	13.239	13.239
4	高压主汽门前主蒸汽温度	℃	535	535	535	535
5	再热蒸汽流量	t/h	410.6	388.44	362.79	411.16
6	中压主汽门前蒸汽压力	MPa	2.488	2.357	2.213	2.504
7	中压主汽门前蒸汽温度	℃	535	535	535	535
8	低压缸排汽压力	kPa	15	15	35	35
9	抽汽量	t/h	200	80	0	0
10	抽汽压力	MPa	0.245	0.245		
11	抽汽温度	℃	237	242.1		
12	给水温度	℃	248	244.7	240.7	248.2
13	热机热耗率	kJ/kWh	6553.1	7942.6	8810.1	8752.2

锅炉为哈尔滨汽轮机厂制造的 HG-480/13.7-LYM26 型锅炉，480t/h 超高压参数循环流化床汽包炉、一次再热，高温绝热旋风分离器、平衡通风、回料阀给煤、紧身封闭。燃用烟煤、最大连续出力 480t/h，不投油最低稳燃负荷为 40%（B-MCR），锅炉主要性能及参数见表 2-22。

表 2-22　　汽轮机性能及参数表

序号	名称	单位	锅炉出力（BMCR）	备注
1	主蒸汽流量	t/h	480	
2	主蒸汽压力	MPa	13.7	
3	主蒸汽温度	℃	540	
4	再热蒸汽流量	t/h	410.26	
5	再热器入口蒸汽压力	MPa	2.745	
6	再热器出口蒸汽压力	MPa	2.471	
7	再热器入口蒸汽温度	℃	318.7	
8	再热器出口蒸汽温度	℃	540	
9	给水温度	℃	247.8	
10	锅炉效率	%	90.5	低位发热量
11	锅炉排烟温度	℃	139	

连接某电厂热网首站与“两区”用户热力站的一次热力管网由热力公司投建，一次网设计供回水温度为115/70℃，循环水泵单台流量1800t/h，扬程140m，功率1120kW，3开1备。

根据2009年采暖季的实际运行数据，“两区”一次热网的实际供水温度在75～95℃之间，回水温度45～55℃，2009年采暖季典型供回水温度数据见表2-23，温差仅25～40℃，处于“大流量、小温差”的不节能运行状态。

表2-23　　2009年采暖季一次网运行参数

日期	12月5日	12月15日	12月25日	1月11日	1月21日	1月31日	2月7日	2月17日	2月27日
供水温度（℃）	88.5	97.41	85.7	74.18	74.6	78.95	85.25	82.04	73.62
回水温度（℃）	49.6	55.0	53.7	45.3	48.6	50.7	45.4	50.8	45.5
供水压力（MPa）	0.50	0.45	0.42	0.47	0.41	0.39	0.36	0.39	0.33
回水压力（MPa）	0.38	0.27	0.23	0.28	0.23	0.20	0.26	0.25	0.25
一次网流量（t/h）	2058	2242	3127	2940	2924	2947	1815	2570	2075

四、汽轮机乏汽余热利用方案

1. 厂外改造方案

对供暖区域内的14座热力站进行改造，站内安装吸收式换热机组，末端是散热器的供热系统，使一次网回水降低至30℃左右，末端是地暖的供热系统，使一次网回水温度降低至20℃左右；其余热力站增加原板式换热器换热面积，使一次网回水温度降低至43℃左右。通过上述改造，一次网返回热电厂的综合回水温度可降低到37℃左右，如图2-7所示。

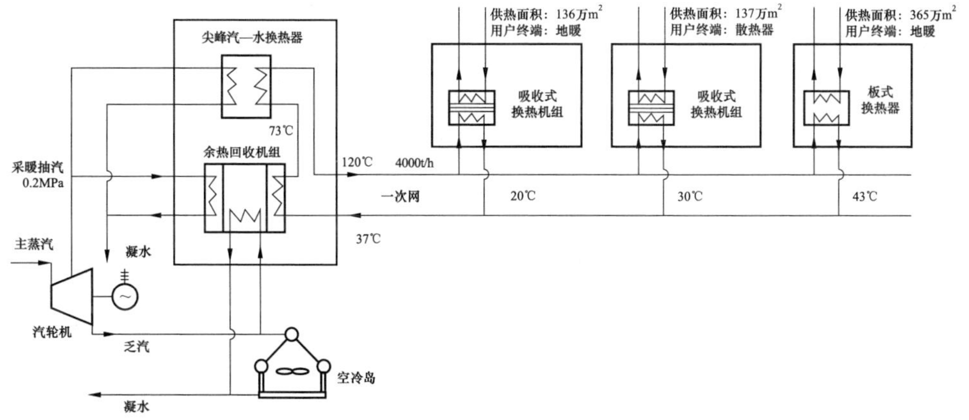

图2-7　某电厂基于吸收式循环的热电联产集中供热方案

2. 厂内改造方案

（1）增设电厂余热回收机组：引入部分汽轮机采暖蒸汽，利用电厂余热回收机组回收汽轮机乏汽余热，对一次网回水进行一级加热；而后通过原热网加热器，利用部分汽轮机采暖蒸汽对一次网热水进行二级加热。

（2）对汽轮机采暖抽汽管道进行改造：从原汽轮机采暖抽汽管道抽取部分采暖蒸汽引入余热回收机组，作为驱动余热回收机组的热源。

（3）对汽轮机低压缸排汽（乏汽）管路进行改造：采暖季工况下两台汽轮机乏汽进入对应的电厂余热回收机组，放热降温后凝结水返回汽轮机回热系统；当负荷变小，汽轮机排汽余热量较多时，可将部分乏汽引上空冷塔，将过剩余热散失掉以保持汽轮机正常的背压；如一台汽轮机事故停运，可将另一台汽轮机的乏汽引入各电厂余热回收机组，仍可保证余热回收机组稳定运行；非采暖季工况，全部汽轮机乏汽上冷却塔散热。

（4）对电厂内的一次网热水管道进行改造：将一次网 37℃回水经过余热回收机组加热到 73℃，再由原热网加热器加热至 120℃供给用户。

（5）本工程主要用电设备射水抽汽器和余热回收机组分别直接接入主厂房 380V Ⅰ、Ⅱ段，并在余热回收机房设低压配电屏（MCC）向其他零星小负荷供电，配电屏母线分为二段，分别对应连接于主厂房 380V Ⅰ、Ⅱ段，主厂房每台厂用变压器只增加约 150VA 负荷，在 1、2 号厂用变压器设计裕度范围内。现有 380V Ⅰ、Ⅱ段上也有多个备用回路，能满足本方案的供电需求。

五、投资估算与财务评价

1. 投资估算

投资估算范围：厂内空冷岛下方安装的 2 台余热回收机组和相应增加的采暖蒸汽管道、乏汽管道以及热网水管道，2 台射水抽汽器等设备和附属系统和建（构）筑物。改造工程静态投资 5031 万元，建设期贷款利息 61 万元，动态投资 5093 万元，投资估算详见表 2-24。

表 2-24　　改造工程估算表

序号	工程或费用名称	建筑工程费（万元）	设备购置费（万元）	安装工程费（万元）	其他费用（万元）	合计（万元）	各项占总计（%）
一	主辅生产工程	170	3400	884		4454	88.53
1	热力部分	170	3251	103		3524	70.04
2	水工部分			457		457	9.09
3	电气部分		14	49		63	1.26
4	热工控制部分		136	274		410	8.14

续表

序号	工程或费用名称	建筑工程费（万元）	设备购置费（万元）	安装工程费（万元）	其他费用（万元）	合计（万元）	各项占总计（%）
二	编制年价差	20		88		109	2.16
三	其他费用				322	322	6.39
1	项目建设管理费				69	69	1.38
2	项目建设技术服务费				232	232	4.62
3	分系统调试及整套启动试运费				20	20	0.40
四	基本预备费				147	147	2.91
	工程静态投资	191	3400	972	468	5031	100.00
	各类费用占静态投资比例（%）	3.79	67.58	19.32	9.30	100.00	
五	工程动态费用				61	61	
1	建设期贷款利息				61	61	
	工程动态投资	191	3400	972	529	5093	

2. 财务评价

本项目经济效益分析暂按改造后 2 台 135MW 机组年上网电量不变，回收乏汽新增年供热量 187.5 万 GJ。经计算，项目年新增供热收入 2812 万元，年新增总成本费用 687 万元，其中年折旧费 340 万元，年营业税 155 万元，年实现利润 1971 万元，年所得税 493 万元，年税后利润 1478 万元，详细计算见表 2–25。

表 2–25　　乏汽余热利用改造工程年费用效益计算表

序号	费用名称	计算标准	单位	年费效（万元）
一	乏汽余热回收新增效益	15.0	元/GJ	187.47
二	乏汽余热利用新增成本			
1	厂用电	0.40	元/kWh	118.8
2	人工工资及福利费	5.0×（1+60%）	万元/人年	5
3	大修理费	2.0	%	5093
4	基本折旧费	15.0	年	5093
5	其他费用	4.0	%	528.87
6	财务费用（还贷利息）	按还贷期平均利息		
三	营业税	5.50	%	2812.00

续表

序号	费用名称	计算标准	单位	年费效（万元）
四	实现利润	收入－成本－营业税		
五	所得税	25.0	%	1970.81
六	税后利润	实现利润－所得税		
七	总投资收益率	税后利润/总投资		总投资：5093
八	资本金净利润率	税后利润/资本金		资本金：1019

六、性能试验与运行情况

该乏汽余热利用改造项目自竣工投运以来运行状况良好，供热母管回水温度达到36.5～37℃（设计值37℃），供热面积达到了预期的600万m^2。为鉴定两台热泵的性能，以及定量分析不同工况下汽轮机真空与乏汽余热利用机组功率和机组发电功率的关系，电厂委托第三方对1、2号热泵进行了热力性能试验。现场试验工作于2011年3月4日开始，3月9日顺利结束。

通过对试验结果的计算及分析，可得出以下结论：

1. 机组性能

（1）1号热泵乏汽回收机组。1号机组试验汽轮机真空分别为－75.7、－70.6、－65.6、－61.0kPa时，修正后的机组发电净功率分别为109.740、108.403、107.363、106.227MW，1号热泵利用乏汽流量分别为80.16、100.31、117.95、131.57t/h，回收乏汽余热热功率分别为51.18、64.25、75.79、84.79MW。

（2）2号热泵乏汽回收机组。2号机组试验汽轮机真空分别为－74.4、－69.7、－65.0、－60.7kPa时，修正后机组发电净功率分别为107.940、107.067、106.395、105.883MW，2号热泵利用乏汽流量分别为88.11、108.85、125.36、138.30t/h，回收乏汽余热热功率分别为56.07、69.78、80.76、89.00MW。

2. 机组优化运行建议

（1）热网首站热水出口温度随汽轮机真空变化而变化时，汽轮机真空越低机组整体经济性将越大。建议电厂在满足发电负荷要求和汽轮机真空安全条件下，可以尽量在较低真空下运行，以提高机组整体的经济收益。

（2）热网首站热水出口温度为给定值时，汽轮机真空变化对机组整体经济性影响较少。建议电厂增设热网首站热水出口温度控制，在保证热网出水温度下，通过控制五抽至热网首站加热器抽汽流量，优化机组发电负荷和供热负荷分配。建议在不同的热网首站热水出口温度下，汽轮机真空都保持在－65.0kPa（背压25.0kPa）范围内，此时系统整体经济性相对较好。

案例二　大温差热泵供热技术在某 600MW 机组的应用

一、项目概况

某电厂位于 B 市，B 市是 A 市的县级市，该电厂位于 A 市东南方向，距 A 市边缘直线距离约 40km。该电厂一期工程装有 2×600MW 亚临界直接空冷机组，已于 2007 年建成投产。电厂二期工程为扩建 2×1000MW 超超临界直接空冷机组，已分别于 2010 年 12 月和 2011 年 4 月建成投产，电厂总装机规模为 3200MW。

本项目拟对机组进行高背压改造，利用该电厂向 A 市市区进行热电联产集中供热，供热距离长达 40 多 km，采用长距离供热技术和大温差热泵技术，实现对 A 市的超长距离供热。

二、热负荷分析及抽汽能力分析

1. 热指标的确定

A 市供热面积由 2005 年 3645 万 m^2 发展到 2012 年 5397 万 m^2，供热面积增长了 48%，供热能源结构不断优化，热电联产在供热系统中所占比例由 2005 年的 11%增长到了 20%。同时，2012 年燃气锅炉房及壁挂炉供热面积承担供热面积 1412 万 m^2，占总供热面积的 26%。

根据 A 市城市总体规划和本规划期限及供热范围，采用指标法进行城市各个发展时期的城市采暖面积预测。具体技术指标确定如下：

对于新建民用建筑而言，依据 JGJ 26—1995《民用建筑节能设计标准（采暖居住建筑部分）》，A 市建筑本体采暖平均热指标为 21W/m^2（50%建筑节能标准），采暖设计热指标为 32.4W/m^2。若未来城市热网的规划管网损失最大为 15%（含热力失调损失），则最终平均热指标为 25W/m^2，设计热指标为 38W/m^2。考虑到 A 市将全面推行 65%的建筑节能标准，此指标将更加符合 A 市实际，因此未来新建住宅建筑和公共建筑的采暖设计热指标分别取 38W/m^2 和 50W/m^2。

根据 A 市节能建筑比例现状，对达不到节能 30%标准的建筑全部改造，对达不到 50%标准的建筑部分改造，总改造面积约 1620 万 m^2，占现有总建筑面积的 30%。如此，规划期（2020 年）A 市区民用建筑的采暖综合设计热指标可达到 50W/m^2。

本次改造对应的供热区域经过核算，近期供热区域按 47.6W/m^2，远期供热区域按 46.4W/m^2 进行设计。

2. 采暖热负荷

本项目供热能力可按两期进行考虑，其中 2017 年至 2018 年规划为近期，2019 年至 2020 年规划为远期。本项目近期实现向 A 市域供热面积 $3770.1\times10^4m^2$。本项目远期规划新增供热面积 $4147.9\times10^4m^2$，供热能力最终可以达到 $7918\times10^4m^2$。

3. A 市供热存在的问题

依据对 A 市供热现状分析，A 市供热主要存在以下主要问题：

（1）供热负荷需求发展迅速，供热热源仍将出现缺口。根据历年建筑建成面积及 A 市城市总体规划，到 2020 年 A 市的供热面积约达到 1 亿 m^2，随着燃煤锅炉的取缔，现有热源建设仍将无法满足未来城市发展的需要。

（2）供热能耗高，供热污染严重。按照 A 市现状供热结构，A 市采暖季供热标准煤耗 33.8kg/（m^2 • a），远高于全国集中供热能耗平均水平 20kg/（m^2 • a），因此也造成了 A 市目前的大气污染主要集中在采暖季，污染类型为煤烟型污染，采暖季燃煤供热造成的 TSP 以及 SO_2 全面超标，进入采暖季以后，A 市全市二氧化硫的均值平均上升 16.7%。

（3）燃气清洁能源合理利用面临挑战。全市燃气供热占全市供热面积约 27%，随着燃气热电厂建设和“煤改气”工程推进，A 市燃气供热所占比例将得到大幅提升，然而目前燃气清洁能源用于供热面临着挑战。应重视燃气清洁能源合理利用，应对燃气供热带来的供热成本增加代价，以及供热燃气使用量大幅增加和供应峰谷差对 A 市燃气供应安全和供热安全保障的挑战。

（4）供热热源和热用户的节能潜力尚未得到充分挖掘。在现有技术创新和应用条件下，电厂循环冷却水或乏汽中有大量可利用的低温余热，通过技术创新，充分挖掘热源资源的潜力，为 A 市供热系统的节能减排打造新思路和发展方向。

同时，建筑节能改造需进一步推进，仍有老旧建筑未进行节能改造，建筑热耗量大，供热成本高。应在现有节能改造成果的基础上继续推进，对新建建筑严格执行建筑节能标准，鼓励绿色建筑发展；对老旧建筑积极进行节能改造，减少建筑热耗量。通过对热用户节能建设或改造，建筑的平均热耗可从现状的 0.5GJ/m^2 降低至 0.35GJ/m^2，完成老旧建筑改造后，民用建筑综合热指标可从现状的 54W/m^2 降低至 45W/m^2。

基于以上分析，A 市新建大负荷热源点是很有必要的。同时离 A 市较近的电厂污染物排放会影响 A 市区的环境，将热源点选择在 B 市电厂，可为 A 市的蓝天计划增添一份贡献。

4. 该电厂现有供热情况分析

一期面向 B 市供热改造工程将在厂内建立热网首站，热网首站规模按满足 600 万 m^2 冬季采暖要求进行设计，分期分阶段实施。根据汽轮机厂的改造说明，汽轮机本体部分改造方案为：将原汽机中低压缸联通管更换为直径为 DN1100 的新联通管，在新联通管采暖抽汽接口后面通往低压缸的连通管上设一道蝶阀，通过蝶阀调整抽汽压力，实现调整抽汽的目的。该抽汽管道作为热网加热器的加热蒸汽汽源，管径为 DN800，供热抽汽管道上依次装设安全阀、气动逆止阀、液动抽汽快关阀、电动调节阀。经过供热改造后汽轮机采暖加热蒸汽的参数为：1.0MPa（绝对压力），357.2℃；单台汽轮机最大采暖抽汽量为 320t/h。

5. 一期 2×600MW 亚临界机组抽汽能力分析

一期原面向 B 市供热改造在设计热负荷工况下所需的蒸汽量为 2×230t/h。在单机事故工况下，为保障供热安全所需要单机最大抽汽为 320t/h。

根据上汽厂为本次改造最新提供的主机联通管改造后的热平衡图，排汽压力为 33KPa，每台汽轮机最大采暖抽汽能力为 600t/h，参数为 1.0MPa（绝对压力），350.5℃。此时单机排汽流量为 824.7t/h。

由上述数据可知：一期机组冬季在 33kPa 运行的工况下，排汽能提供 2×824.7t/h 的乏汽用于加热循环水，考虑换热器端差，能将循环水加热至 68℃。而后再进一步用抽汽将循环水加热至 110℃。一期机组抽汽 2×600t/h 扣除 B 市供热所需的 2×230t/h 后，能提供给 A 市供热的蒸汽总量为 2×370t/h。

6. 二期 2×1000MW 超超临界机组抽汽能力分析

根据东方汽轮机厂提供的热平衡图，二期机组冬季按 13KPa 背压运行时，单机最大抽汽能力为 1000t/h，当排汽压力为 33kPa 时，单机最大抽汽能力为 500t/h。排汽压力为 18kPa 时，单机最大抽汽能力为 900t/h。采用换转子后，排汽背压可提高到 47kPa，此时最大抽汽能力有待进一步计算。

三、主要设备规范

一期 2×600MW 汽轮机：亚临界、一次中间再热、单轴、三缸四排汽、直接空冷凝汽式汽轮机，汽轮机具有七级非调整回热抽汽，汽轮机额定转速为 3000r/min，见表 2-26。

表 2-26　　一期 600MW 汽轮机主要参数汇总表

项目	单位	THA 工况	TRL 工况	TMCR 工况	VWO 工况	阻塞背压工况
机组出力	kW	600 163	600 388	642 228	664 476	6 506 333
汽轮发电机组热耗值	kJ/kWh	8064	8614	8051	8049	7947
主蒸汽压力	MPa（绝对压力）	16.67	16.67	16.67	16.67	16.67
再热蒸汽压力	MPa（绝对压力）	3.395	3.639	3.661	3.808	3.662
高压缸排汽压力	MPa（绝对压力）	3.773	4.043	4.068	4.231	4.069

续表

项目	单位	THA 工况	TRL 工况	TMCR 工况	VWO 工况	阻塞背压工况
主蒸汽温度	℃	538	538	538	538	538
再热蒸汽温度	℃	538	538	538	538	538
高压缸排汽温度	℃	322	329	330	334.4	330
主蒸汽流量	kg/h	1 847 495	2 005 902	2 005 902	2 093 447	2 005 902
再热蒸汽流量	kg/h	1 574 153	1 691 251	1 700 090	1 769 314	1 700 092
背压	kPa	15	35	15	15	7.55

二期 2×1000MW 汽轮机：超超临界、一次中间再热、四缸四排汽、单轴、直接空冷凝汽式汽轮机。汽轮机具有七级非调整回热抽汽，给水泵汽轮机间冷形式。汽轮机额定转速为3000r/min。

汽轮机型号：NZK1000－25/600/600 型制造厂商，汽轮机主要参数见表 2－27。

表 2－27　　二期 1000MW 汽轮机主要参数汇总表

工况	额定功率	夏季	TMCR	VWO	阻塞背压
项目	工况	工况	工况	工况	工况
功率（MW）	1000	938.467	1039.378	1064.774	1017.697
热耗率（kJ/kWh）	7675	8376	7664	7657	7542
主蒸汽压力［MPa（绝对压力）］	25	25	25	25	25
主蒸汽温度（℃）	600	600	600	600	600
主蒸汽流量（kg/h）	2 872 500	2 009 700	3 009 700	3 100 000	2 872 500
高压缸排汽压力［MPa（绝对压力）］	4.75	4.91	4.954	5.087	4.75
高压缸排汽温度（℃）	344.3	347.7	348.9	352	344.4
再热蒸汽压力［MPa（绝对压力）］	4.37	4.517	4.557	4.68	4.37
再热蒸汽温度（℃）	600	600	600	600	600
再热蒸汽流量（kg/h）	2 343 858	2 429 120	2 446 179	2 513 209	2 343 911
中压缸排汽压力［MPa（绝对压力）］	0.993	1.005	1.034	1.061	0.993
低压缸排汽压力［kPa（绝对压力）］	13	33	13	13	6.18
低压缸排汽焓（kJ/kg）	2438.7	2630.3	2433.2	2429.7	2391.1
低压缸排汽流量（kg/h）	1 663 897	1 735 863	1 728 461	1 770 285	1 621 356
给水率（%）	0	3	0	0	0
最终给水温度（℃）	298.2	301	301.4	303.4	298.2

四、技术路线

1. 厂内改造方案

（1）近期工程构想。为综合利用现有资源，降低项目建设初投资，如外网分期施工建设（首期供热负荷 3770.1 万 m^2），则可采用外网首期一供一回的近期方案（外网考虑大温差技术）。B 市供热循环水进高背压凝汽器，二期首站优先用二期机组抽汽，B 市和 A 市循环水独立。

采用大温差供热（供回水温度 130/30℃）。一期机组不进行扩容的联通管改造，仅进行高背压改造，增设高背压凝汽器将热网循环水温度从 30℃加热至 68℃。热网首站所需要的尖峰加热蒸汽主要由二期机组提供，进一步将热网循环水从 68℃加热至 130℃。同时将面向 B 市供热的循环水引入一期改造后相对独立的凝汽器腔室，充分利用了高背压换热所带来的收益。

所用尖峰汽源通过 4×12 000kW 背压发电机发电后，通过排汽［0.35MPa（绝对压力）］加热热网循环水，有效利用了较高压力蒸汽的做功能力来拖动背压发电机发电，所发电量提供给电厂厂用电，以实现能源梯级利用。

本方案的优点是：

1）将面向 B 市供热的热网循环水引入一期机组高背压凝汽器的独立腔室，以增加全厂整体供热的经济性。

2）面向 B 市和 A 市供热系统相对独立，运行调节简单。

（2）远期工程构想。本方案考虑采用 1、2 号机换转子，3、4 号机不换转子用抽汽进行尖峰加热的供热方案。该方案利用了 3、4 号机的排汽进行基本加热将热网循环水加热至 56℃，而后再进一步利用 1、2 号机换转子后进一步加热的能力将热网循环水加热至 75℃后，再进一步利用尖峰汽源进行加热至 130℃向外供出。

在外网达到设计最大热负荷时，需停用背压发电机，以保障热源需求。以供热面积 7918 万 m^2 的负荷核算：远期需热网循环水约 3.4 万 t。外网施工配套需求两套 DN1400 供回水管路，供回水温度 130/30℃（大温差供热）。

本方案中二期循环水加热至 56℃，实际背压约 20kPa，此时二期机组需提供 2×800t/h 抽汽汽源。在设计热负荷运行工况下，需停止使用背压发电机，以保障供热负荷需要。

（3）小结。为尽可能地在项目启动初期供热面积未达到设计热负荷的情况下，优化整合电厂现有资源，降低投资，上述外网循环水一供一回近期方案为：B 市供热循环水进高背压凝汽器，二期首站优先用二期机组抽汽，B 市和 A 市循环水独立。当外网达到中、远期负荷后，外网一供一回的循环水管道携带热量的能力已经不满足热负荷的需要，远期方案必须采用循环水两供两回方案。

2. 厂外长距离供热、中继泵站和大温差热泵中心站

（1）长距离供热。由于该电厂距离 A 市负荷中心相距 45km，因此需要采用长距离供热技术。长距离供热输送管线的沿程热量损失也是本设计考虑的问题之一，为了减少管网输送过程中的散热损失，本设计拟在满足 GB/T 8175—2008《设备及管道绝热设计导则》及 CJJ 34—2010《城镇供热管网设计规范》中的相关要求基础上，增加了管道的保温厚度，把保温后外表面的温度控制在 30℃及以下，使 DN1400 管道的散热损失仅为 157.95W/m^2、使 DN1300 管道的散热损失仅为 151.96W/m^2、使 DN1200 管道的散热损失仅为 145.98W/m^2，这时，DN1400 管道每千米的理论散热损失温降约为 0.045℃，因此，比 CJJ/T 185—2012《城镇供热系统节能技术规范》要求的每千米温降 0.1℃要低。

（2）中继加压泵站及隔压站。经对本项目近期、远期供热负荷水力工况进行稳态和瞬态计算，在保证系统不汽化、不超压、不到空的设计原则下，应使高温热水网、一级管网整个系统的每一个点的运行压力都处于一个较低的压力水平范围内。

基于上述考虑，以及充分考虑到项目近期、远期设备的投资及运行，本项目近期高温热水网上需设置 1 处中继加压泵站，为 1 号中继泵站；2 处中继泵站作为隔压泵站，为 3 号中继泵站（隔压站）和 5 号中继泵站（隔压站），共 3 处。本项目远期高温热水网及一级网上需设置 2 处中继加压泵站，为 2 号中继泵站（远期第二回路）和 6 号中继泵站（回水加压泵站）；1 处隔压泵站，为 4 号中继泵站（远期第二回路隔压站），共 3 处。

由于本工程管系输送距离较长，且 C 片区以北地区地势高程比电厂高约 80m，为了与 A 市城区的已有供热管道连接，同时降低整体管系的静压线，为此本设计通过在 C 区域附近设置 5 号中继泵站（隔压站），降低整个高温热水网系统定压，降低了系统运行压力。另外，本设计在 A 市城区南绕城附近设 3 号中继泵站（隔压站）及远期设 4 号中继泵站（隔压站），将高温热水网系统与 A 市城区一级网供热系统隔开，确保 A 市城区一级网运行压力低于 1.6MPa 同时，也提高了整个供热系统安全性。

（3）大温差热泵中心换热站。当热用户室内散热系统为地板辐射采暖时，热力站换热器一次侧高温热水网或一级网设计供、回水温度为 130/30℃或 125/25℃，换热器二级侧设计供、回水温度为 60/40℃。

本项目热力站换热系统设水–水换热器、循环水泵及吸收式热泵等设备。由热源来的高温热水网或一级网供水通过水–水换热器将二级网的用户回水加热，

高温热水网或一级网温度降至 50℃再进入热泵，经热泵进一步提取热量后温度降至 25℃或 30℃返回热源；由用户返回的二级网回水通过热泵加热温度升至约 45℃，经循环水泵加压后进入水—水换热器，经水—水换热器加热温度升至二级网设计供水温度后送至热用户。

五、投资估算与财务评价

项目近期供热面积为 3770.1 万 m^2，按 2017 年至 2018 年两年实施考虑。项目后期新增供热面积为 4147.9 万 m^2。远期按 2017 年施工，2018 年达到供热面积 3770.1 万 m^2，2020 年投产达供热面积 7918 万 m^2。

本项目厂内、外都分为两期改造，一期改造满足 3770 万 m^2 的供热面积，二期改造满足新增 4147.9 万 m^2 的供热面积。

本项目建设投资（不含建设期利息）744 965.88 万元。其中：厂内技改工程投资 81 020 万元，热网工程投资 663 945.88 万元；项目资本金财务内部收益率 13.26%。

本项目经济效益指标比较理想，经济效益指标满足国内行业要求、符合国家有关规定，具有较强的财务盈利能力，项目在经济性上是可行的。

六、结论

项目方案可行，并且可以提高机组的热效率和降低煤耗。供热改造工程的实施可以替代当地低效率、高污染、分散的小型采暖供热设施，满足 A 市采暖供热的需要，实现热电联产、集中供热，提高资源综合利用率，有利于改善城区环境空气质量，进一步促进 A 市城区建设和经济发展，符合国家能源、产业及环保政策。本项目经济效益指标比较理想，经济效益指标满足国内行业要求、符合国家有关规定，具有较强的财务盈利能力，项目在经济性上是可行的。

第三节　高背压供热改造典型案例

案例一　高背压供热技术在某 150MW 机组的应用

一、项目概况

某发电厂是市区内现有主要供热热源，该发电厂共三台机组（5 号机为 140MW 机组、6、7 号机为 330MW 机组），6、7 号机已进行了抽汽供热改造，在中低压连通管处增加了一路抽汽作为汽源进行供热，并在厂内建设完成高温水供热首站一座，供热能力 400 万 m^2，实际供热能力约 358 万 m^2。厂内原有工业供汽管线设计供热能力 70t/h。

目前该电厂两台330MW机组，没有足够的备用供热容量，而随着市区的扩建和发展，供热面积不断扩大，两台300MW机组已没有抽汽余量，远不能满足城市用热的发展；此外大部分企业目前均使用自备锅炉生产、生活，城区主要靠小煤炉采暖，每年排放大量粉尘、SO_2，对城区大气造成严重污染。根据当前供热形势，需要对该电厂5号机组进行供热改造以确保冬季城区的供热安全和稳定。

为了尽快满足当前供暖季的供暖需求及今后供热面积的增加，对比多种技术，5号机组采用抽汽供热及“双转子双背压互换”供热改造技术，改造分两期建设：

一期工程在5号机中低压连通管处打孔，在当前供暖季为供热系统提供新的居民采暖热源，并作为二期工程循环水提温的加热汽源。本期5号机进行改造的抽汽参数为：压力0.245MPa，温度245℃，最大抽汽量150t/h。

二期5号机组低压缸“双背压双转子互换”循环水供热技术，通过对大型机组低压通流部分进行改造，采暖季节和非采暖季节更换不同背压的低压转子，从而实现采暖季机组高背压运行，利用高温循环水对热网供热；非采暖季机组恢复原正常背压运行，经济指标不变，全年运行的经济效益和节能效益提高。

二、热负荷分析

1. 现状热负荷

电厂供热区内已实现集中供热面积358万m^2，全部为采暖热负荷。供水参数为1.6MPa，供回水温差为130/70℃。

2. 热源现状

电厂现有三台机组（5号机为140MW机组、6、7号机为330MW机组），6、7号机已进行了中低压连通管改造进行供热，总抽汽量（最大）300t/h，输送给首站供热。随着城市供热规模的不断扩大，与原有供热首站配套的两台330MW机组已没有抽汽余量，实际供热能力不足。

为了尽快解决当前供暖季热源缺口及今后供热面积的增加的问题，一期工程在5号机中低压连通管处打孔抽汽，在当前供暖季为供热系统提供新的居民采暖热源，并作为二期工程循环水提温的加热汽源，为二期低压缸“双背压双转子互换”循环水供热技术改造提供前期支持。

3. 热负荷

（1）近期热负荷。在该发电厂供热区域内，已有供热面积358万m^2。当前供暖季新增供热面积142万m^2，近期热负荷为500万m^2。

（2）设计热负荷。该市区属北温带大陆性季风气候，四季分明，雨量充沛，光照充足，年平均气温 13.9℃左右，年平均降水量 815.8mm 左右，年光照时数 2380h 左右，无霜期 200 天以上，雨热同期。适宜多种动植物生长。主要气象资料见表 2–28，近期设计热负荷见表 2–29。

表 2–28 市区主要气象资料

名称	数值	名称	数值
市区多年平均温度	13.9℃	市区平均风速	2.9m/s
冬季平均气温	0.7℃	最大冻土深度	29cm
夏季平均气温	25.9℃	采暖延续时间	2880h（110 天）
年极端最高温度	39.8℃	采暖热指标	50W/m^2
采暖室外计算温度	–6℃	供热面积	500 万 m^2（新增面积 142 万 m^2）
多年平均降雨量	860.4mm	平均负荷系数	$\frac{18-0.7}{18-(-6)}=0.721$
多年最大降雨量	1390.7mm	最小负荷系数	$\frac{18-0.7}{18-(-6)}=0.721$
市区多年最小降雨量	559mm		

表 2–29 近期设计热负荷表 MW

名称	最大热负荷	平均热负荷	最小热负荷
数值	275	198.3	149.05

根据 5 号机供热改造后的实际供热能力，承担新增供热面积，并替代一期首站大部分热负荷，与已建成首站相互备用，扩大了供热面积，提高了系统供热的安全性、稳定性。

三、设计参数

5 号机组“双转子双背压互换”改造的主要项目包括中低压连通管抽汽供热改造、低压缸通流部分改造和热力系统（含凝汽器）改造三个部分。其核心内容有：在供热期内，低背压的 2×6 级低压转子更换为高背压工况下专用的 2×4 级低压转子，低压缸隔板、导流环等部件进行相应改造。凝汽器铜管更换为不锈钢管，中–低及低–发对轮改为液压拉伸螺栓连接，重新设计加装低压缸低负荷喷水系统。

1. 低压缸通流部分设计改造

为保证机组高背压供热期运行的安全性，并对供热能力和供热品质进行优化，需对低压缸通流部分重新设计。

（1）新低压转子采用的先进设计技术。主要包括：新型优化高效静叶叶型设计、新型动叶片型线设计、自带冠动叶片设计、叶顶汽封设计、采用焊接钢隔板和防水蚀措施等。

（2）低压整锻转子设计。新低压转子为整锻无中心孔转子，通流级数为2×4级，所有叶轮均采用等强度设计。新的低压转子级数减少以后，转子质量减轻，为维持低压转子及轴系临界转速和低压前、后轴承载荷基本不变，在保持低压转子前、后轴承处轴颈、后汽封处轴颈等与原机组部件配合尺寸不变的前提下，将低压正反2×4级隔板汽封直径增大。图2-8为原纯凝转子与新转子对比图。

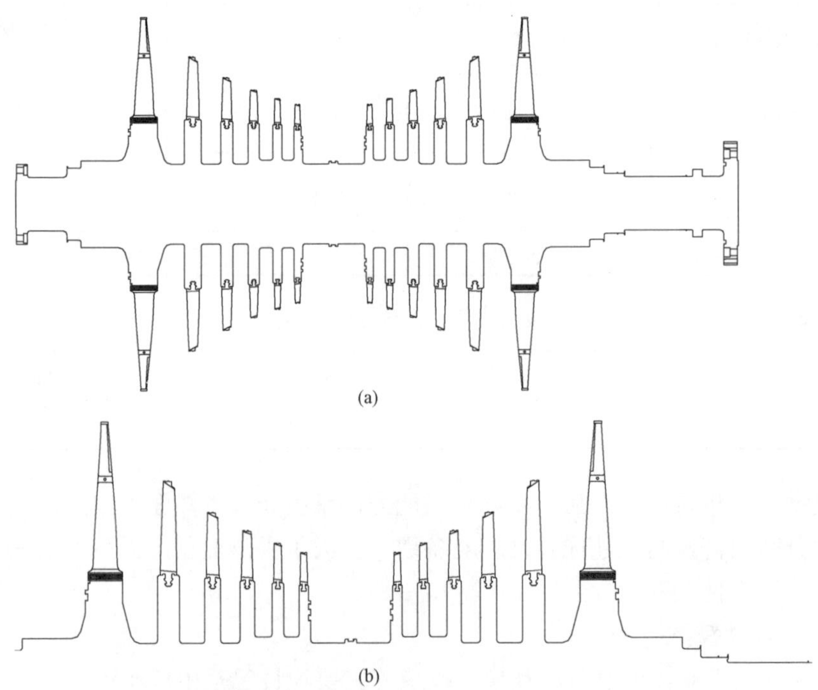

图2-8　原纯凝低压转子与新研发的高背压低压转子对比示意图

（a）原纯凝低压转子；（b）新研发的高背压低压转子

（3）全部2×4级隔板设计。重新设计全部2×4级隔板，包括隔板汽封、围带汽封。低压部分正反向共8副隔板，采用直焊式结构，静叶全部采用弯扭叶型，静叶出汽边修薄，低压隔板、轴端采用直平齿汽封，叶顶采用梳齿汽封。末级隔板外环设置有除湿结构。所有隔板中分面采用螺栓紧固，最后两级隔板采用平滑过渡的导流环代替，做功后的蒸汽通过两套排汽导流环进入凝汽器。考虑低压缸排汽温度升高，低压缸水平中心将抬高，容易引起汽封与转子碰磨，因此汽封设计为下半部椭圆形式，下间隙放大。

（4）低压转子动叶片设计。优化动叶片叶型设计，采用目前较为先进的三维扭叶片，动叶片自带内斜外平围带，构成高效光滑子午面流道，使汽道上下流速分布合理，减少了动叶损失。根据现代汽轮机的设计思想，采用了粗壮可靠的大刚性叶根，强度设计时直接考核相对动应力，引入调频和不调频叶片的动强度安全准则。

（5）低压转子轴封设计。机组高背压供热工况运行，低压缸排汽温度明显升高，引起低压缸膨胀量增大，中分面上抬量约为0.5mm。为保证供热运行时，转子与轴封不发生动静碰磨，在轴封径向间隙设计和冷态安装时，适当放大轴封间隙，以保证运行安全。同时，与原设计相比，增加低压前后轴封圈数，以减小漏汽量。

2. 中低、低发联轴器液压螺栓改造

联轴器采用液压拉伸螺栓采用锥套和锥形螺栓配合使用，通过二次拉伸，满足安装精度和紧力的不同要求（液压螺栓示意图见图 2–9）。在每年需要二次更换转子的情况下，通过采用液压膨胀联轴器螺栓，一次性满足销孔和螺栓间隙的要求，保证更换转子后不再进行重新铰孔。

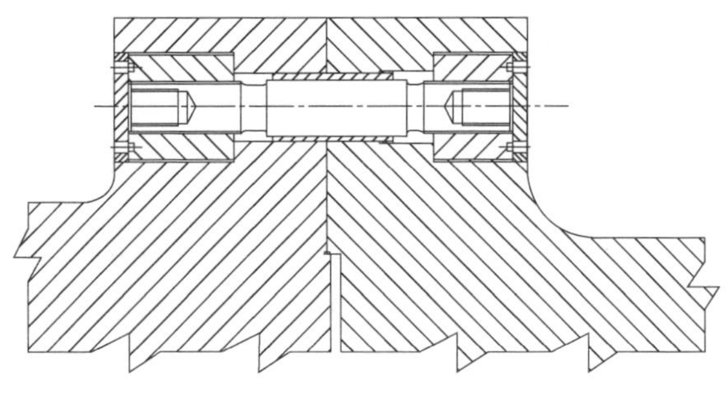

图 2–9　液压拉伸螺栓示意图

3. 中低压缸连通管供热抽汽改造

汽轮机中、低压缸连通管抽汽采用打孔抽汽方式。在中低压连通管上加装抽汽调整蝶阀，抽汽口位置在蝶阀前。机房内安装加热器、水泵等设备。汽源来自连通管抽汽，换热后凝结水经凝结水泵加压后回收至低压加热器凝结水管道，加热器进水来自供热首站市区热水回水（滤网前），热水供水去往市区供水母管。

4. 凝汽器部分改造

低背压纯凝工况改为高背压供热工况运行后，原凝汽器工作温度、汽水侧压力均发生较大变化，原有凝汽器已不能保证长期安全运行，凝汽器需进行整体设计，使其在高背压工况下具有良好的安全性，低背压工况下具有更好的经济性。优化原则：只对冷却管束、管板、支撑板及水室进行重新设计，其余部分保持不变。水室采用弧形水室，刚性较好，能承受较高水压。

5. 热力系统部分改造

（1）设备冷却水系统优化。如图 2–10 所示，高背压循环水供热期间，在水塔下方的循环水管上开孔加门，使设备的冷却水回水到达冷水塔后不再进入冷水塔的上方填料下落，从而使循环水直接排在储水池中进行混合冷却，且冷却水源可互相切换。

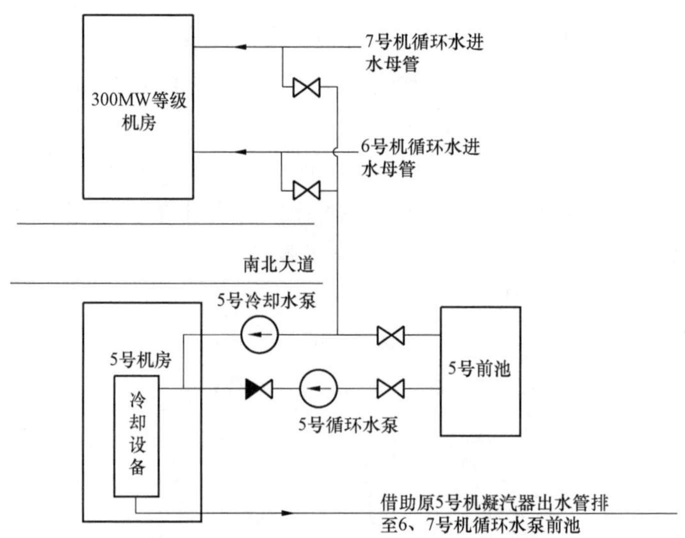

图 2–10 冷却水系统优化改造示意图

（2）轴封系统优化。机组高背压运行期间，凝结水温度升高，轴加热负荷增加，导致其对轴封回汽的冷却能力降低，同时造成回汽不畅，导致轴封处易漏汽，容易造成油中进水。为防止以上现象的发生，对轴加系统进行了相应优化，即在轴加进水管上加装一台冷却器，将凝结水温度由 80℃降至 40℃左右，从而保证轴加对轴封汽的冷却能力正常，避免了轴封汽回汽不畅。

（3）化学水处理系统优化。热网循环水采用生水，将会加重凝汽器换热管内部的结垢现象。因此，该项目实施中同时进行化学水处理系统的优化。具体是将处理工艺由高效过滤器 + 一级除盐 + 混床改为：超滤 + 反渗透 + 一级除盐 + 混床。

（4）后缸喷水系统优化。由于高背压供热改造后低压末级叶片的轴向位置，将喷水装置设计在低压 4 级后的新排汽导流环上，以保证对排汽温度超温的控制，原有低压缸排汽导流环上的喷水装置仍然保留，有效避免了低压缸排汽温度升高带来的危害，提高了系统运行的安全稳定性。

四、方案比选

项目组经过多方调研，拟定了 5 号机组“双转子双背压互换”循环水供热改造的两套技术方案，两个方案的根本区别在于低压缸改造方案的不同，方案一对低压缸通流部分和运行背压进行重新优化，方案二只拆除低压通流部分末两级。

两种方案下汽轮机总体供热能力接近，不同之处在于：由于低压缸改造方案的不同，机组运行背压不同，设计进入凝汽器的循环水量和吸收低压缸排汽热量也就不同。通过合理分配高背压供热换热量和二次加热换热量，以尽可能满足要求的供热品质。

二次加热汽源为 5 号机中低压连通管抽汽和 330MW 机组中低压连通管抽汽。为了最大限度地提高高背压供热即凝汽器一级加热的循环水出水温度，设计时考虑机组高背压供热运行背压为 43.65kPa，凝汽器循环水进水温度 60℃、出水温度 75℃（考虑 3℃端差）。提供如下两个方案进行对比。

方案一：高背压供热+本机连通管抽汽二级加热，低压模块新设计。

方案二：高背压供热+本机连通管抽汽二级加热，低压前 2×4 级隔板不更换。

根据该电厂内的供热现状，方案一抽汽供热能力、供热品质与循环水量匹配关系好，基本满足供热改造要求，负荷调节性能和机组运行的安全可靠性优于方案二。最终确定方案一为改造方案。

五、投资估算与财务评价

一期工程包括换热站的建设，市政热力管网、设备改造和新增电气控制设备，二期工程包括汽轮机的改造和凝汽器的改造。

工程建成后，估算工程包括全部流动资金的总投资 4659.93 万元，其中建设投资 4627.56 万元，流动资金 32.37 万元。其中：建筑工程 146 万元，占总投资的 3.16%；安装工程 1519.5 万元，占总投资的 32.84%；设备及工器具购置 2014.5 万元，占总投资的 43.53%；工程建设其他费用 947.56 万元，占总投资的 20.48%。

根据财务现金流量表计算结果：财务内部收益率为 61.34%，远大于行业基准收益率，盈利能力满足行业要求。财务净现值为 16 498 万元，远大于零，本项目在财务上是完全可以接受的。投资回收期 3.17 年，小于行业基准投资回收期，表明本项目投资能按时回收。

六、性能试验

1. 试验目的

为了鉴定5号机组高背压改造后的经济指标，某电力研究院对5号机组进行热力性能考核试验以确定机组的热耗率，高压缸、中压缸和低压缸效率以及机组的供热能力。

2. 试验工况

根据机组经济分析的需要，5号机组进行如下工况的试验：

（1）机组带供热循环水，纯凝工况的考核试验。

试验工况：三阀点工况，三阀点工况重复试验，TMCR 工况，VWO 工况，顺序阀110、95、80MW工况。

（2）机组带供热循环水和采暖抽汽量工况的性能试验。

试验工况：机组额定出力下，额定采暖抽汽量和部分采暖抽汽量工况。

3. 试验要求和方法

（1）机组运行参数要求。试验时，保持主蒸汽、再热蒸汽参数稳定，尽力保持负荷不变，机组定压运行。对于三阀点工况试验，可以适当降低主汽压力，使三个调门全开。试验参数的波动范围见表2–30。

表2–30　　试验参数的波动范围

变量名称	试验平均值与额定工况的偏差	急剧波动值对试验平均值的容许偏差
主蒸汽压力	绝对压力的3%	绝对压力的0.25%或34.5kPa，取其中较大的一个
主汽温度	16℃	4℃
再热蒸汽温度	16℃	4℃
再热压降	50%	
抽汽压力	5%	
6号高压加热器出口水温	6℃	
低压缸排汽压力	0.34kPa或绝对压力的2.5%取其中较大者	
转速	5%	0.25%
电压	5%	
功率因数	0.25%	
发电机功率	5%	0.25%

试验工况调好后，稳定 30min 后，记录 60min。记录 DAS 的数据和数据采集仪采集的数据，每 30s 记录一次。

（2）试验过程。试验于 2011 年 12 月 24～26 日进行。试验时，热力系统与设计热力系统不符，2 号低压加热器疏水泵运行、4 号低压加热器无法投入运行、轴加前带凝结水冷却器运行，考虑到消除以上热力系统偏差会影响到机组安全运行，因此经试验各方协商，试验在现有的热力系统运行方式下进行，试验负荷为3VWO 工况，VWO 工况，顺序阀 110、95、80MW 工况以及带采暖抽汽量工况。

4. 试验结果

机组改造后，进行了 3VWO 工况，VWO 工况，顺序阀 110、95、80MW 工况，以及抽汽量 75、50t/h 工况的试验，试验获得热耗率、汽耗率和经初、终参数修正后的热耗率和汽耗率、电功率。

试验以实际测量的凝结水流量作为计算基准，计算得到 3VWO 工况，VWO 工况，顺序阀 110、95、80MW 工况下，机组修正后的热耗率为 3670～3780kJ/kWh，平均在 3710kJ/kWh 上下，低于设计热耗率 3776.6kJ/kWh。由于机组实现高背压循环水供热，没有冷源损失，因此随工况变化，机组热耗率变化不大。

5. 试验结果分析

（1）机组带出力能力。机组高背压改造后，在高背压供热纯凝 112MW 工况下，设计四段抽汽压力为 0.510 6MPa、五段抽汽压力为 0.372 5MPa。而由机组顺序阀 110MW 工况和 VWO 工况下试验数据得知，四段抽汽压力和五段抽汽压力都超过以上设计值，并且由于高中压缸没有改造，以上运行数据和全四维公司设计计算书中给出的设计数据都超出原制造厂给出的 TMCR 工况数据，需对缸强度、动静叶片强度进行校核，保证机组安全运行。

（2）机组不明泄漏率。由试验计算的机组不明泄漏率结果得知，机组不明泄漏率较大，各个试验工况，机组不明泄漏率多分布在 0.8%～1.1%之间，试验过程中，检查系统隔离情况，并测量泄漏阀门后的温度，得到如下结果：

1）甲联合汽门前水平段疏水门 80℃；

2）均压箱进汽旁路门 80℃；

3）快冷至一抽母管一次门 100℃；

4）高压进汽导管四并一疏水门 120℃；

5）乙联合汽门前垂直段疏水门 145℃；

6）快冷至高导四并一次门 120℃；

7）乙侧中联门前疏水门 130℃；

8）快冷至 5 号机中压导管二并一疏水门 130℃；

9）快冷至 5 号机三抽母管二次门 130℃；

10）6 号高压加热器危急疏水手动门 135℃。

（3）热力系统运行方式。

机组试验准备和试验过程中，发现以下问题并进行了调整：

1）4 号低压加热器不能投入运行。投入 4 号低压加热器，中压缸上下温差较大，影响机组的安全运行，只能退出 4 号低压加热器，这一方面与设计运行方式不符。

2）除氧器进汽门存在节流。除氧器进汽门为老式的杠杆门，开关和开度不明显，在试验准备之初，存在很大的节流损失，三抽管道和进汽门的节流损失高达 0.2MPa，后经与技术人员、检修人员多方查找原因，调整进汽门的开度，节流损失减小，试验时最小节流损失不到 0.1MPa。除氧器进汽门节流，除氧器温升小，则 5 号高压加热器温升大，高品质的抽汽量加大，影响机组运行的经济性和做功能力。建议更换除氧器进汽门，如果解决了除氧器的节流问题，除氧器进汽量加大，还可以再尝试投运 4 号低压加热器。

3）2 号低压加热器进汽门不严。按照制造厂热力计算书，机组高背压运行，1、2 号低压加热器退出运行，关闭进汽电动门。由于 2 号低压加热器疏水泵运行，因此 3 号低压加热器疏水经过 2 号低压加热器回到凝水管道，但从试验数据计算结果来看，3 号低压加热器疏水热量不足以加热经过 2 号低压加热器的凝结水，因此有低压缸内蒸汽和高压后轴封二段漏汽进入 2 号低压加热器，根据热力计算书取高压后轴封二段漏汽量为 1.46t/h，计算得到低压缸内蒸汽通过六抽管道进入 2 号低压加热器的汽量最大为 3.67t/h，这一点与设计热力系统不符。建议尝试停止疏水泵运行，将 3 号低压加热器疏水排到凝汽器，疏水热量传递到高温循环水，这样 3 号低压加热器进水温度会降低，抽汽量加大，也会对投入 4 号低压加热器有帮助。

4）以上系统运行方式偏差的影响。由于机组带高背压循环水供热，以上系统偏差对计算得到的试验热耗率和修正后热耗率影响不大，因为最终热量都进入循环水对外供热，但缸效率的降低和热力系统的偏差对机组做功量有影响，建议消除以上系统偏差，降低减温水量，在满足供热的情况下，增大机组发电量。

案例二　高背压供热技术在某 300MW 机组的应用

一、项目概况

某电厂现有 3 台 300MW、1 台 320MW 热电联产机组，总装机容量 1220MW。一期 1、2 号机组 1995～1996 年建成投产，2009 年 2 月和 2008 年 11 月改造为抽汽供热机组，改造后单台机组最大抽汽量为 300t/h，抽汽压力 0.79MPa，抽汽温度 324℃；二期 3、4 号供热机组分别于 2005～2006 年投产，单台机组最大抽汽量是 430t/h，抽汽压力 0.98MPa，抽汽温度 340℃。2013 年对 2 号机组实施了双背压双转子循环水供热改造工作。

目前该电厂最大供热能力 1189.4MW，最大可接带面积 2832 万 m^2。2015～2016 年采暖季电厂实际接带面积 2400 万 m^2，如果 2017～2018 年采暖季新接入供热面积 1000 万 m^2，电厂实际供热面积达到 3400 万 m^2，现有供热能力无法满足供热需求。并且随着政府要求逐渐拆除小锅炉房，供热能力缺口越来越大，因此急需对 1 号机组进行高背压双转子供热改造。

另外当前发电市场对供热市场的依存度很高，靠单纯发电已不能支持电厂的长期发展，没有供热负荷或供热负荷较低的燃煤电厂其发电设备利用小时数往往达不到要求，因此抢占供热市场，增加电厂的供热能力，能有效提高机组负荷，提高机组的利用小时数，对电厂的后续发展打下良好基础。

二、热负荷分析

1. 现有热负荷

该电厂现有 4 台 300MW 等级机组，配置 4×1025t/h 锅炉，1 号机组为抽凝机组，供热能力为 203MW；3、4 机组为抽凝机组，供热能力为 270.6MW；2 号机组为双背压双转子循环水供热机组，最大供热能力 445.2MW；全厂总供热能力 1189.4MW，现阶段供热面积 2400 万 m^2，其中热网管网面积 1700 万 m^2，蒸汽管网面积 700 万 m^2，2015 年供热量 1055 万 GJ。

工业用汽和蒸汽采暖用汽通过蒸汽管网输送到企业和热力公司，输送管网以厂界为分界线，由于市内管网的工业用汽和蒸汽采暖为同一管网，要求供热压力满足工业用汽压力，关口处不能低于 0.78MPa，因此，利用 3、4 号机组抽汽向蒸汽管网供汽。

供热系统配备供汽管网系统和供热首站一座，共设置有 7 台循环泵、9 台疏水泵、4 台补水泵，其中，1、4、5 号热网循环水泵已完成小汽轮机驱动改造。

2. 规划热负荷

根据《某市清洁能源供热专项规划》（2014～2020 年），规划预测至 2020 年全市总供热面积 3.1 亿 m^2，供热负荷 16 220MW，其中市内六区总供热面积 2.5 亿 m^2，供热负荷 12 810MW。

目前与供热区相关的控制性详细规划共有 15 片，规划总建筑面积约 8411 万 m^2，其中居住建筑面积约 5817 万 m^2，公共建筑面积约 2634 万 m^2。

根据目前供热面积接入情况，2017～2018 年采暖期可新增接带面积约为

1000 万 m^2。

3. 供热可靠性分析

按照该电厂热负荷指标 42W/m^2 计算，该电厂的负荷接带率已经达到 85%。在保证工业蒸汽流量不变的前提下，表 2-31 为单台机组停机后，剩余机组的供热安全保证率。

表 2-31　　不同机组停机后供热安全保证率表

项　　目	1 号机组	2 号机组	3 号机组	4 号机组	工业抽汽
抽汽量（t/h）	300	658	400	400	60
折合供热能力（MW）	203.0	445.2	270.6	270.6	
热负荷指标	42.0	42.0	42.0	42.0	
可接带面积（$\times10^4m^2$）	483.3	1059.9	644.3	644.3	
总供热面积（$\times10^4m^2$）	2400.0				
供热安全系数	0.98	0.74	0.91	0.91	

由表 2-31 可以看出，当不同机组停机后，剩余机组（1、3 号和 4 号）的供热能力均能达到 90%以上。2 号机组由于进行了双背压双转子改造，供热能力较大，如果 2 号机组停机后，供热安全保证率只有 74%。

若 2017～2018 年采暖季新接入供热面积 1000 万 m^2，电厂实际供热面积达到 3400 万 m^2，现有供热能力无法满足供热需求，因此需对 1 号机组进行高背压供热改造，改造后机组供热安全性见表 2-32。

表 2-32　　1 号机组改造后不同机组停机后供热安全保证率表

项　　目	1 号机组	2 号机组	3 号机组	4 号机组	工业抽汽
抽汽量（t/h）	658	658	400	400	60
折合供热能力（MW）	445.2	445.2	270.6	270.6	
热负荷指标（W/m^2）	42.0	42.0	42.0	42.0	
可接带面积（$\times10^4m^2$）	1059.9	1059.9	644.3	644.3	
总供热面积（$\times10^4m^2$）	3400.0				
供热安全系数	0.69	0.69	0.81	0.81	

三、设计参数

本项目主要针对 1 号机组进行供热改造，其主要设备参数如下：

1. 锅炉

1 号锅炉由上海锅炉厂生产，为亚临界中间再热控制循环单炉膛燃煤汽包炉，采用中储式钢球磨制粉系统、热风送粉、四角切圆燃烧方式，调温方式为过热汽采用二级喷水调温、再热汽采用摆动喷燃器摆角调温，异常情况采用入口喷水减温，平衡通风方式。锅炉采用全钢构架，主要承载杆件采用高强螺栓连接。主要参数见表 2–33。

表 2–33　　锅炉主要技术参数

序号	名　称	单位	定压运行				高压加热器全切
			B–MCR 超压	ECR	70%BMCR	60%BMCR	
1	功率	MW	333.3	300	244.8	210.5	300
2	汽包压力	MPa	19.65	18.5	17.8	14.5	18.1
3	主蒸汽流量	t/h	1025	907	717.5	615	787.5
4	主蒸汽出口压力	MPa	18.30	17.3	17.0	13.7	17.1
5	主蒸汽温度	℃	541	541	541	541	541
6	给水温度	℃	281	273	259.3	251.2	174
7	再热汽流量	t/h	834.8	745.4	598	518.1	745.4
8	再热器出口压力	MPa	3.63	3.23	2.58	2.23	3.36
9	再热器出口温度	℃	541	541	541	541	541
10	再热器进口压力	MPa	3.83	3.41	2.72	2.35	3.55
11	再热器进口温度	℃	322.9	317.6	299.6	309	326.5
12	总耗煤量	t/h	139.45	126.2	104.6	90.8	130.6
13	烟气量	t/h	1325.1	1235.1	1144.3	881.3	1194.8
14	总风量	t/h	1096.2	1015.3	939.2	685.6	972
15	二次风风量（预热器出口）	t/h	964.6	883.7	807.6	554	870.4
16	预热器一次风进口温度	℃	27.8	26.7	26.7	26.7	26.7
17	预热器二次风进口温度	℃	22.8	23.3	22.8	23.9	22.8
18	排烟温度（未修正）	℃	141	139	136	136	133
19	锅炉效率	%	91.0	91.0	90.4	91.1	91.5
20	过剩空气量	%	25	29	45.3	27.8	20
21	炉膛截面热负荷	MW/m^2	5.69	5.15	4.27	3.71	5.33
22	炉膛容积热负荷	kW/m^3	129.1	116.8	96.8	84.0	120.9

2. 汽轮机

1 号汽轮机系上海汽轮机厂生产（引进美国西屋技术），为 300MW 亚临界、一次中间再热、单轴、双缸双排汽、高中压合缸、反动凝汽式汽轮机。汽轮机型号为 C300－16.7/0.79/538/538。本机组整个通流部分共 35 级叶片，其中高压缸 1+11 级、中压缸 9 级、低压缸 2×7 级。主要参数见表 2－34。

表 2－34　　1 号汽轮机主要设备规范

序号	名　称	单位	参数
1	额定功率	MW	300
2	最大连续功率	MW	327
3	主汽阀前额定蒸汽压力	MPa	16.7
4	主汽阀前额定蒸汽温度	℃	538
5	额定工况主蒸汽流量	t/h	907
6	最大功率蒸汽流量	t/h	1025
7	中压主汽门前额定蒸汽压力	MPa	3.21
8	中压主汽门前最大蒸汽压力	MPa	3.59
9	中压主汽门前蒸汽温度	℃	538
10	再热蒸汽额定流量	t/h	745.3
11	再热蒸汽最大流量	t/h	834.8
12	额定背压	kPa	4.9
13	夏季运行高背压	kPa	11.8
14	最大允许背压	kPa	18.6
15	回热抽汽级数	级	8
16	给水温度（额定/最大）	℃	273./281.4
17	低压转子末级叶片长度	mm	905
18	额定转速	r/min	3000
19	机组保证热耗	kJ/kWh	7921
20	1 号机组高压转子晃动度冷态基准值	mm	0.03（2009 年大修测量）
21	1 号机组低压转子晃动度冷态基准值	mm	0.025（2009 年大修测量）
22	旋转方向	机头向发电机端看为顺时针	

3. 凝汽器

凝汽器主要参数见表 2－35。

表 2-35　　1 号机组凝汽器规范

序号	名称	单位	参数
1	型号	N-17000-1	
2	冷却水质	海水	
3	冷却面积	m^2	17 000
4	冷却水温	℃	20
5	冷却水量	m^3/s	10.28
6	凝汽器压力	kPa	4.9
7	水阻	kPa（mH_2O）	57.9（5.79）
8	水室设计压力	MPa	0.245
9	热水井容量	m^3	80
10	钛管根数	根	19 984
11	钛管长度	m	10.84
12	冷却管尺寸	主凝结区：ϕ25m × 0.5m × 10.94m 管束顶部及空冷区：ϕ25m × 0.7m × 10.94m	

4. 发电机

发电机主要参数见表 2-36。

表 2-36　　1 号机组发电机参数规范

序号	名称	单位	参数
1	制造厂家	上海电机厂	
2	型式	QFSN-320-2	
3	额定功率	MW	320
4	转子电压	V	317
5	转子电流	A	2633
6	转速	r/min	3000
7	最大功率（额定氢压）	MW	340
8	额定氢压	MPa	0.31
9	容量	MVA	376.4
10	定子电压	kV	20
11	定子电流	A	10 868
12	最高氢压	MPa	0.41

续表

序号	名称	单位	参数
13	功率因数	0.85（滞后）	
14	冷却方式	水－氢－氢	
15	短路比	＞0.56	
16	效率	98.90%	
17	绝缘等级	F	
18	接法	2－Y	

2008～2009 年该公司对 1 号机组进行了打孔抽汽改造，改造后机组最大抽汽量为 300t/h，改造后的汽轮机的主要参数见表 2－37。

表 2－37　　改造后机组主要参数表

工　况	TRL	TMCR	VWO	额定	最大抽汽
功率（MW）	300	316.569	329.204	300.167	246.399
机组净热耗值（kJ/kWh）	8391.3	7944.7	7943.3	7952.8	6587.5
主蒸汽压力［MPa（绝对压力）］	16.7	16.7	16.7	16.7	16.7
再热蒸汽压力［MPa（绝对压力）］	3.49	3.517	3.676	3.361	3.481
主蒸汽温度（℃）	538	538	538	538	538
再热蒸汽温度（℃）	538	538	538	538	538
主蒸汽流量（kg/h）	976 505	976 505	1 025 005	915 697	976 505
再热蒸汽流量（kg/h）	792 346	797 194	833 888	750 827	795 522
背压［kPa（绝对压力）］	11.8	4.9	4.9	4.9	4.9
排汽流量（kg/h）	581 878	578 282	601 996	548 186	282 601
补给水率（%）	3	0	0	0	0
高压加热器出口给水温度（℃）	278.8	279.2	282.3	275.1	278.9

四、技术路线选择或方案比选

1. 技术方案比选

目前，为了提升机组的供热能力，较常采用的技术方案有吸收式热泵技术、双转子双背压技术、光轴改造技术、低真空改造技术等。结合该公司实际情况，选择吸收式热泵技术和双转子双背压两种技术进行比较，比较结果见表 2－38。

表 2-38　　厂内热泵供热技术与双背压双转子供热技术改造比较

序号	项目	热泵供热技术	双转子双背压供热
1	技术特点	运行灵活性强、负荷适应能力强、投资较大、占地面积大	投资较小、占地面积小、厂内有相关改造经验
3	改造难度	较难	难
4	改造范围	蒸汽系统、热网水系统、循环水系统、循环水形成闭式循环、改造范围小	汽轮机本体、凝汽器、汽动给水泵、蒸汽系统、热网水系统、循环水系统、改造范围大
5	占地面积	1500m^2	0
6	投资	约 11 500 万元	约 8000 万元

2. 结论

通过对热泵供热技术与双转子双背压供热技术的技术特点及经济性进行比较，主要得出以下结论：

（1）从新增供热负荷来说，两种方案均能增加电厂的最大供热能力，又能提高机组的整体效率，双转子双背压供热技术比较适合于外界负荷大且稳定的供热工况。2017～2018 年采暖季，预计新接入供热面积约 1000 万 m^2，且后续有新增供热面积的可能性。

（2）从占地面积来说，吸收式热泵对主机来说是外置式的，对主机改造量较少；但是需要新建热泵厂房，约需要占地 1500m^2，目前该公司厂区布置紧凑无较大空间放置热泵厂房。而双转子双背压基本不需要新增场地，主要集中在主机侧改造。

（3）从投资方面来讲，由于循环水为海水，腐蚀性较大，如果采用热泵技术，热泵本体造价会增加约 30%。另外需要将开式循环改为闭式循环，工程量巨大。

（4）从运行经验来说，该公司已经完成了对 2 号机组的双转子双背压改造，且已经连续运行 3 个采暖季，积累了比较丰富的运行维护经验。

综上所述，对 1 号机组实施双转子双背压改造供热技术，比较适合该公司实际情况。

五、投资估算与财务评价

1. 投资估算

本工程为 1 号机组高背压循环水供热改造工程，主要改造内容包括汽轮机本体高背压改造和新建配套的热网首站，具体包括主要设备安装、管网改造、汽轮机本体改造、凝汽器改造以及相应的土建、热控、电气专业改造工作。工程静态建设投资 16 370 万元，建设期贷款利息 802 万元，动态投资 17 172 万元。静态投资中，工程费用 14 628 万元，其他费用合计 963 万元；基本预备费 780 万元，总投资估算表见表 2–39。

表 2–39　　总投资估算表　　万元

序号	工程或费用名称	建筑工程费	设备购置费	安装工程费	其他费用	合计	各项占静态投资（%）
一	热网首站改造	719	1137	4092		5948	36.33
1	热力系统	719	765	3069		4554	27.82
2	电气系统		195	929		1124	6.87
3	热工控制系统		177	93		270	1.65
二	凝结水精处理系统	27	573	90		690	4.21
三	高背压改造	293	6422	1275		7990	48.81
	小计	1039	8132	5457		14 628	89.36
四	其他费用				963	963	5.88
1	项目建设管理费				265	265	1.62
2	项目建设技术服务费				648	648	3.96
3	整套启动试运费				50	50	0.31
4	生产准备费				0	0	0.00
五	基本预备费				780	780	4.76
六	特殊项目费用						
	工程静态投资	1039	8132	5457	1742	16 370	100.00
	各项占静态投资（%）	6.35	49.67	33.33	10.64	100.00	
	建设期贷款利息				802	802	
七	项目建动态投资	1039	8132	5457	2544	17 172	

2. 财务评价

本改造工程建设期半年，静态投资 16 370 万元，建设期贷款利息 802 万元，工程动态投资 17 172 万元。投资全部按照贷款考虑。

本改造工程主要收益为售热带来的收益。达产后，每个采暖季售热 211 万 GJ，趸售热价 46.20 元/GJ，共计 9748 万元。

对本项目改造方案和投资估算进行财务评价。具体财务指标见表 2–40。

表 2–40　　财务评价指标表

项目名称		单位	经济指标
项目投资（税后）	内部收益率	%	15.00
	财务净现值	万元	5243.5
	投资回收期	年	7.15

以售热价、标准煤价、静态投资三个要素作为项目财务评价的敏感性分析因素，以增减 5%和 10%为变化步距，可以看出，静态投资、售热价、标准煤价、上网电价分别调整正负 10%和 5%时，项目总投资内部收益率在 10.41%～19.23%之间，抗风险能力强。

通过上述经济指标分析，本改造工程经济上合理可行。

六、性能试验与运行情况

1. 试验工况及时间

2019 年 3 月 18 日 10:00～11:30 进行了 4VWO–1 的试验工况，09:00～11:30 进行了 4VWO–2 的试验工况，13:30～15:00 进行了 230MW 负荷的试验工况，3 月 19 日 13:00～15:00 进行了 200MW 负荷的试验工况，3 月 19 日 15:30～17:00 进行了 180MW 负荷的试验工况，3 月 20 日 10:00～11:30 进行了抽汽 230MW 负荷的试验工况，3 月 20 日 13:15～14:45 进行了抽汽 220MW 负荷的试验工况。在参数调整和系统隔离满足试验措施要求的前提下，稳定 1h，试验记录 1～2h。

2. 试验步骤

保持负荷、进汽参数稳定并使进汽参数尽量接近设计值；按热力系统隔离清单进行系统隔离，停止锅炉吹灰、炉水加药、联箱放水、对外供水、暖风器及厂用蒸汽等，回热系统按设计系统正常运行，使机组为纯单元系统运行；将除氧器水箱水位和凝汽器热水井水位补至较高位置，关闭补水门，稳定后记录 1～2h。

3. 试验持续时间和读数频率

机组稳定运行 1h 后开始试验，每一工况持续时间为 1～2h。DCS 系统数据采集频率为 30s，人工记录数据频率为 5min，无法隔离的明漏量每一工况测量记录一次。

4. 试验结果

1 号汽轮机高背压改造后热力性能试验的主要结果见表 2–41。

表 2-41　　1 号机高背压改造后性能考核试验主要结果列表

名称	单位	4VWO 工况 1	4VWO 工况 2	230MW 工况	200MW 工况	180MW 工况	230t/h 抽汽工况	220t/h 抽汽工况
发电机有功功率	kW	217 894	220 004	228 488	200 445	181 266	227 775	222 783
主蒸汽压力	MPa	16.585	16.679	16.466	16.611	15.961	16.657	16.63
主蒸汽温度	℃	533.42	534.86	532	536.16	534.65	530.94	533.54
主蒸汽焓	kJ/kg	3386.94	3389.95	3384.28	3394.42	3397.60	3379.03	3386.73
主蒸汽流量	kg/h	816 393	813 146	885 007	729 647	658 738	946 172	936 042
高压缸排汽压力	MPa	3.162	3.181	3.469	2.905	2.639	3.755	3.656
高压缸排汽温度	℃	317.54	314.3	327.82	311.55	307.86	327.98	329.74
高压缸排汽焓	kJ/kg	3033.69	3027.90	3051.05	3026.07	3024.62	3043.86	3050.96
冷再蒸汽流量	kg/h	654 052	651 259	743 668	620 379	559 583	789 102	791 000
再热蒸汽压力	MPa	2.824	2.836	3.087	2.587	2.35	3.336	3.252
再热蒸汽温度	℃	532.32	532.5	535.59	530.79	525.30	533.24	529.77
再热蒸汽焓	kJ/kg	3531.48	3531.77	3536.25	3530.40	3520.51	3528.48	3521.47
再热蒸汽流量	kg/h	656 633	651 259	719 615	592 861	534 742	774 758	777 028
中压缸排汽压力	MPa	0.831	0.836	0.842	0.761	0.69	0.787	0.819
中压缸排汽温度	℃	359.19	359.16	351.73	358.35	354.64	330.62	336.07
中压缸排汽焓	kJ/kg	3180.90	3180.74	3164.96	3180.46	3174.04	3121.68	3132.45
低压缸排汽压力	kPa	44.83	41.12	43.562	40.636	40.404	40.262	40.052
给水压力	MPa	18.624	18.63	18.78	18.27	17.34	19.34	19.132
给水温度	℃	265.31	265.67	270.82	260.68	255.49	275.52	274.3
给水焓	kJ/kg	1159.35	1161.09	1186.15	1137.06	1112.25	1209.19	1203.20
给水流量	kg/h	801 385	799 189	868 850	712 365	646 561	946 172	901 415
供热抽汽流量	kg/h	0	0	0	0	0	235 255	190 253
过热器减温水流量	kg/h	15 007	13 956.78	16 157	17 282	12 177	21 441	34 627
再热器减温水流量	kg/h	2581	1460	9307	0	0	21 315	21 311
热网循环水流量	t/h	10 588	10 433	10 476	9895	9912	9774	10 389
高压缸效率	%	77.21	77.75	76.79	76.76	75.56	80.48	79.05
中压缸效率	%	89.53	89.95	89.75	89.38	88.90	90.28	90.18

续表

名称	单位	4VWO工况 1	4VWO工况 2	230MW工况	200MW工况	180MW工况	230t/h抽汽工况	220t/h抽汽工况
低压缸效率	%	94.82	94.97	—	—	—	—	—
厂用电率	%	8.91	8.82	8.94	9.59	9.3	9.75	10.31
锅炉效率（取定值）	%	91	91	91	91	91	91	91
试验热耗率	kJ/kWh	3798.23	3799.08	3848.91	3826.38	3837.22	3829.27	3838.31
试验汽耗率	kg/kWh	3.747	3.696	3.873	3.640	3.634	4.248	4.202
机组热效率	%	94.78	94.76	93.53	94.08	93.82	94.01	93.79
主汽压力（设计值）	MPa	16.67	16.67	16.67	16.67	16.67	16.67	16.67
主汽压力（试验值）	MPa	16.585	16.679	16.466	16.611	15.961	16.657	16.632
主汽压力对功率的修正系数	—	0.995 170	1.000 511	0.988 409	0.996 648	1	0.999 261	0.997 841
主汽温度（设计值）	℃	538	538	538	538	538	538	538
主汽温度（试验值）	℃	533.42	534.86	532	536.16	534.65	530.94	533.54
主汽温度对功率的修正系数	—	1.000 864	1.000 592	1.001 132	1.000 347	1.000 632	1.001 332	1.000 842
背压（设计值）	kPa	54	54	54	54	54	54	54
背压（试验值）	kPa	44.83	41.12	43.562	40.636	40.404	40.262	40.052
背压对功率的修正系数	—	1.025 066	1.085 513	1.028 632	1.089 013	1.090 698	1.091 732	1.093 265
再热温度（设计值）	℃	538	538	538	538	538	538	538
再热温度（试验值）	℃	532.32	532.5	535.59	530.79	525.3	533.24	529.77
再热温度对功率的修正系数	—	1.001 339	1.001 296	0.997 950	0.993 867	0.989 197	0.995 951	0.992 999
再热压损（设计值）	%	10	10	10	10	10	10	10
再热压损（试验值）	%	10.69	10.85	11.01	10.95	10.95	11.16	11.05
再热压损对功率的修正系数	—	1.000 609	1.000 751	0.997 572	0.997 728	0.997 717	0.997 220	0.997 479
修正后的电功率	kW	214 805	203 817	225 488	186 178	168 286	209 944	206 004
修正后主蒸汽流量	kg/h	818 257	811 133	892 652	731 408	657 376	942 781	935 598
修正后的汽耗率	kg/kWh	3.809	3.980	3.959	3.929	3.906	4.491	4.542
标准供电煤耗率	g/kWh	157.91	157.79	158.94	160.02	160.54	160.19	162.07

5. 试验结论

该电厂 1 号机组进行高背压改造后，机组在高背压运行状态下，共进行了 4VWO-1、4VWO-2、230MW、200MW、180MW、抽汽供热 230MW、抽汽供热 220MW 七个工况的试验。

两次 4VWO 工况，机组热耗率平均值为 3798.65kJ/kWh，高压缸效率平均值为 77.48%，中压缸效率平均值为 89.84%，低压缸效率平均值为 94.89%；机组在 230MW、200MW、180MW、抽汽供热 230MW、抽汽供热 220MW 工况下，热耗率在 3829.27～3848.91kJ/kWh 之间，机组高背压循环水供热，没有冷源损失，因此随工况变化，机组热耗率变化不大。

第四节　光轴供热改造典型案例

案例一　光轴供热技术在某 200MW 机组的应用

一、项目概况

某电厂现有的两台 200MW 纯凝发电机组年平均负荷率在 70%～80%之间。随着电厂所在城市供热需求持续增长，国家“上大压小”工程启动后部分电厂变为单一热源供热，热负荷逐年增大，电厂供热能力不足，供热安全系数较低。同时，上级监管机构为提高调度的灵活性，充分利用峰谷电力，对深度调峰机组进行更高的政策补贴，因此计划对电厂进行光轴供热技术改造，以提高区域调峰能力并缓解供热压力。该电厂是当地以热电联产方式集中供热的主热源，担负全区采暖面积 92%的供热任务和大部分工业企业的生产用汽。同时由于机组运行年限已超过 30 年，机组的能耗及环保设施已不适合当前国家产业政策的要求，设备需要更新换代。改造后机组最低发电负荷可维持在 88MW，满足了区域供电需求，提高了机组的调峰灵活性，大幅提升了机组的供热能力，保证供热的安全性、可靠性。

二、热负荷分析

2015 年该地区供热面积为 956.4 万 m^2，其中楼房供热面积为 806.4 万 m^2，平房供热面积为 150 万 m^2。2015 年该电厂城区集中供热面积约为 583.4 万 m^2，担负全区供热和大部分工业企业的生产用汽，至 2020 年该电厂对城区总供热面积将达到 852.59 万 m^2。考虑现有热电联产供热机组可承担的供热面积最多为 600 万 m^2，2020 年仍有 252.59 万 m^2 供热缺口。城区年平均增长供热面积见表 2-42。

表 2-42 2015～2020 年供热面积统计表 万 m^2

设计年限	2015 年	2016 年	2017 年	2018 年	2019 年	2020 年
总供热量	730	750	790	810	830	850

根据供热面积及 CJJ 34—2010《城镇供热管网设计规范》给出的各种建筑物采暖热指标推荐值，对热负荷进行计算。表 2-43 为采暖热指标推荐值。

表 2-43 采暖热指标推荐值 q_h W/m^2

建筑物类型	住宅	居住区综合	学校办公	医院托幼	旅馆	商店	食堂餐厅	影剧院展览馆	大礼堂体育馆
未采取节能措施	58～64	60～67	65～80	65～80	60～70	65～80	115～140	95～115	115～165
采取节能措施	40～45	45～55	50～70	55～70	50～60	55～70	100～130	80～105	100～150

注 1. 表中数值适用于我国东北、华北、西北地区。
2. 热指标已包括约 5%的管网热损失。

采暖热指标分现有建筑采暖热指标和新建建筑采暖热指标分别计算，现有建筑热指标根据业主提供的资料为 58W/m^2。供热范围内新增各类采暖建筑物所占比例和各类建筑采暖热指标选择见表 2-44。

表 2-44 新增建筑面积统计表

建筑物性质	所占比例	热指标（W/m^2）
住宅	75%	45
办公	9%	65
学校	6%	65
商服	7%	65
医院	2%	70

注 表中热指标数值已包括约 5%的管网热损失。

综上，建筑采暖综合热指标为 56.50W/m^2。该区供暖期天数 181 天，计 4344h，供暖室外计算温度-23.8℃，供暖期平均温度-9.5℃，供暖室内计算温度 18℃。热指标根据各分区综合热指标计算。经计算确定采暖设计热负荷见表 2-45。

表 2-45 采暖最大、平均、最小设计热负荷

名称	最大热负荷（MW）	平均热负荷（MW）	最小热负荷（MW）
供热区域	481.71	316.92	149.82
供热改造电厂	142.71	93.89	44.38

至 2020 年采暖期供热最大热负荷 481.71MW，采暖年耗热量为 495.61 万 GJ。

供热改造后增加供热面积 252.59 万 m^2，采暖期供热最大热负荷 142.71MW，采暖年耗热量为 146.83 万 GJ。

三、设计参数

（1）该电厂锅炉设备由哈尔滨锅炉厂生产，技术热力参数见表 2–46。

表 2–46　　锅炉主要技术参数表

名　称	单位	最大工况
主蒸汽流量	t/h	670
主蒸汽出口压力	kg/cm^2	140
主蒸汽出口温度	℃	540
再热汽流量	t/h	537
再热汽进口压力	kg/cm^2	24.65
再热汽进口温度	℃	316
再热汽出口压力	kg/cm^2	22.65
再热汽出口温度	℃	540
给水温度	℃	247
排烟温度	℃	160
锅炉效率	%	90.66/89.8/90.53

（2）该电厂汽轮机为哈尔滨汽轮机厂生产的 N200–130/535/535 型超高压一次中间再热，三缸三排汽、凝汽式汽轮机。为了增加供热量，机组的 2 号低压缸内的双分流全部通流拆除，更换成光轴，并改造连通管，成为供热机组。技术热力参数见表 2–47。

表 2–47　　汽轮机主要技术参数表

序号	项　目	单　位	额定工况
1	主蒸汽压力	MPa	12.75
2	主蒸汽流量	t/h	610
3	主蒸汽温度	℃	535
4	出力	MW	207.081
5	背压	MPa	0.004 9
6	冷却水温度	℃	20
7	给水温度	℃	239.4

（3）该厂发电机由哈尔滨电机厂生产，技术热力参数见表 2–48。

表 2–48　　发电机主要技术参数表

名称	单位	数据或型式
额定容量	MVA	235
额定功率	MW	300
额定电压	kV	15.75
额定电流	A	8625
额定功率因数	/	0.85
额定转速	r/min	3000
频率	Hz	50
额定氢压	kg/cm^2	3
效率	%	98.62
发电机总重	t	246
转子重	t	43

光轴抽汽改造后单台机组最小抽汽量 100t/h，最大抽汽量 320t/h，从中压缸排出的蒸汽的一部分仍然进入 1 号低压缸做功并进入冷凝器凝结，而 2 号低压缸不再有蒸汽进入，直接从连通管抽出去供热。2 号低压转子拆除，更换成一根光轴，连接中压转子与发电机。

四、技术路线选择或方案比选

本项目共设计三个方案，由于抽汽量比较大，在设计中均考虑将一部分热量储蓄起来用于夜间发电负荷较低时供热。

方案一：两台机组打孔抽汽。

由于连通管打孔抽汽量有限，两台机组都采取打孔抽汽时，最大抽汽量 120t/h 情形下，机组的供热能力和调峰蓄热能力，计算结果见表 2–49。

表 2–49　　机组全部打孔抽汽运行

项　　目	单位	数值	备注
单台机组 610t/h 新汽时抽汽量	t/h	120	白天运行工况
单台机组 610t/h 新汽时电负荷	kW	190 101.9	白天运行工况
抽汽压力	MPa	0.248 1	
抽汽温度	℃	254.2	
单台机组抽汽输出热负荷	MW	82.47	

续表

项 目	单位	数值	备注
2 台机组抽汽输出热负荷	MW	164.94	
最大供热负荷需求	MW	142.71	
白天可蓄负荷	MW	21.94	
白天蓄热时间	h	17	
白天蓄热量	GJ	1342.73	
放热时间	h	7	夜间运行工况
放热平均负荷	MW	53.28	夜间运行工况
机组热负荷缺口	MW	89.72	夜间运行工况
夜间单台机组热负荷缺口	MW	44.86	夜间运行工况
夜间单台机组缺口负荷需要的抽汽量	t/h	65	夜间运行工况
夜间单台机组 65t/h 抽汽时对应电负荷	kW	112 197	夜间运行工况

由表 2–49 可知，当两台机组全部采用打孔抽汽，在最大抽汽量 120t/h 时，两台机组最大抽汽负荷为 164.94MW，能满足 250 万 m^2 的供热负荷要求。在两台机组晚上完全不抽汽供热的情况下，白天所蓄热量不能完全满足晚上 7h 的供热需求，机组热负荷缺口在 89.72MW。

由于机组抽汽量有限，在满足白天供热的情况下，白天可蓄存的热量有限，不能完全满足晚上的供热需求，晚上机组仍需保持抽汽供热模式运行；机组在进汽量为 420t/h 以下时，汽轮机已经不能再进行抽汽，机组为纯凝工况运行。根据电厂实际运行的经验，机组的最低电负荷为 120MW，此时的进汽量为 345t/h，不能满足上述反推的晚上单台机组电负荷为 112.197MW 的运行需求。同时，依据当地电网的补偿调峰补偿政策，该负荷不能满足深度调峰的要求（机组电负荷小于 104MW）。因此，方案一在电厂最大供热负荷需求情况下，可以满足电厂的基本供热需求，但是不能满足机组深度调峰要求。

方案二：两台机组光轴抽汽。

本方案选取两台机组进行汽轮机光轴抽汽运行模式进行蓄热系统计算。由于光轴运行抽汽量比较大，故可在最小新汽量为 320t/h 工况下进行核算。

该电厂机组光轴运行情况下，最大电负荷（最小抽汽）以及最大抽汽工况下的参数见表 2–50。

表 2-50　　机组最大电负荷（最小抽汽）及最大抽汽工况下的参数

项目	单位	数值	备注
机组进汽量	t/h	320	
最大电负荷	kW	90 453	对应最小抽汽量
最小抽汽量	t/h	100	对应最大电负荷
抽汽压力	MPa	0.282 3	
抽汽温度	℃	343.3	
最大抽汽量	t/h	155	对应最小电负荷
最小电负荷	kW	88 164	对应最大抽汽量
抽汽压力	MPa	0.177 4	
抽汽温度	℃	285.9	

两台机组采用光轴运行方案，选取单台机组最小进汽量 320t/h 新汽时，核算机组的输出热负荷情况以及蓄热情况。计算结果见表 2-51。

表 2-51　　两台机组全部光轴运行

项　目	单位	数值	备注
最小进汽量 320t/h 新汽时抽汽量	t/h	100	最小抽汽量
最小进汽量 320t/h 新汽时电负荷	kW	90 453	最大电负荷
抽汽压力	MPa	0.282 3	
抽汽温度	℃	343.3	
单台机组抽汽输出热负荷	MW	69.17	
两台机组抽汽输出热负荷	MW	145.39	白天运行工况
原机组最大供热负荷需求	MW	142.71	白天运行工况

通过校核，当两台机组全部采用光轴运行方案时，在最小进汽量 320t/h，最大电负荷（最小抽汽量）情况下，两台机组的抽汽可输出热负荷约为 145.39MW，接近远期 250 万 m^2 供热面积所需的供热负荷 142.71MW，完全能满足供热需求。由于机组采用光轴运行方式，机组始终处于抽汽状态，目前已经是最小抽汽工况运行，因此，机组无法进行蓄热，在规划的供热面积基础上无法实现对机组深度调峰的功能。

在规划的 250 万 m^2 供热面积下，两台光轴改造的机组在最小抽汽量情况下已经能满足电厂最大供热面积负荷需求，在全天供热需求降低时会导致过度供应。因此，方案二需在扩大供热面积的前提下才能实现调峰蓄热的功能。

方案三：一台机组打孔抽汽一台机组光轴抽汽。

当两台机组全部采用打孔抽汽供热时，供热量偏少，无法满足正常需求；两台机组全部采用光轴抽汽时抽汽量有多余，并且无法实现机组调峰蓄热的功能，因此考虑采用一台机组连通管打孔抽汽一台机组光轴运行的组合模式进行供热。由于连通管打孔抽汽机组，抽汽量可以随时调整，而光轴机组抽汽量有一个最小抽汽值，因此以光轴机组为主进行核算，连通打孔抽汽机组为辅助调节运行。

下面为一台光轴机组白天 460t/h 新汽，机组抽汽量为 223t/h 运行，机组的供热能力和调峰蓄热能力分析，计算结果见表 2-52。

表 2-52　　单台机组白天光轴运行核算

项　　目	单位	数值	备注
单台机组 460t/h 新汽时抽汽量	t/h	223	
单台机组 460t/h 新汽时电负荷	kW	126 110	白天运行工况
抽汽压力	MPa	0.167 2	
抽汽温度	℃	244.4	
单台机组抽汽输出热负荷	MW	157.46	
电厂供热负荷	MW	142.71	白天运行工况
白天可蓄热负荷	MW	14.46	白天运行工况
白天蓄热时间	h	17	白天运行工况
白天可蓄热量	GJ	885.12	白天运行工况

当机组晚上进行负荷调峰时，机组负荷下调，同时晚上采用白天所蓄热量进行供热，然后机组负荷下调，现以晚上机组 320t/h 新汽时，最大抽汽量（最小电负荷 88 164kW）155t/h 工况进行核算，计算结果见表 2-53。

表 2-53　　单台机组夜间光轴运行核算

项　　目	单位	数值	备注
单台机组 320t/h 新汽时抽汽量	t/h	155	最大抽汽量
单台机组 320t/h 新汽时电负荷	kW	88 164	最小电负荷
抽汽压力	MPa	0.177 4	
抽汽温度	℃	285.9	
单台机组抽汽输出热负荷	MW	110.48	
单台机组抽汽输出热量	GJ	2784.11	
单台机组可供采暖面积	万 m^2	193.15	

续表

项　　目	单位	数值	备注
晚上供热不足采暖面积	万 m^2	56.85	由蓄热系统进行供应
晚上供热不足热量	GJ	819.49	由蓄热系统进行供应
白天蓄热罐所需蓄热量	MW	13.39	
白天单台机组总的抽汽供热负荷	MW	156.39	
白天单台机组所需抽汽量	t/h	227.8	

通过以上分析，单台机组白天 460t/h 新汽，223t/h 抽汽，电负荷 126 110kW 工况运行，晚上 320t/h 新汽，155t/h 抽汽，电负荷 88 164kW 工况运行，既能满足富发电厂的供热需求，又能实现机组的深度调峰条件（机组电负荷小于 104MW）。

因此，方案三一台机组采用光轴运行，另外一台机组采用连通管打孔抽汽运行，可以满足该电厂的供热需求和调峰蓄热能力。其中连通管打孔抽汽机组白天和晚上不抽汽供热，而起到一个调节电负荷的功能。

通过上述几种供热改造方案以及相配套的蓄放热运行模式分析可知：

（1）方案一中，2 台机组全部采用打孔抽汽供热改造方案运行时，其在最大新汽 610t/h，最大抽汽量 120t/h 情形下，能满足白天 250 万 m^2 供热面积的负荷。但白天所蓄热量不能完全满足晚上用热需求，机组热负荷缺口在 89.72MW，折合单台机组应维持在 65t/h 的抽汽工况下运行，此时的输出电负荷为 112MW。

（2）方案二中，2 台机组全部采用光轴供热改造运行时，白天能满足电厂 250 万 m^2 的供热负荷 142.17MW 的需求。由于光轴供热改造方案抽汽量大，以及机组不能停止抽汽，导致 2 台机组有富余的热量蓄存，没有足够的供热需求来消纳。

（3）方案三中，其中 1 台机组采用光轴供热改造运行时，白天抽汽为 223t/h，白天可以满足电厂 250 万 m^2 的供热需求，同时蓄热 819.49GJ。晚上机组保持汽机最小进汽量下抽汽为 155t/h，电负荷为 88 164kW，白天所需热量基本可以满足晚上机组供热缺口，因此在具有蓄热系统的前提下，晚上能满足电厂 250 万 m^2 的供热需求。另外 1 台机组可以考虑采用打孔抽汽供热改造运行方式，进行电负荷深度调峰。

（4）结合如上说明，方案三中的 1 台机组进行光轴供热改造，另外 1 台采用打孔抽汽供热改造运行方式能有效地调节机组在白天和晚上不同时期电力负荷的不同，起到电力调峰的作用。因此推荐在 1 台机组采用光轴供热改造运行，另外 1 台机组采用打孔抽汽供热改造运行的方式上，进行蓄热罐选型设计。

五、投资估算与财务评价

本工程为某发电厂供热改造工程，本期将原 2×200MW 纯凝机组改为供热机组，包括相应的热力系统、电气系统、热工控制系统及土建工程改造。

本经济分析按改造后，2016～2020 年机组平均年供热量增加 117.76 万 GJ，全厂机组年均发电标准煤耗率下降 5.1g/kWh，在年发电量不变的情况下，全厂机组年总耗标准煤量增加 2.31 万 t；2020 年以后全厂机组年供热量增加 146.83 万 GJ，全厂机组年均发电标准煤耗率下降 6.1g/kWh，在年发电量不变的情况下，全厂机组年总耗标准煤量增加 3.01 万 t，测算各项评价指标。

本工程总投资为 8418 万元，通过测算在热价为 25.9 元/GJ（不含税）时，项目各项评价指标均满足财务要求，说明本项目具有较好的盈利能力及清偿能力，从敏感性分析可以看出当热价、热量、投资、煤价在正负 10%变化时，项目资本金内部收益率在 12.23%至 31.97%之间变化，所得税后内部收益率 21.88%，投资回收期为 6.81 年，说明本项目具有较强的抗风险能力，经济效益较好。

案例二　光轴供热技术在某 300MW 机组的应用

一、项目概况

某热电厂现装机两台 300MW 供热机组，接待供热面积 1241 万 m^2，其中趸售供热面积为 691 万 m^2，直供供热面积为 550 万 m^2。此外，还承担 30t/h 工业蒸汽负荷。根据该城市 2015 年版供热规划，未来集中供热负荷潜力巨大，但某热电厂目前 1 号机组的供热能力并未完全释放，整体供热能力无法满足未来供热市场的发展需要。同时，由于新能源机组并网的要求，目前供热期调峰缺口已经常态化，给调度运行带来巨大压力。

因此，某热电厂拟对 1 号机组（300MW 抽凝式汽轮机）进行抽汽光轴抽汽技术改造，同期建设针对 1 号机组的蓄能调峰系统，在扩大 1 号机组冬季供热能力的同时，增强其电网热网调峰能力。

二、热负荷分析

1. 供热现状

某热电厂现承担供热面积 1241 万 m^2，其中趸售供热面积为 691 万 m^2，直供供热面积为 550 万 m^2。此外，承担长期 30t/h 工业蒸汽负荷。

2. 近期并网情况

依据供热规划，近期（2018～2020 年）供热区域内小锅炉房全部实现并网，供热面积约 161 万 m^2，新建建筑约 78 万 m^2。因此到 2020 年时，承担的总供热面积预计可达到 1480 万 m^2。

3. 远期并网情况

依据主城区供热规划，远期规划从 2020～2030 年，预计每年新增供热面积 142 万 m^2，共计 1420 万 m^2，全部为新建建筑。

4. 采暖综合热指标

参考 CJJ 34—2010《城镇供热管网设计规范》给出的各种建筑物采暖热指标推荐值，按建筑物类型分为，一类为“未采取节能措施”建筑物，另一类为“采取节能措施”建筑物。详见表 2-54。

表 2-54 采暖热指标推荐值 W/m^2

建筑物类型	住宅	居住区综合	学校办公	医院托幼	旅馆	商店	食堂餐厅	影剧院展览馆	大礼堂体育馆
未采取节能措施	58～64	60～67	65～80	65～80	60～70	65～80	115～140	95～115	115～165
采取节能措施	40～45	45～55	50～70	55～70	50～60	55～70	100～130	80～105	100～150

注 1. 表中数值适用于我国东北、华北、西北地区。
2. 热指标已包括约 5%的管网热损失。

采暖热指标按照现有建筑采暖热指标和新建建筑采暖热指标分别计算，均为 $55W/m^2$。但根据历史统计数据，采暖热指标 $46W/m^2$。考虑到每年冬季气温存在波动，按照统计值与供热规划参考值的平均值作为综合热指标，即 $50.5W/m^2$。

5. 设计热负荷

供暖期天数 183 天，计 4392h，供暖室外计算温度-24℃，供暖期平均温度-9.6℃，供暖室内计算温度 18℃。热指标根据各分区综合热指标计算。采用下列公式计算小时采暖期最大、最小、平均热负荷数值。对 2018～2019 年供热面积采用平均插值法计算。

经计算确定采暖设计热负荷见表 2-55。

表 2-55 采暖最大、平均、最小设计热负荷表 MW

年 份	最大热负荷	平均热负荷	最小热负荷
2018～2019 年	686.8	451.33	212.58
2019～2020 年及以后	747.4	491.15	231.34

6. 年耗热量

依据本工程热负荷和该市的有关气象参数，计算近远期年总耗热量。

经计算，2018～2019 年供热季该热电厂承担的集中供热面积为 1360 万 m^2，采暖期供热最大热负荷 686.8MW，采暖年耗热量约为 705.8 万 GJ；2019～2020 年以后该热电厂承担的集中供热面积为 1480 万 m^2，采暖期供热最大热负荷 747.4MW，采暖年耗热量为约 768.08 万 GJ。

三、设计参数

1. 锅炉参数

该热电厂 1、2 号机组两台锅炉均由哈尔滨锅炉厂生产，主要技术热力参数如下：

最大连续蒸发量：1025t/h；

过热蒸汽出口压力：17.5MPa（表压力）；

过热蒸汽出口温度：541℃；

再热蒸汽流量：842t/h；

再热蒸汽进口压力：3.79MPa（表压力）；

再热蒸汽进口温度：331℃；

再热蒸汽出口压力：3.594MPa（表压力）；

再热蒸汽出口温度：541℃。

2. 汽轮机

汽轮机为哈尔滨汽轮机厂生产的 C250/N300－16.67/537/537/0.4 型单轴、双缸、双排汽、抽汽冷凝式汽轮机，主要技术热力参数如下：

额定出力（保证工况）：300MW；

最大连续出力：338MW；

主汽门进口蒸汽压力：16.67MPa；

主汽门进口蒸汽温度：537℃；

热蒸汽门进口蒸汽温度：537℃；

额定冷却水温度：10℃；

最高冷却水温度：28℃；

额定背压：3.5kPa；

维持额定出力的最高背压：9kPa；

额定凝汽量：531.59t/h；

额定出力蒸汽耗量：884.63t/h；

最大连续出力蒸汽耗量：932.28t/h；

额定出力净热耗（保证热耗）：7820.7kJ/kWh；

额定采暖抽汽压力：0.49MPa；

额定采暖抽汽温度：266.9℃；

额定采暖抽汽量：340t/h（平均负荷工况）；

最大采暖抽汽量：520t/h（最大负荷工况）；

额定转速：3000r/min；

旋转方向：由汽轮机向发电机端看为顺时针方向。

3. 发电机

机组发电机均由哈尔滨电机厂生产，主要技术热力参数如下：

额定功率：300MW；

额定功率因数：$\cos\varphi=0.85$；

额定电压：20kV；

额定电流：10 190A；

周波：50Hz；

额定转速：3000r/min；

冷却方式：定子绕组水内冷，转子绕组为气隙取气氢内冷，定子铁芯及其他构件为氢冷；

额定氢压：0.30MPa（表压力）；

效率：≥99%（计及轴承、油密封损耗和励磁系统）；

励磁方式：静态励磁系统。

4. 供热系统

该热电厂 300MW 机组在投产时为抽凝式热电联产机组，利用两个中压缸下排汽口（5 段抽汽）进行抽汽供热，管径为 DN1000，抽汽管道在主厂房热网首站内汇成一根 DN1400 的供热抽汽母管后，供给热网换热器。

该热电厂为进一步提高机组供热能力，保证供热可靠性，2011 年建成投产了 8 台 38.38MW 热泵；2017 年建设投产一台 116MW 循环流化床热水炉。该热电厂现实际装机两台 300MW 供热机组、8 台 38.38MW 热泵以及一台 116MW 热水锅炉。目前有两条一级网主管路，即 1 号热网管线与 2 号热网管线。其中 1 号热网管线为近年建设，设计供回水温度为 130/70℃；2 号热网管线建设时间较久远，根据二级网运行要求，最高供水温度不能超过 100℃，目前 1 号热网与 2 号热网联合运行，蒸汽侧、疏水侧、热网循环水侧在该热电厂热网首站内全部分别联通，供回水温度均维持在 95/60℃。由于热网水供水温度较低，目前热网疏水温度能够维持在 95℃。

四、改造技术方案

为缓解该热电厂的热电矛盾问题，深度降低机组发电功率，同时释放电厂潜在供热能力，合理优化热源配置，拟对电厂 1 号机组进行光轴抽汽改造。在供热期机组采用低压缸光轴解列技术进行改造，用新设计低压光轴转子代替原低压转子，非供热期机组仍采用原机组低压转子，恢复低压缸凝汽式运行。同期建设针对 1 号机组的蓄能调峰系统，实现夜间发电功率深度调峰，保障稳定对外供热量。

1. 改造原则

（1）汽轮机组高、中压通流不变。

（2）汽轮机进汽参数不变。

（3）汽轮机高、中、低压缸安装尺寸及对外接口尺寸不变。

（4）汽轮机中压主汽门、调门不动，前、中、后轴承座与基础接口不变，转子与发电机及主油泵的连接方式不变，与盘车装置连接方式及位置不变。

（5）汽轮机轴封系统、主汽系统、再热系统、额定转速、旋转方向不变。

（6）汽轮机组的基础不动，对基础负荷基本无影响，机组的轴向推力满足设计要求。

（7）改造后的低压光轴转子能与原转子具有互换性。

2. 机组改造方案

（1）本体改造措施。新设计一根低压光轴转子，具有将高中压转子和发电机转子连接传递扭矩的作用。取消低压 2×6 级通流，去掉纯凝低压转子、全部隔板和隔板套。机组在供热运行期间，在低压缸隔板或隔板套槽内安装新设计的保护部套，以防止低压隔板槽档在供热运行时变形、锈蚀。为保证原低压转子与新设计低压光轴转子的互换性，中－低联轴器和低－发联轴器均采用液压螺栓结构。改造后，新旧转子对比见图 2－11 和图 2－12。

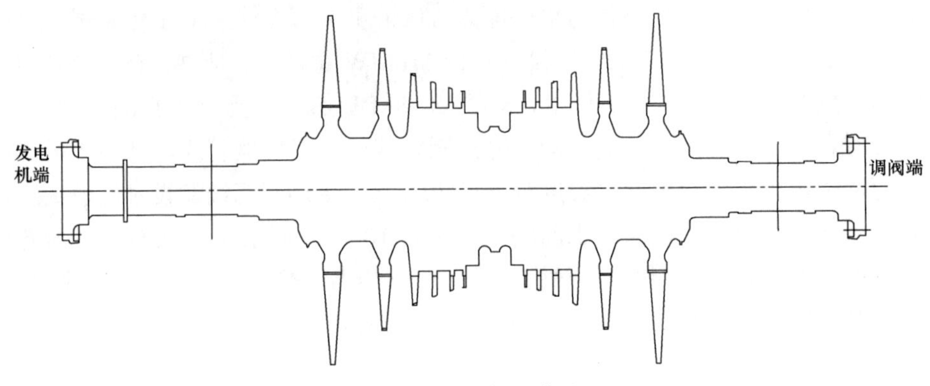

图 2－11　原低压转子

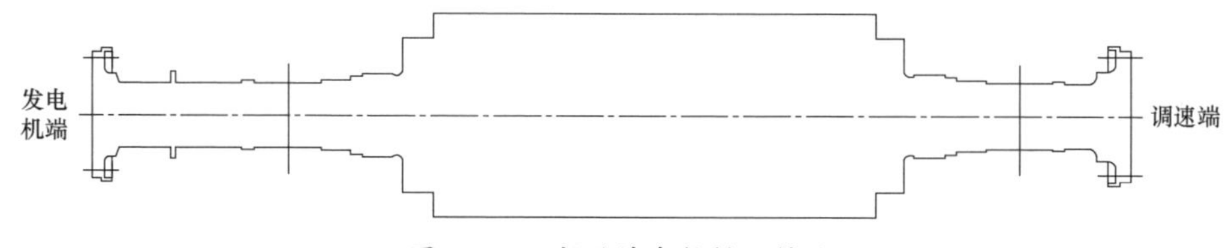

图 2-12　新设计光轴低压转子

新设计光轴转子主轴尺寸与原机组低压转子主轴尺寸基本相同，轴径处尺寸与原低压转子轴径尺寸相同，无需更换原低压支持轴承。表 2-56 列出了新设计低压转子数据。

表 2-56　　新设计光轴供热低压转子数据汇总表

序号	名　称	单位	数值
1	总长	mm	7105
2	总重	kg	42 038
3	跨距	mm	5030
4	前轴承受力	kg	20 458
5	后轴承受力	kg	21 580
6	前轴承比压	kg/cm^2	12.70
7	后轴承比压	kg/cm^2	13.40
8	前轴承直径	mm	450（宽 358）
9	后轴承直径	mm	450（宽 358）
10	最大直径	mm	1356
11	最大静挠度（冷态）	mm	0.053 8
12	前轴承处轴倾角（冷态）	1/10 000	0.678
13	后轴承处轴倾角（冷态）	1/10 000	-0.609
14	重心	mm	2582（距前轴承中心线）
15	材料		34CrNi3Mo
16	一阶弹性临界转速	r/min	1900

改造后机组供热期和非供热期运行方式不一样，每年在季节交换时机组需停机，进行低压缸揭缸，更换低压转子、低压隔板和隔板套等设备部件。在冬季供热期应将换下的原低压冷凝转子、低压隔板和隔板套等设备部件进行维护保养，便于夏季重新安装后直接恢复纯凝汽工况运行。

（2）中压缸排汽堵板。去掉原中低压联通管和调节蝶阀。由于原机组是抽汽供热机组，在中压缸下部有供热抽汽口，并且抽汽管口径足够，不用另外增加抽汽口，所以只需将中压缸上部排汽口用法兰堵板堵上即可，改造后蒸汽管道核算结果见表 2-57。

表 2-57 供热抽汽管道核算表

名称	数量	管径	改造后蒸汽流量	蒸汽参数	管内流速
5 段抽汽管道	2	DN1000	298.1t/h	0.49MPa，275℃	55m/s
供热抽汽母管	1	DN1400	596.2t/h	0.49MPa，275℃	56m/s

（3）光轴鼓风冷却措施。汽轮机供热期运行时，低压部分不再进汽，但低压光轴仍与发电机连接转动，在低压缸内会产生鼓风现象，如低压缸温升过高，会引起整个低压部分膨胀及标高发生变化，给机组运行带来安全影响，在无冷却蒸汽通入低压缸的情况下，需解决鼓风现象对汽轮机造成的影响。具体方案如下：

1）机组启动时严格控制机组差胀。

2）由于给水泵汽轮机仍保持凝汽运行，凝汽器仍需保持真空状态，凝汽器循环水系统小流量运行，保持凝汽器、主冷油器、磨煤机润滑油冷油器冷却用水。在真空状态下，低压光轴鼓风作用较小，产生的热量也很小。

3）监测低压缸缸温，如缸温升高，可开启低压缸喷水装置，保障机组运行安全。

（4）供热蒸汽旁路系统。改造后机组启动时中压缸排汽流量小，压力低，此时依靠热网系统建立排汽背压较难，需增加一路中压缸启机排汽系统，将启动排汽通入三级低旁系统。

（5）热系统影响的措施。改造后机组低压缸各回热抽汽无抽汽，即 6、7、8 号低压加热器停用，保留 5 号低压加热器，凝汽器凝结水经 5 号低压加热器进入除氧器。低压缸的汽封管路不变。供热蒸汽疏水系统不进行改造。

（6）控制系统。对调节系统进行适当调整改造，使机组具备排汽压力调节功能。机组运行方式可按照以热定电方式运行，根据热负荷的变化引起排汽压力的变化来控制主汽调节阀调整机组进汽量，将 DEH 系统根据背压机运行重新组态。

（7）对轴向推力的影响。凝汽额定工况下，中低压缸分缸压力为 0.49MPa 左右，供热运行后，额定工况下中压缸额定排汽压力为 0.49MPa，机组轴向推力基本保持不变。

（8）对中压叶片的影响。原机组为中压缸后部抽汽供热的抽汽式机组，改造后中压排汽压力保持与抽汽压力一致，为 0.49MPa，运行时供热排汽压力变化范围保持与抽汽运行一致，所以中压末级叶片改造后抽汽运行仍然是安全。改造后中压缸末级叶片强度校核数据见表 2–58。

表 2–58　　改造后中压缸中压缸末级叶片强度校核表

项目	单位	VWO 额定背压	VWO 最低背压
动叶只数		62	62
叶型根部蒸汽弯应力	MPa	49.00	60.90
叶型根部合成应力	MPa	139.10	148.70

1 号机组改为光轴抽汽供热机组后，考虑到机组运行的安全性，可采用两种方法：其一是在供热抽汽管路配置压力调节阀；其二是光轴机组与抽凝机组采用蒸汽大母管式并联运行，依靠抽凝机组维持供热抽汽压力的稳定。两种方法的设计原则均是要保证光轴机组偏离额定工况运行时既要满足对外供热抽汽流量的需求，又要保证中压缸末级叶片压力满足主汽流量对应最低压力的要求，确保中压缸末级压差为安全运行范围，避免中压缸末级叶片超负荷。

因此，在控制策略上引入中压缸末级保护曲线，按中压缸末级叶片强度提供的数据，各工况对应不同进汽量下的最低中排压力绘制中排末级叶片保护曲线，在机组供热运行时，供热抽汽压力控制必须满足该保护曲线。抽汽工况下中压末级保护曲线如图 2–13 所示。

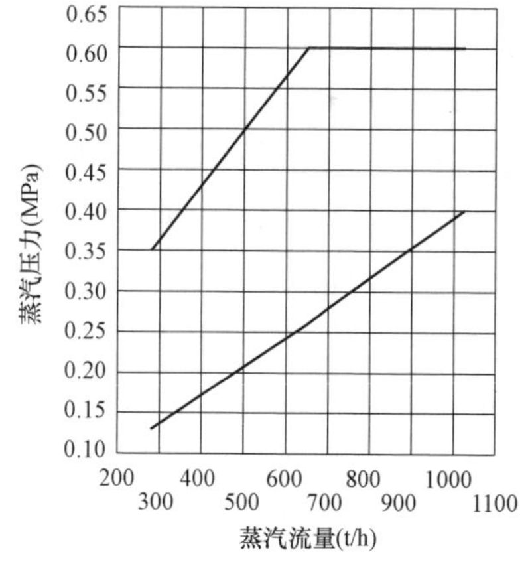

图 2–13　中压缸排汽压力控制曲线

3. 改造后供热能力分析

本项目改造后，在额定工况下 1 号机组改造后的额定抽汽量约为 596.2t/h。目前电厂通过对 1 号机组锅炉进行过改造，成功使 1 号机组锅炉的最小稳燃蒸汽量降低到 280t/h，此工况下最大抽汽量约为 210t/h。1 号机组供热改造后，汽轮机主要技术参数见表 2–59。

表 2–59　　某热电厂 1 号汽轮机组改造后的主要技术参数表

项　目		单位	数值
新汽额定参数	压力	MPa	16.67
	温度	℃	537.0

续表

项目		单位	数值
采暖抽汽参数	压力	MPa	0.49
	温度	℃	274.8
额定采暖抽汽量		t/h	596.2
凝汽器设计背压		kPa	4.9
额定纯凝工况	新汽流量	t/h	932.28
	发电功率	MW	300.111
	热耗	kJ/kWh	7820.7
额定采暖抽汽量时	新汽流量	t/h	932.28
	发电功率	MW	194.459
	抽汽供热量	MW	596.2
	热耗	kJ/kWh	4102

根据机组的抽汽量，测算机组的供热能力。在1号机组光轴抽汽时，单台机组额定抽汽量为596.2t/h（1号机组承担30t/h的工业蒸汽负荷），热网疏水温度为95℃时，单台1号机组的额定供热能力为428MW，供热面积847.5万m^2。2号机组在额定工况下供暖抽汽量为520t/h，热网疏水温度为95℃时，单台2号机组的额定供热能力为366MW，供热面积724.8万m^2；改造后，两台300MW机组总供热能力为794MW。

此外热电厂已建设投产8台38.38MW热泵系统用于冬季供热，热泵系统按照单台机组最小凝汽工况进行设计，1号机组改造后，热泵系统主要吸取2号机组循环冷却水中所含热量。目前热泵系统运行良好，能够稳定地从机组循环冷却水中吸取约130MW的热量进行供热。此外2017年电厂建设投产一台116MW热水锅炉。

经核算，全厂2台供热机组、热泵装置以及调峰热水炉同时运行最大供热能力为1040MW，供热面积可达2080万m^2。该热电厂总供热能力情况见表2-60。

表2-60　　某热电厂改造总供热能力表

项目	1号机组	2号机组	热泵系统	热水炉	总计
供热能力（MW）	428	366	130	116	1040
供热面积（万m^2）	847.5	724.8	257.4	229.7	2059.4

根据热电联产技术规定和城镇供热管网设计规范，主热源故障时，备用热源应可满足 70%的供热需要。

本项目投产后电厂承担总供热面积为 1480 万 m^2，当 1 号光轴机组事故时，剩余供热能力为 612MW，可承担的供热面积约为 1212 万 m^2，事故保证率为 81.88%，满足规范要求。当 2 号抽凝机组事故时，热泵系统也将停止运行，剩余供热能力为 544MW，可承担的供热面积约为 1077 万 m^2，事故保证率为 72.78%，满足规范要求。

改造前后全厂运行指标对比见表 2−61。可以看出，通过本次供热改造，原本 1 号机组抽凝的运行方式改为近似背压机的运行方式。由于利用机组的中间级抽汽供热，减少了机组的冷源损失，汽轮机的热耗率减少，机组的发电煤耗率下降，电厂的热经济性明显提高。

表 2−61　　改造后技术经济指标对比表

序号	项目	单位	改造前	改造后	备注
1	供热小时数	h	4392	4392	额定进汽下 1 号光轴机组指标
2	供热机组进汽量	t/h	932.28	932.28	
3	额定采暖抽汽量	t/h	520	596.2	
4	额定工业抽汽量	t/h	0	30	
5	发电功率	kW	219 419	194 460	
6	热耗	kJ/kWh	5405.65	4075.4	
7	供热标准煤耗率	kg/GJ	38.77	38.77	
8	平均发电标准煤耗率	g/kWh	209.60	158.01	
9	发电标准煤耗率下降	g/kWh	—	51.59	
10	年供热小时数	h	4392	4392	2018～2019 年级以后全厂 2 台机组指标
11	年供热量	$\times 10^4$GJ	644.04	705.8	
12	年供热量增加	$\times 10^4$GJ	—	61.76	
13	机组发电利用小时数	h	1、2 号机组全年满发 4351h	夏季正常发电，1 号机组冬季发电减少	
14	年发电量	$\times 10^8$kWh	26.1	25.02	
15	年均发电标准煤耗率	g/kWh	248.99	247.94	
16	年均发电标准煤耗率下降	g/kWh	—	1.054 4	
17	年发电节约标准煤量	$\times 10^4$t	—	0.263 9	

续表

序号	项目	单位	改造前	改造后	备注
18	年供热小时数	h	4392	4392	2019～2020 年及以后全厂2台机组指标
19	年供热量	$\times 10^4$GJ	644.04	768.08	
20	年供热量增加	$\times 10^4$GJ	—	124.03	
21	机组发电利用小时数	h	1、2 号机组全年满发 4351h	夏季正常发电，1 号机组冬季发电减少	
22	年发电量	$\times 10^8$kWh	26.1	25.28	
23	年均发电标准煤耗率	g/kWh	248.99	244.26	
24	年均发电标准煤耗率下降	g/kWh	—	4.73	
25	年发电节约标准煤量	$\times 10^4$t	—	1.196	

五、蓄能调峰系统

本次改造中针对 1 号光轴机组建设蓄能调峰系统，包含一台蓄能储水罐与储能输送系统，储热介质为热水。根据当地电网运行规律，进入供暖季后火力发电厂每天夜间约有 7h 的深度调峰补偿需求，深度调峰补偿按照全厂装机总容量确定。当机组总体发电负荷下降至额定负荷的 40%时，可享受调峰电价补偿。

热电厂经过本次 1 号机组光轴改造后，已完全释放现有机组的全部供热能力，除承担 1480 万 m^2 的供热面积外仍有余量，而蓄能罐的体积应能满足未来发展负荷的需求。当 2 号机组事故时，热电厂全厂供热能力最低，此时能够承担的供热面积为 1077 万 m^2，从供热安全保障性的角度考虑，在主热源事故时，能够满足 70%供热负荷的需求。按此推算热电厂能够承担的最大供热约为 1540 万 m^2，即蓄能罐的总能力应能使热电厂在承担 1540 万 m^2 供热面积时，在严寒期能使机组夜间 7h 进行 40%深度的发电调峰。

当热电厂将承担 1540 万 m^2 供热面积，最大供热负荷为 777.7MW，为获得最大的调峰收益，夜间深度调峰时，热水锅炉满负荷运行。当机组夜间进行深度调峰时，导致的供热能力缺口，需在白天发电负荷较高时补充。根据全厂发电供热特性图可知，在发电负荷为 240MW 时，全厂最大的供热能力约为 721MW。蓄能系统参数见表 2-62。

表 2-62　　蓄能系统参数

名　称	单位	数值
热电厂最大供热面积	万 m^2	1540
供热指标	W/m^2	50.5

续表

名　称	单位	数值
供热负荷	MW	777.7
夜间供热能力	MW	721
夜间供热缺口	MW	56.7
夜间调峰时长	h	7
蓄/放热总量	MWh	396.9
蓄/放总量	GJ	1428.84
蓄能高温水温度	℃	95
蓄能低温水温度	℃	60
有效存水体积	m^3	10 000
放热水量	t/h	1450
蓄能时长	h	17
蓄能水量	t/h	6
蓄能负荷	MW	23.35

由表 2-62 可知，在电厂能够承担最大供热负荷时，在严寒期，夜间供热负荷缺口为 56.7MW，在蓄能高低温水为 95/60℃时，需建设一座有效容量约为 10 000m^3 的蓄能水罐，按同类型水罐有效容积率为 90%，本项目新增蓄水罐的容量约为 11 000m^3。

六、光轴蓄能综合改造系统及设备选型

1. 热网加热蒸汽系统

本项目对 1 号机组（300MW 抽凝式机组）进行光轴改造，经核算在额定抽汽量下原有 5 段抽汽管道以及供热抽汽母管已满足需要，不需要额外增加供热抽汽管道。热网蒸汽管道核算表见表 2-63。

表 2-63　　热网蒸汽管道核算表

名称	数量	管径	改造后蒸汽流量	蒸汽参数	管内流速
5 段抽汽管道	2	DN1000	298.1t/h	0.49MPa，275℃	55m/s
供热抽汽母管	1	DN1400	596.2t/h	0.49MPa，275℃	56m/s

2. 热网疏水系统

本项目改造后，1 号机组成为光轴机组，供热抽汽量增加。在额定工况下，

对原有机组疏水管道进行核算，原有管道均可满足现有工况，核算结果如表 2–64 所示。

表 2–64　热网蒸汽管道核算表

名称	管径	疏水流量	管内流速
1 号泵前疏水母管	DN450	424.5t/h	0.8m/s
1 号泵后疏水母管	DN250	424.5t/h	2.5m/s
2 号泵前疏水母管	DN450	424.5t/h	0.8m/s
2 号泵后疏水母管	DN250	424.5t/h	2.5m/s
热泵疏水母管	DN200	267.2t/h	2.5m/s
总疏水量		1116.2t/h	

本次改造后，1 号机组进入凝汽器的蒸汽量较少，根据汽轮机厂平衡图及热电厂其他运行需求，改造后的凝结水量应在 80～125t/h，其余大量蒸汽在热网加热器内凝结后的疏水将从 5 号低价前或除氧器进入主凝结水管道，因此原有机组的精处理系统对凝结水的净化作用降低。目前电厂热网系统实际运行过程中，出现热网疏水导电率过高的问题,应是在热网加热器在运行时出现微小渗漏造成的。在此种工况下，应适当增加锅炉连续排污量，或整体更换热网加热器。

根据其他电厂的改造经验，当热网换热器的密封性能较好，热网水侧无渗漏时，热网疏水侧的水质较好，对原有系统的影响较小。

3. 热网循环水系统

本项目改造后，热网循环水系统仍可采用原有的大母管式控制方式。由于热网供热面积增加，原有滤水器已不能满足通流要求，本次改造拟对原有自动滤水器即附近管道进行更换。

4. 热泵系统

本项目不对原有热泵系统设备及管道进行改造，但由于增加蓄能调峰系统，原有热泵的系统控制策略发生变化。

5. 蓄能调峰系统

新增蓄能系统与热网水系统采用直接式连接方式，蓄能高温水管道分别与热网换热器前后供水母管相连，低温水与热泵前佳南区热网回水管道相连，本次蓄能工程的高低温水温度设置为 95/60℃，蓄能水罐的有效容量约为 10 000m^3。

6. 主要设备的选择

主要设备规范见表 2–65。

表 2-65　　主 要 设 备 规 范

序号	名　称	规　范	单位	数量	备注
蓄能调峰系统					
1	蓄能升压泵	流量：800t/h； 扬程：1380kPa（mH_2O）（暂定）	台	3	1 台备用
2	低温水补水泵	流量：800t/h； 扬程：250kPa（$25mH_2O$）（暂定）	台	3	1 台备用
3	自动滤水器	PN1.0，DN500	台	1	
4	蓄能水罐	有效容积 10 000m^3	台	1	
热网系统					
5	自动滤水器	PN1.0，DN1000	台	1	
原有系统					
6	凝结水泵	流量：145t/h； 扬程：$165mH_2O$（暂定）	台	1	

七、投资估算与财务评价

1. 投资估算

本项目静态总投资 4988 万元。估算结果表见表 2-66。

表 2-66　　总 投 资 估 算 表　　万元

序号	工程或费用名称	金额
1	热力系统	3595
2	电气系统	284
3	热工控制系统	390
4	其他费用	481
5	基本预备	238
工程静态总投资		4988

2. 经济评价

本经济分析按机组年发电节约标准煤量 0.263 9 万～1.195 6 万 t。年发电量减少 8258.45 万～10 818.6 万 kWh，年厂用电量增加 775.803 万 kWh，年需补水量 47 万 t，改造后调峰电量为 14 882 万～15 523 万 kWh。测算各项评价指标如表 2-67～表 2-69。

此外，为配合本工程进行的“1 号机组低负荷稳燃、宽负荷脱硝及分布喷氨”改造项目，增加静态投资 1300 万元，与本项目合并测算收益率，因此项目静态总投资为6288万元。

（1）效益分析见表2–67。

表2–67　　效益分析表

项目名称	单位	经济指标
项目新增动态投资	万元	6429
内部收益率	%	50.61
净现值	万元	7886.91
投资回收期	年	3.23

（2）敏感性分析见表2–68。本项目分别对投资、调峰电量、售电量在正负10%范围内单因素变动对项目资本金内部收益率的影响进行分析，从分析表可以看出调峰电量为最敏感因素，其次是节煤量、投资为一般敏感因素。

表2–68　　敏感性分析表

项目名称	变化幅度	项目资本金内部收益率（%）
总投资	–10%	59.16
	10%	43.56
调峰电量	–10%	34.43
	10%	67.90
节煤量	–10%	48.86
	10%	52.33

（3）财务评价结论。本工程动态总投资为6429万元，通过测算项目各项评价指均满足财务要求，从敏感性分析表可以看出当投资、调峰电量、售电量在正负10%变化时，项目资本金内部收益率在34.43%～67.90%之间变化，说明本项目具有较强的抗风险能力，较好的盈利能力及清偿能力。

第五节　新型凝抽背供热改造典型案例

案例一　新型凝抽背供热技术在某135MW机组的应用

一、项目概况

某电厂目前在运机组为两台135MW机组（5、6号机组）。2009年4月10日，电厂开工对已建5、6号纯凝机组进行供热改造，以向位于厂区内的供热首站供采暖用抽汽，从而满足2009年城市集中供热区域的增长需求。改造后5、6号机组实现了热电联产。两台135MW供热机组额定热负荷为259.26MW，设计接带供热面积为350万m^2。根据2016年统计数据，电厂实际供热接带面积已达369万m^2，超出设计供热面积19万m^2。

根据城市集中供热专项规划，至2017年供热区域新增供热面积434万m^2，新增热负荷223MW，供热需求远超出现有机组供热能力，亟需进一步进行供热改造以满足外界热负荷需求。为缓解电厂进一步拓展供热市场时的热源不足问题，有效提高现有机组的供热能力、供热经济性和供热安全性，电厂于2017年和2018年分别对5号和6号机组实施凝抽背供热改造。项目完成后，大大提高了电厂的供热水平，强化供热业务板块的话语权，为企业长远健康发展奠定了坚实基础。电厂凝抽背供热改造也响应了国家节能减排政策的号召，并通过提升城市的供热品质造福当地广大人民群众，实现了企业经济效益和社会效益双丰收。

二、热负荷分析

1. 现有供热区域

电厂的供热区域主要包括中心城区和广东工业园区。中心城区由两台135MW供热机组接带，两台机组总设计供热面积约350万m^2，2015年电厂接带中心城区（老城区城西片区）供热面积331万m^2，总热负荷为182MW，2016年两台135MW供热机组实际供热面积达369万m^2，超出设计面积19万m^2，供热情况详见表2-69。广东工业园区由2×14MW供热热水锅炉接带，供热能力32万m^2，现状热负荷为26.17MW。

表2-69　2015年电厂接带中心城区（老城区西片区）供热面积一览表

序号	换热站名称	现状供热面积（万m^2）	现状热负荷（MW）	序号	换热站名称	现状供热面积（万m^2）	现状热负荷（MW）
1	领先站	18.48	10.16	10	哈建站	18.74	10.30
2	邮电站	14.21	7.82	11	兴业站	4.53	2.49
3	碧绿站	17.50	9.62	12	金茂站	8.48	4.66
4	哈钢站	13.90	7.64	13	六中站	10.45	5.75
5	水泥厂站	10.66	5.86	14	阳光站	8.61	4.73
6	技校站	18.16	9.99	15	友谊站	35.34	19.44
7	师范站	9.85	5.42	16	工商站	6.33	3.48
8	盛华站	9.89	5.44	17	兰溪谷站	12.14	6.68
9	物资局站	13.30	7.31	18	正阳站	6.50	3.57

续表

序号	换热站名称	现状供热面积（万 m^2）	现状热负荷（MW）	序号	换热站名称	现状供热面积（万 m^2）	现状热负荷（MW）
19	红山站	8.01	4.40	31	高铁哈密综合维修车间	0.64	0.35
20	科苑城站	18.44	10.14				
21	政府高层	14.59	8.02	32	博丰家居城	3.50	1.93
22	人防大厦	4.16	2.29	33	中石油	0.80	0.44
23	火箭农场换热站	2.22	1.22	34	兴业高层	3.92	2.16
24	福利院	0.00	0.00	35	豫商大厦	3.01	1.66
25	营丰高层	3.61	1.99	36	天润阳高层	3.58	1.97
26	鼎盛天山银座高层	1.74	0.96	37	潞新大厦	2.01	1.11
27	正安高层	2.25	1.24	38	天马商场	2.19	1.21
28	潞新家园	9.02	4.96	39	哈建高层	3.60	1.98
29	鑫阳大厦	1.09	0.60	40	矿山救护队	1.20	0.66
30	摩天高层	4.10	2.26	小计		331	182

2. 供热规划

根据城市总体规划，并结合近、远期热负荷分布及现有供热设施设置，城市共分为三个集中供热片区。其中属于电厂供热区域包括老城区中心区域、广东工业园区、铁路片区、石油基地和火箭农场片区。

石油基地目前由两座集中供热锅炉房供热。1 号锅炉房有 7×14MW 高温水锅炉，供回水温度为 130℃/80℃，最大供热管径为 DN500。2 号锅炉房有 4×14MW 高温水锅炉，供水温度为 130℃/80℃，最大供热管径为 DN400。现状供热面积 204 万 m^2，总热负荷为 112MW。

铁路片区分为道南集中供热片区及道北分散供热片区。道南集中供热片区现有一座区域锅炉房，规模为 3×29MW，道北片区较大的锅炉房有 8 座。现状供热面积为 212 万 m^2，总热负荷为 116MW。

火箭农场现有集中供热锅炉房一座，规模为 145MW，供/回水温度为 130℃/80℃，最大供热管径为 DN600。现状供热面积 150 万 m^2，总热负荷为 84MW。

根据城市集中供热专项规划，至 2017 年，电厂供热区域新增总供热面积 434 万 m^2，新增热负荷 223MW。在新增的 434 万 m^2 供热面积中，城区供热面积为 314 万 m^2，热负荷 163MW；火箭农场供热面积为 120 万 m^2，热负荷为 60MW。

因此，2017 年电厂供热区域内供热面积及热负荷见表 2–70。

表 2–70　　电厂供热区域内热负荷表

序号	项　　目		供热面积（万 m^2）	热负荷（MW）
1	供热现状	城西片区	331	182
2		铁路供热片区	212	116
3		石油基地供热片区	204	112
4		火箭农场片区	150	82
5	2017 年城区新增		314	163
6	2017 年铁路供热片区新增		/	/
7	2017 年石油基地供热片区新增		/	/
8	2017 年火箭农场片区新增		120	60
合计			1331	715

3. 机组供热能力分析

公司现有两台 135MW 纯凝改供热机组，目前两台 135MW 机组的额定抽汽量 2×175t/h，最大抽汽量为 2×200t/h，最大供热能力为 290MW，额定供热能力约 253.75MW，难以满足外界热负荷需求。

根据 5、6 号机组的抽汽实验，当机组电负荷在 110MW 左右，抽汽量在 156t/h 左右时，高压胀差为 0.61mm 左右（报警值为 1.0mm），低压胀差在 5.45mm（报警值在 7.5mm），轴向位移 0.25mm（报警值 1.0mm）。由于采暖季机组负荷受电网调度的影响，机组很难满发，综合考虑机组运行安全性及供热安全性等因素，因此本方案中抽汽量按照 175t/h 进行计算。

根据热平衡图，采暖抽汽流量为 175t/h，排入低压缸蒸汽流量为 130.4t/h，合计为 305.4t/h。目前公司已接待 369 万 m^2 供热面积，高寒期热指标为 55w/m^2，因此高寒期工况下，原接待面积需要消耗采暖抽汽约 286.5t/h，即每台机组抽汽量约为 143.3t/h。考虑到低压缸切除后，必须有少量蒸汽作为冷却用排入低压缸，因此采暖抽汽量剩余 304.3t/h。该 135MW 机组新型凝抽背改造后，两台机组最多可接待新增供热面积约为 391 万 m^2。

三、设计参数

1. 汽轮机

电厂 5、6 号汽轮机为上海汽轮机厂有限公司制造的产品，型号为 N135–13.24/535/535，汽轮机型式：超高压，中间再热反动式，双缸，高中压合缸，双排汽，单轴，反动凝汽式汽轮机。主要技术参数见表 2–71。

表 2-71　　汽轮机主要技术参数

序号	项　　目	单位	参数
1	额定（铭牌）功率	MW	135
2	额定转速	r/min	3000
3	主蒸汽压力	MPa（绝对压力）	13.24
4	主蒸汽温度	℃	535
5	再热热段蒸汽压力	MPa（绝对压力）	2.38
6	再热热段蒸汽温度	℃	535
7	TRL 工况进汽量	t/h	394.5
8	TRL 工况排汽压力	kPa（绝对压力）	4.9
9	冷却水温度	℃	20
10	TRL 工况给水温度	℃	250.2
11	采暖抽汽额定压力	MPa（绝对压力）	0.30
12	最大采暖抽汽量	t/h	200
13	额定采暖抽汽量	t/h	175

2. 热网系统

（1）热网首站。三期两台 135MW 纯凝机组改造为抽汽供热机组后，加热器蒸汽直接由两台 135MW 中低压排汽提供，加热蒸汽采用母管制，接入各个加热器的支管设有蝶阀。

加热蒸汽在加热器内加热循环水后，在加热器内凝结成对应压力下的疏水（温度为 139℃），然后进入疏水箱。疏水箱出水通过疏水泵加压后，经现有机组除氧器凝结水入口管路进入除氧器，在接入凝结水管路处设有调节阀以调节进入两台除氧器的疏水量。疏水泵数量为三台，其中一台备用，每台泵的容量按远期规划疏水量的 50%选取，考虑供热初末期疏水量，设有一台变频器对一台泵进行变频调速，可按照不同疏水量调整水泵流量；疏水泵出水管路采用母管制，在出水母管上设再循环管路以防止疏水泵出现汽蚀，疏水再循环管路接入疏水箱。

（2）厂区热力管网。从主厂房 5、6 号机组引出 2 条采暖蒸汽管道，管径为 DN1000，采暖蒸汽管道沿主厂房北侧进入热网首站。厂区敷设有 2 条高温水管道，其中 1 条供水，1 条回水，采用架空敷设方式，管径为 DN900。随着供热面积的不断扩大，首站新增一台热网加热器，当前总计有热网加热器 4 台。

（3）主要设备规范。首站设备参数见表 2-72。

表 2-72　　首站设备参数表

序号	名称	技术参数	数量
1	热网加热器	进水温度 80℃，1000t/h；出水温度 130℃；加热蒸汽 75t/h，温度 250℃，压力 0.35MPa	3
2	减温减压器	一次蒸汽压力 3.82MPa，温度 450℃，流量 170t/h；二次蒸汽压力 0.35MPa，温度 250℃。减温水压力 4.9MPa，温度 104℃，流量 30t/h	2
3	热网循环水泵	流量 2130t/h，扬程 130m，带液力偶合器	3
4	热网补水泵	流量 77t/h，扬程 8m，带变频调速	2
5	热网疏水泵	流量 165t/h，扬程 110m，其中一台带变频调速	3
6	疏水冷却器	板式，一次水量 75t，温度 139℃；二次水量 150t，温度 75℃，设计压力 2.5MPa	3
7	热网紧急疏水扩容器	$V=7m^3$	1
8	热网疏水箱	$V=25m^3$	1
9	除污器	角式快速除污器，PN2.5，DN900	1

四、技术路线选择

目前对机组进行供热改造的主要技术路线：热泵技术、双转子互换供热技术、低真空供热技术、光轴供热技术以及低压缸切除（新型凝抽背）供热技术。基本比较见表 2-73。

表 2-73　　各供热改造方案初步比较表

项目	热泵技术	双转子互换	低真空供热技术	光轴供热技术	低压缸切除供热技术
主要改造内容	循环水系统、抽汽系统	汽轮机本体、凝汽器、循环水系统	汽轮机本体、凝汽器、循环水系统	汽轮机本体	中低压缸连通管
技术特点	利用抽汽作为驱动回收循环水余热，调节灵活，需新建厂房土建投资大	采暖季更换低压缸转子，每年需开缸两次	夏季工况发电效率低，适用于外界热负荷较大且稳定，对发电影响很大	采暖季更换低压缸转子，每年需要开缸两次，采暖季对发电量影响较大	调节灵活，改动范围小，目前处于推广阶段
目前运用情况	技术成熟，案例多	技术成熟，案例多	技术成熟，多用于小机组	技术较成熟，多用于小机组	目前国内只有较少电厂进行了改造，技术较新，处于推广阶段，需要主机厂家全力配合
投资	大	大	中	中	小
改造周期	6 个月	6 个月	4 个月	3～6 个月	1 个月

根据表 2-73 中初步比较，可以排除双转子互换供热技术和低真空供热技术。双转子互换技术需要重新定制低压缸转子，制作加工周期长，一般需要提前一年排产，即使采用热处理消除转子残存应力，也至少需要 6 个月的周期，与本项目时间节点不符，且投资大。低真空供热技术虽然改造难度小，技术成熟，但是需要外界长期且稳定的热负荷，与电厂现有供热情况不符。

对于光轴供热技术和低压缸切除供热技术，低压缸排汽均从中低压连通管被抽走，仅有最小流量冷却蒸汽进入低压缸作为冷却用，低压缸不再做功，因此光轴供热技术和低压缸切除供热技术对发电量的影响比较大，约为 16.1MW。热泵由于回收低压缸余热对发电量影响较小，约为 5.5MW。

由于铁路、石油基地及火箭农场的供热面积较大，已经超出了电厂的接带能力，因此，在 2×350MW 供热机组缓建的情况下，对目前 2×135MW 机组进行供热能力提升改造已经迫在眉睫。通过分析比较可知，热泵方案、光轴供热方案以及低压缸切除供热方案均能最大限度地发掘现有机组的供热潜力。

热泵方案可做到余热全回收，且对机组发电量影响较小，调节灵活，但是需要新建热泵厂房，土建施工量大，改造周期长。

光轴供热技术土建施工量小，但是需要加工订做光轴，工期长、费用高，即使是现场加工安装等，价格也较高。且每年需要开缸两次，后续维护较麻烦，改造周期长。

低压缸切除供热技术，工程量小，对机组本体改动量小，只需要更换供热蝶阀（外加旁路保证最小冷却流量即可），调节灵活，改造周期短，只需要一个月左右，但需要汽轮机厂家密切配合。

综上所述，低压缸切除供热技术改造量小，工期短，投资回收期短，比较适合电厂实际情况，因此本方案优先推荐低压缸切除供热技术。

五、投资估算与财务评价

1. 投资估算

本工程为电厂供热改造工程，主要改造内容包括低压缸切除系统、汽轮机本体改造、高旁系统改造等工作。工程静态建设投资 3272 万元，建设期贷款利息 34 万元，动态投资 3306 万元。静态投资中，工程费用 2171 万元，其他费用合计 945 万元；基本预备费 156 万元。

总投资估算表见表 2-74。

表 2-74　　总投资估算表　　万元

序号	工程或费用名称	建筑工程费	设备购置费	安装工程费	其他费用	合计	各项占静态投资（%）
一	主辅改造工程	0	201	1970		2171	66.35
1	热力系统	0	160	1670		1830	55.92
2	热工控制系统	0	41	300		341	10.42
小计		0	201	1970		2171	66.35
二	其他费用				945	945	28.89
1	项目建设管理费				70	70	2.14
2	项目建设技术服务费				770	770	23.52
3	整套启动试运费				100	100	3.06
4	生产准备费				6	6	0.18
三	基本预备费				156	156	4.76
	工程静态投资	0	201	1970	1101	3272	100.00
	各项占静态投资（%）	0.00	6.14	60.21	33.65	100.00	
	建设期贷款利息				34	34	
四	项目动态投资	0	201	1970	1135	3306	
	铺底流动资金				135	135	
五	项目总资金	0	201	1970	1270	3441	

2. 财务评价

本工程静态投资 3272 万元，建设期贷款利息 34 万元，工程动态投资 3306 万元。项目资本金比例为项目总投资的 30%，其余资金为项目融资，融资按银行贷款考虑，贷款利率按照近五年平均利率 6.02%考虑。按照等额还本付息方式进行还款，还款期 15 年，宽限期 1 年。

本改造工程主要收益为新增供热面积带来的收益。采暖季趸售热量为 149.5 万 GJ，趸售热价 15 元/GJ，共计 2242.5 万元。

对本项目改造方案和投资估算进行财务评价。具体财务指标见表 2-75。

表 2-75　　财务评价指标表

项目名称		单位	经济指标
项目投资	内部收益率	%	20.8
	净现值	万元（I_e=10%）	2658.74
	投资回收期	年	5.29

经过计算，项目投资的内部收益率为 20.8%，投资回收期为 5.29 年。敏感性分析结果显示，静态投资、热价、煤价分别调整正负 10%和 5%时，项目投资内部收益率在 17.00%～24.47%之间，项目资本金内部收益率在 35.93%～59.67%之间，资本金净利润率在 47.18%～76.54%之间，可见项目抗风险能力较强。

六、性能试验与运行情况

为掌握 5、6 号机组凝抽背供热改造后的热力性能，对 5、6 号机组进行了热耗试验。性能试验现场工作于 2019 年 3 月 3 日～5 日顺利完成，根据试验方案，完成了 6 号机组电负荷在 80、75、65、55、45MW 五个工况下的热耗试验，5 号机组电负荷在 75、65、55、45MW 四个工况下的热耗试验。主要计算结果见表 2－76 和表 2－77。

表 2－76　　5 号机组试验主要计算结果

序号	项　目	5 号 45MW	5 号 55MW	5 号 65MW	5 号 75MW
1	主蒸汽母管蒸汽焓值（kJ/kg）	3466.54	3455.08	3432.46	3405.88
2	高压缸排汽焓值（kJ/kg）	3049.16	3044.92	3027.55	3009.51
3	再热器母管蒸汽焓值（kJ/kg）	3527.65	3534.29	3529.46	3533.17
4	中压缸排汽焓值（kJ/kg）	2913.72	2913.05	2911.76	2915.76
5	1 号高压加热器进汽焓值（kJ/kg）	3122.59	3120.16	3101.42	3081.54
6	2 号高压加热器进汽焓值（kJ/kg）	3051.32	3047.93	3029.78	3012.31
7	中间抽头焓值（kJ/kg）	594.88	612.13	632.54	665.78
8	给水泵出口焓值（kJ/kg）	598.21	615.93	636.91	670.50
9	锅炉给水焓值（kJ/kg）	898.03	936.23	968.79	998.00
10	1 号高压加热器出水焓值（kJ/kg）	898.03	936.23	968.79	998.00
11	2 号高压加热器出水焓值（kJ/kg）	816.38	848.39	875.33	902.62
12	1 号高压加热器疏水焓值（kJ/kg）	763.19	807.57	834.40	863.68
13	2 号高压加热器进水焓值（kJ/kg）	598.27	615.96	636.90	670.45
14	2 号高压加热器疏水焓值（kJ/kg）	675.57	706.08	741.15	763.19
15	供热疏水焓值（kJ/kg）	362.25	398.02	402.23	423.32
16	过热减温水流量（t/h）	12.20	6.53	5.78	0.00
17	再热减温水流量（t/h）	0.00	0.00	0.00	0.02
18	主给水流量（t/h）	214.48	262.20	309.07	359.00
19	抽汽流量（t/h）	184.00	214.40	247.20	278.70
20	锅炉给水吸热量（kJ/s）	153 022.70	183 456.74	211 513.81	240 118.61
21	过热减温水吸热量（kJ/s）	9716.88	5150.52	4489.91	0.00

续表

序号	项　　目	5 号 45MW	5 号 55MW	5 号 65MW	5 号 75MW
22	冷再抽汽吸热量（kJ/s）	26 514.09	31 622.70	37 611.39	44 556.84
23	再热器减温水吸热量（kJ/s）	0.00	0.00	0.00	12.09
24	供热抽汽带走的热量（kJ/s）	130 408.61	149 784.32	172 321.07	192 956.75
25	发电量（kW）	45 000.00	55 000.00	65 000.00	75 000.00
26	供热量（MW）	130.41	149.78	172.32	192.96
27	汽轮机热耗率（kJ/kWh）	4707.60	4610.99	4502.44	4403.08
28	发电煤耗（g/kWh）	182.12	178.38	174.18	170.34
29	厂用电率	0.10	0.10	0.10	0.10
30	供电煤耗（g/kWh）	202.36	198.20	193.54	189.27

表 2-77　　　　6 号机组试验主要计算结果

序号	项　　目	6 号 45MW	6 号 55MW	6 号 65MW	6 号 75MW	6 号 80MW
1	主蒸汽母管蒸汽焓值（kJ/kg）	3467.71	3453.15	3430.73	3426.06	3422.20
2	高压缸排汽焓值（kJ/kg）	3044.50	3043.73	3050.96	3060.29	3071.67
3	再热器母管蒸汽焓值（kJ/kg）	3527.43	3533.87	3489.80	3507.86	3520.98
4	中压缸排汽焓值（kJ/kg）	2880.24	2873.47	2853.85	2908.45	2877.54
5	1 号高压加热器进汽焓值（kJ/kg）	3098.20	3098.53	3106.59	3116.49	3126.04
6	2 号高压加热器进汽焓值（kJ/kg）	3032.93	3033.24	3039.91	3049.35	3060.47
7	中间抽头焓值（kJ/kg）	596.51	625.35	638.17	656.73	669.42
8	给水泵出口焓值（kJ/kg）	617.01	629.24	642.54	661.35	673.99
9	锅炉给水焓值（kJ/kg）	896.21	955.46	993.58	1024.08	1041.87
10	1 号高压加热器出水焓值（kJ/kg）	896.21	955.46	993.58	1024.08	1041.87
11	2 号高压加热器出水焓值（kJ/kg）	804.49	834.20	866.55	893.19	910.15
12	1 号高压加热器疏水焓值（kJ/kg）	763.19	807.57	727.97	658.21	732.36
13	2 号高压加热器进水焓值（kJ/kg）	599.87	629.17	642.45	661.23	673.88
14	2 号高压加热器疏水焓值（kJ/kg）	675.57	706.08	525.06	512.29	563.49
15	供热疏水焓值（kJ/kg）	362.25	398.02	406.45	410.66	423.32
16	过热减温水流量（t/h）	12.20	6.57	5.16	1.60	25.45
17	再热减温水流量（t/h）	0.00	0.00	0.11	0.28	0.72
18	主给水流量（t/h）	213.50	261.30	310.00	359.00	362.00
19	抽汽流量（t/h）	185.20	214.00	243.60	270.20	300.90
20	锅炉给水吸热量（kJ/s）	152 504.24	181 290.84	209 865.02	239 530.51	239 355.16

续表

序号	项目	6 号 45MW	6 号 55MW	6 号 65MW	6 号 75MW	6 号 80MW
21	过热减温水吸热量（kJ/s）	9657.17	5150.26	3999.51	1228.76	19 426.04
22	冷再抽汽吸热量（kJ/s）	26 653.90	31 429.93	32 987.71	38 336.48	41 548.02
23	再热器减温水吸热量（kJ/s）	0.00	0.00	87.87	224.94	570.94
24	供热抽汽带走的热量（kJ/s）	129 536.75	147 151.95	165 607.74	187 472.80	205 131.67
25	发电量（kW）	45 000.00	55 000.00	65 000.00	75 000.00	80 000.00
26	供热量（MW）	129.54	147.15	165.61	187.47	205.13
27	汽轮机热耗率（kJ/kWh）	4742.28	4628.89	4504.56	4408.70	4309.58
28	发电煤耗（g/kWh）	183.46	179.08	174.27	170.56	166.72
29	厂用电率	0.10	0.10	0.10	0.10	0.10
30	供电煤耗（g/kWh）	203.85	198.97	193.63	189.51	185.25

5 号机组切除低压缸背压供热运行时，电负荷为 45MW 的工况下，汽轮机背压供热量为 130.41MW，热耗率为 4707.60kJ/kWh，机组发电煤耗率为 182.12g/kWh，机组供电煤耗率 202.36g/kWh；电负荷为 55MW 的工况下，汽轮机背压供热量为 149.78MW，热耗率为 4610.99kJ/kWh，机组发电煤耗率为 178.38g/kWh；机组供电煤耗率 198.20g/kWh；电负荷为 65MW 的工况下，汽轮机背压供热量为 172.32MW，热耗率为 4502.44kJ/kWh，机组发电煤耗率为 174.18g/kWh；机组供电煤耗率 193.54g/kWh；电负荷为 75MW 的工况下，汽轮机背压供热量为 192.96MW，热耗率为 4403.08kJ/kWh，机组发电煤耗率为 170.34g/kWh。机组供电煤耗率 189.27g/kWh。

6 号机组切除低压缸背压供热运行时，电负荷为 45MW 的工况下，汽轮机背压供热量为 129.54MW，热耗率为 4742.28kJ/kWh，机组发电煤耗率为 183.46g/kWh，机组供电煤耗率 203.85g/kWh；电负荷为 55MW 的工况下，汽轮机背压供热量为 147.15MW，热耗率为 4628.89kJ/kWh，机组发电煤耗率为 179.08g/kWh，机组供电煤耗率 198.97g/kWh；电负荷为 65MW 的工况下，汽轮机背压供热量为 165.61MW，热耗率为 4504.56kJ/kWh，机组发电煤耗率为 174.27g/kWh，机组供电煤耗率 193.63g/kWh；电负荷为 75MW 的工况下，汽轮机背压供热量为 187.47MW，热耗率为 4408.70kJ/kWh，机组发电煤耗率为 170.56g/kWh，机组供电煤耗率 189.51g/kWh；电负荷为 80MW 的工况下，汽轮机背压供热量为 205.13MW，热耗率为 4309.58kJ/kWh，机组发电煤耗率为 166.72g/kWh，机组供电煤耗率 185.25g/kWh。

案例二 新型凝抽背供热技术在某 200MW 机组的应用

一、项目概况

某电厂 2007 年新建 2×200MW“以大代小”供热工程，机组采用哈汽生产的超高压一次中间再热双缸双排汽双抽凝汽供热式汽轮机，承担该地区部分居民供暖和企业生产用蒸汽。

2015 年 5 月 20 日，该区召开“蓝天行动”动员大会，根据区域政府推出的《蓝天行动实施方案（2015～2017 年）》，将开展 20t/h 以下分散采暖燃煤锅炉拆除联网工程。2015 年制定完成拆除计划并向社会公示，当年拆除 1 座 20t/h 以下燃煤锅炉房，2017 年完成所有 20t/h 以下燃煤采暖锅炉房的拆除任务。随着地区的经济发展和城市建设，热负荷增长较快，目前已分批由该电厂进行接带，随着小锅炉供热的逐渐取缔和当地城市建设的发展，该厂供热接带面积还将快速增长。

近年来，随着新能源装机并网发电的持续快速发展，火电机组和新能源（如水电、风电）矛盾日益突出，部分地区出现了严重的弃风问题。以三北地区为例，由于冬季民用取暖需要，热电联产受制于热电比，为了保证供热，机组必须有较高的电负荷，热电无法解耦时，机组不能深度调峰，强迫出力上升，导致弃风现象非常严重，成为制约风电和光伏等新能源发展的关键因素。风电和太阳能的波动给火电灵活性带来需求，火电灵活性改造后总体环境效益会有较大提高，尤其低碳承诺使非水可再生能源快速发展，火电机组调峰运行成为消纳的主要手段。

为缓解电厂进一步拓展供热市场热源不足的问题，有效提高现有机组的供热能力和调峰能力，电厂最终决定实施 2 号机组新型凝抽背供热改造。

二、热负荷分析

1. 设计热负荷指标

根据该地区现有供热建筑物统计汇总得出不同建筑物的热指标为：居民住宅 45W/m^2、公共建筑 66W/m^2，住宅与公建比例为 76.03∶23.97，综合热指标 50W/m^2。

2. 供热现状

（1）采暖热负荷现状分析。该电厂为网源一体企业，2016 年，电厂下辖换热站数量为 23 座，供热总户数 6 万余户，供暖管网总长度 250km，供暖半径 10km。工业蒸汽用户 17 家，最远供汽距离约 7km。

2016～2017 年采暖季接入供热面积约 550 万 m^2。供热初期实际热水网供/回水温度为 61/42℃，高寒期实际热水网供/回水温度为 86/56℃，全厂全年供热量约 386 万 GJ。

（2）工业供汽负荷现状分析。工业用汽由厂内两台 200MW 汽轮机三级抽汽口抽出，经减温器减温后供出，三段抽汽设计参数为 0.981MPa，420℃。

对电厂 2016 年 11 月 2 号至 2017 年 2 月 28 号工业供汽量进行统计分析，在该段采暖季期间，工业抽汽热负荷最大 150t/h，平均 100t/h，最小 56t/h。工业供汽的平均参数约为 0.8MPa，300℃。从图 2－14 中可以看出，工业供汽量有时波动相对较大，变化比较频繁。

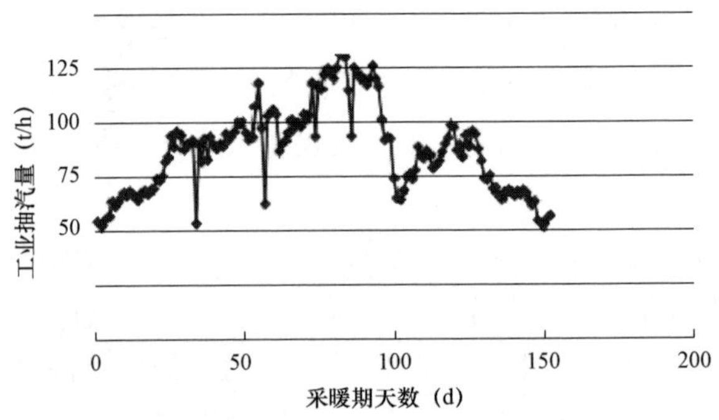

图 2－14　2016 年 11 月至 2017 年 2 月工业供热汽量统计

3. 供热规划

远期来说，结合该区域整体规划，公司在区域内有着较大发展空间，其中：某区域建设面积 1930 万 m^2，其中需要供热面积达到 1730 万 m^2；某地区未来规划建设面积 1100 万 m^2，其中已签署供热协议 450 万 m^2，已有供热面积 110 万 m^2，未来尚有 650 万 m^2 的发展空间。

4. 供热可靠性分析

改造前后机组供热能力对比见表 2－78 和表 2－79。

表 2－78　改造前 1、2 机组供热能力

机组		额定抽汽参数		抽汽量		供热能力		可供面积	
		压力（MPa）	温度（℃）	最大（t/h）	额定（t/h）	最大（MW）	额定（MW）	最大（万 m^2）	额定（万 m^2）
1、2号机	采暖抽汽供热	0.245	259	2×420	2×290	2×284.8	2×196.5	2×569.5	2×393
	工业抽汽	0.981	419.5	2×360	2×56	—	—	—	—

表 2–79　　改造后 1、2 机组供热能力

机组		额定抽汽参数		抽汽量		供热能力		供热面积	
		压力（MPa）	温度（℃）	最大（t/h）	额定（t/h）	最大（MW）	额定（MW）	最大（万 m^2）	额定（万 m^2）
采暖抽汽	1 号机	0.245	259	420	290	284.8	196.5	569.5	393
	2 号机			420＋130	290＋143	284.8＋88.1	196.5＋97.0	745.8	587
	1、2 号机合计			970	723	657.7	490	1315.3	980
工业抽汽	1 号机	0.981	419.5	360	56	—	—	—	—
	2 号机			360	56	—	—	—	—
	1、2 号机合计			720	112	—	—	—	—

本项目对 2 号机进行切低压缸供热改造，高中压缸背压运行，将冷端损失降到最低，大幅提高能源利用效率。且 2 号机切缸运行工况灵活，可以实现在抽汽供热和背压工况之间切换，对机组供热安全没有影响。

2017 年，对全厂两台机组工业抽汽量进行统计分析，近期工业抽汽热负荷最大 150t/h，平均 100t/h，最小 56t/h。按照 100%满足工业抽汽量考虑，则需要满足 150t/h 工业抽汽量。

根据汽轮机厂提供的热平衡图，在保证工业抽汽 150t/h 时，机组的额定采暖抽汽量为 247t/h，最大抽汽量为 308t/h。两台机组在满足工业供汽和厂用汽的基础上最大采暖供汽量 826.4t/h，折合供热能力为 564.9MW，按照采暖热指标 50W/m^2 计算，可供热面积约 1129.7 万 m^2。

当 2 号机组停运时，1 号机组在保证必须工业热负荷 150t/h 的情况下，单机最大采暖抽汽量为 308t/h，扣除厂用汽后采暖抽汽量为 281.2t/h，供热能力为 190.7MW，可供面积为 381.4 万 m^2。全厂汽量平衡见表 2–80。

表 2–80　　全 厂 汽 量 平 衡 表

工　况	需求最大采暖抽汽量（t/h）	全厂采暖最大抽汽量（t/h）	采暖抽汽汽量平衡（t/h）	需求最大工业抽汽量（t/h）	全厂工业最大抽汽量（t/h）	工业抽汽生水加热等耗汽（t/h）
两台机正常运行	405.6	405.6	0	150	150	26.8
一台运行，一台大修或事故停机（最大供热能力机组事故）	405.6	281.2	－124.4	150	150	26.8

按照 2017 年电厂供热面积 550 万 m^2 计算，当一台机组发生故障时，在不影响工业热负荷的情况下，最大能满足外界 69.3%的供热需求，满足设计规范关于

事故工况下最低供热保障率的要求。

三、设计参数

1. 锅炉

锅炉为自然循环单汽包循环流化床锅炉，超高压，一次中间再热，紧身封闭，固态排渣，全钢构架，受热面采用全悬吊方式。锅炉技术规范见表 2–81。

表 2–81　　锅炉技术规范

项目	单位	内容
型式		超高压一次中间再热循环流化床锅炉
额定蒸发量	t/h	745
过热蒸汽压力	MPa	13.7
过热蒸汽温度	℃	540℃
再热蒸汽流量	t/h	611
再热器蒸汽入口压力	MPa	2.55
再热器蒸汽入口温度	℃	318
再热器蒸汽出口压力	MPa	2.35
再热器蒸汽出口温度	℃	540
汽包工作压力	MPa	15.1
给水温度	℃	249
排烟温度	℃	137
锅炉效率	%	90.76
生产厂家	无锡华光锅炉股份有限公司	

2. 汽轮机

汽轮机技术规范见表 2–82。

表 2–82　　汽轮机技术规范

项目	单位	内容
型号		CC150/N220 – 12.75/0.981/0.245
型式		超高压中间再热双缸双排汽抽汽凝汽供热式汽轮机
额定功率（抽汽/冷凝）	MW	150/220
主蒸汽额定压力	MPa（绝对压力）	12.75
主蒸汽额定温度	℃	535

续表

项目	单位	内容
主蒸汽额定流量（抽汽/冷凝）	t/h	745/659.44
再热蒸汽进汽压力（抽汽/冷凝）	MPa（绝对压力）	2.543/2.504
再热蒸汽进汽温度	℃	535
再热蒸汽流量（抽汽/冷凝）	t/h	547.32/544.8
工业抽汽额定压力	MPa（绝对压力）	0.981
最大工业抽汽量	t/h	360
额定工业抽汽量	t/h	56
采暖抽汽额定压力	MPa（绝对压力）	0.245
最大采暖抽汽量	t/h	420
额定采暖抽汽量	t/h	290
冷却水温度（设计水温）	℃	20
最高冷却水温	℃	33
额定背压	MPa（绝对压力）	0.004 9
维持额定出力的最高背压	MPa（绝对压力）	0.011 8
额定转速	r/min	3000
最终给水温度（冷凝）	℃	249
生产厂家	哈尔滨汽轮机厂有限责任公司	

3. 发电机

发电机技术规范见表 2–83。

表 2–83 发电机技术规范

项目	单位	内容
型号		WX23Z–109
额定功率	MW	220
最大连续功率	MW	240
额定电压	KV	18
电流	A	7547
功率因素		0.85（滞后）
短路比（保证值）		≥0.5

续表

项目	单位	内容
效率（保证值）		≥98.8%
频率	Hz	50
转速	r/min	3000
冷却方式		空冷
励磁方式		自并励静态励磁
生产厂家	山东济南发电设备厂	

4. 凝汽器

凝汽器技术规范见表 2-84。

表 2-84　凝汽器技术规范

项目		单位	内容
型号			N-14100-1
冷却面积		m^2	14 100
冷却水	压力	MPa	0.35
	温度	℃	20
	流量	t/h	29 475
低缸排汽	压力	kPa（绝对压力）	4.9
	流量	t/h	—
冷却倍率			—
流程			—
水阻		kPa	—
管数		根	17 246

5. 凝结水泵

（1）机组配置：凝结水泵 3 台，其中 2 台运行，1 台备用。

（2）运行方式：凝结水泵能满足机组各种运行工况。当运行泵事故跳闸时，备用泵能自动投入运行。为了满足启动、停机以及试验条件下的特殊要求，能就地手动操作，并设有单元控制室控制接口。

（3）凝结水泵技术规范见表 2-85。

表 2–85　　凝结水泵技术规范

项目	单位	凝结水泵
型号		QNLPD300－220
进水温度	℃	32.5
进水压力	kPa	～22
流量	m^3/h	298
扬程	m	224.4
效率	%	81
必需汽蚀余量	m	1.6
转速	r/min	1480
出水压力	MPa	2.222
设计压力	MPa	2.5
耐压试验压力	MPa	4.0
最小流量	t/h	65
最小流量扬程	m	268
关闭压头	m	268.5
轴功率	kW	224.7
生产厂家	沈阳启源工业泵制造有限公司	

6. 循环水系统

电厂每台 200MW 级汽轮发电机组凝汽器冷却水配置 2 台循环水泵，为循环式供水，系统采用扩大单元制，冷却设施为自然通风冷却塔，即一机二泵一塔扩大单元供水系统。

循环水泵运行工况要求：夏季工况每台汽轮机组的 2 台水泵并联运行，冬季工况为 1 台泵运行（1 年中两台水泵并联运行工况约为 7 个月，1 台泵运行工况约为 5 月）。循环水泵技术规范见表 2–86。

表 2–86　　循环水泵技术规范

项目	单位	内容		
泵型号		1400HLC－22		
泵型式		立式斜流泵		
运行工况		热季两台水泵并联运行	（最高效率点）	冷季单台泵运行
流量	m^3/s	4.0	4.2	4.76

续表

项目	单位	内容		
扬程	m	23	21.5	17.5
转速	r/min	485		
水泵比转速	—	337.2	367.2	451.7
效率	%	84.5	87	86
轴功率	kW	1033.2	1008.3	959
最小汽蚀余量	m	8.5	8.7	10.5
最小淹深	m	2.2		
关闭水头	m	38		
最大反转转速	r/min	582		
轴的临界转速	r/min	700		
生产厂家	上海水泵制造有限公司			

7. 给水泵

（1）机组配置：100%容量电动给水泵组 2 台。

（2）运行方式：

1）在机组正常运行工况下，主给水泵组（25%～90%）调速运行时，能满足汽轮机低负荷至最大负荷给水参数的要求。

2）在主泵事故状态下，备用给水泵组（25%～90%）调速运行时，能满足机组事故状态下机组给水参数的要求。

3）在机组启动状态下，备用给水泵组调速运行时，能满足启动状态下机组给水参数的要求。

（3）给水泵技术规范见表 2–87。

表 2–87　　给水泵技术规范

项目	单位	运行工况			
		额定（保证效率点）	最大流量	单泵最大流量	单泵最小流量
泵型号		200TSBII–J			
进水温度	℃	177.7	177.7	177.7	177.7
进水压力	MPa（绝对压力）	1.117	1.115	1.115	1.117
进水流量	t/h	686	854.5	854.5	190

续表

项目		单位	运行工况			
			额定（保证效率点）	最大流量	单泵最大流量	单泵最小流量
出水流量		t/h	656	819.5	819.5	160
扬程		m	1795	1859	1859	1795
效率		%	82	83.5	83.5	58
必需汽浊余量		m	6	6.5	6.5	3.1
密封型式			自循环式机械密封			
转速		r/min	5000	5200	5200	4150
出水压力		MPa（绝对压力）	16.92	17.48	17.48	16.92
轴功率		kW	3980	5050	5050	1449
抽头压力		MPa（绝对压力）	7.44	7.66	7.66	7.44
抽头流量		t/h	30	35	35	30
轴振		mm	≤0.05			
接口法兰公称压力	进口	MPa	2.5			
	抽头	MPa	10			
	出口	MPa	25			
驱动方式		电动机+液力偶合器驱动				
生产厂家		郑州电力机械厂				

四、技术路线选择或方案比选

目前对机组进行供热改造主要的技术路线热泵技术、双转子互换供热技术、低真空供热技术、光轴供热技术以及切低压缸供热技术。基本比较见表 2–88。

表 2–88　各供热改造方案比选表

项目	热泵技术	双转子互换	直接低真空供热技术	单转子低真空供热技术	光轴供热技术	切低压缸供热技术
主要改造内容	循环水系统，抽汽系统；	汽轮机本体，凝汽器，循环水系统	凝汽器，循环水系统	汽轮机本体，凝汽器，循环水系统	汽机本体	中低压缸连通管
技术特点	利用抽汽作为驱动回收循环水余热，调节灵活，需新建厂房土建投资大	采暖季更换低压缸转子，每年需开缸两次	改造少，技术简单，经济效益好，但是二次网温度太低，难以满足用户要求	夏季工况发电效率低，适用于外界热负荷较大且稳定，对发电影响很大	采暖季更换低压缸转子，每年需要开缸两次	调节灵活，改动范围小，目前处于推广阶段

续表

项目	热泵技术	双转子互换	直接低真空供热技术	单转子低真空供热技术	光轴供热技术	切低压缸供热技术
目前运用情况	技术成熟案例多	技术成熟，案例多	技术成熟，案例很多，多用于100MW以下小机组	技术成熟，多用于小机组	技术较成熟，多用于小机组	目前国内只有少数电厂进行了改造，技术较新，处于推广阶段，需要主机厂家全力配合
投资	大	大	中	中	中	小

根据表2-88中初步比较，可以排除双转子互换供热技术和低真空供热技术。双转子互换技术需要重新定制低压缸转子，制作加工周期长，一般需要提前一年排产，即使采用热处理消除转子残存应力，也至少需要6个月的周期，且投资大。低真空供热技术虽然改造难度小，技术成熟，但是需要外界长期且稳定的热负荷，并对发电影响较大，与电厂现有供热情况不符合。

光轴供热技术和切低压缸供热技术蒸汽均从中低压连通管被抽走，仅有最小冷却流量进入低压缸作为冷却用，低压缸不再做功，因此光轴供热技术和切低压缸供热技术对发电量的影响比较大，热泵由于回收低压缸余热对发电量影响较小。

通过分析比较可知，热泵方案、光轴供热方案以及切低压缸供热方案均能最大限度地发掘现有机组的供热潜力。

热泵方案可做到余热全回收，且对机组发电量影响较小，调节灵活，但是需要新建热泵厂房，土建施工量大，改造周期长。

光轴供热技术土建施工量小，但是需要加工订做光轴，工期长，费用高，即使是现场加工安装等，也需要较高费用。且每年需要开缸两次，后续维护较麻烦，改造周期长。

切低压缸供热技术，工程量小，对机组本体改动量小，只需要更换供热蝶阀（外加旁路保证最小冷却流量即可），调节灵活，改造周期短，只需要一个月左右。

综上所述，切低压缸供热技术改造量小，工期短，投资小，因此本方案优先推荐切低压缸供热技术。

五、投资估算与财务评价

1. 投资估算

静态建设投资：1760万元。建设期贷款利息：37万元。工程动态投资：1797万元。静态投资中，建安设备费合计1165万元；其他费用511万元，基本预备费84万元。投资估算表见表2-89。

表 2–89　　总投资估算表　　万元

序号	工程或费用名称	建筑工程费	设备购置费	安装工程费	其他费用	合计	各项占静态投资（%）
一	切低压缸供热改造	48	253	864		1165	63.18
1	热力系统	48	217	832		1097	59.49
2	热工控制系统		36	32		68	3.69
二	其他费用				511	511	29.04
1	项目管理费				57	57	3.23
2	项目技术服务费				454	454	25.81
3	整套启动调试费				0	0	0.00
三	基本预备费				84	84	4.76
	工程静态投资	48	253	864	595	1760	100.00
	各项占静态投资（%）	2.73	14.39	49.08	33.80	100.00	
四	工程动态费用				37	37	
1	建设期贷款利息				37	37	
	项目建设总费用（动态投资）	48	253	864	632	1797	
	各项占动态投资（%）	2.67	14.10	48.07	35.17	100.00	

2. 财务评价

本改造工程静态投资 1760 万元，建设期贷款利息 37 万元，工程动态投资 1797 万元。其中总投资投资 70%贷款，其余 30%自筹，还款以等额本金方式，15 年还清。本改造工程静态投资 1760 万元，建设期贷款利息 37 万元，工程动态投资 1797 万元。经过计算，项目投资的内部收益率为 19.38%，投资回收期为 5.35 年；项目资本金的内部收益率 50.03%。项目投资盈利能力较强。

六、性能试验与运行情况

该电厂 2 号机组于 2017 年 11 月采暖季开始便进行了切除低压缸进汽试验，在保证供热的前提下机组发电负荷降到了 50MW。2 号机组于 2018 年 6 月（连续运行一个供热季后）和 2019 年 6 月（连续运行两个供热季后）进行了两次开缸检查，如图 2–15 所示。包括叶片、转子以及隔板等结构部件均无进一步明显损伤，试验证实，2 号机组切除低压缸进汽改造项目是成功的，在相同供热能力的前提下，通过切除低压缸进汽，深度降低了机组的发电负荷，极大地扩大了机组的运行灵活性。

图 2-15　采暖季结束开缸检查

案例三　新型凝抽背供热技术在某 300MW 机组的应用

一、项目概况

某电厂规划容量为 4×300MW 级亚临界一次中间再热供热机组，一期建设规模为 2×300MW 级亚临界一次中间再热供热机组。机组设计最大抽汽流量为 550t/h，额定采暖抽汽流量 340t/h，采暖抽汽压力可调整，最大采暖抽汽压力为 0.49MPa（绝对压力）。

截至 2017 年 12 月底，该电厂总挂网供热面积为 2270.30 万 m^2，实供面积达到 1596.84 万 m^2。

根据当前供热发展，2020 年电厂实供面积将达到 1880 万 m^2，厂内热源将面临极大供热压力。因此计划在厂内实施热源侧供热能力及其可靠性提升改造项目，具体包含 2 号机组新型凝抽背供热改造工程和热网首站扩容改造，提升电厂供热能力和供热可靠性。

二、热负荷分析

1. 设计热负荷指标

该电厂所在城市的设计采暖热指标可根据 CJJ 34—2010《城镇供热管网设计规范》选取推荐范围内的下限值。虽然近几年国家正大力推广节能建筑和老建筑的节能保温改造措施，但考虑到城市目前节能建筑所占的比例有限，热负荷指标可选范围内的中间值。

住宅热指标：老住宅 $q=46W/m^2$，新住宅 $q=40W/m^2$。到 2017 年，新老住宅建筑面积按 1:1 考虑，则住宅 $q=43W/m^2$。

公建热指标：老公建 $q=65W/m^2$，新公建 $q=60W/m^2$。到 2017 年，新老公建建筑面积按 2:3 考虑，则公建 $q=62W/m^2$。

以上采暖热负荷指标均在对流采暖系统下选取，而根据 JGJ 142—2004《地面辐射供暖技术规程》规定，地面辐射供暖系统的热负荷取对流供暖系统的 90%。据统计，该城市地暖占全部面积约 40%，散热占约 60%，其余采暖方式所占比例很小，可忽略不计。则住宅热指标为 41.28W/m²，则公建热指标为 59.52W/m²。

参考相关资料，本次住宅建筑面积与公建建筑面积按 7:3 考虑。则平均综合热指标为 46.752W/m²，本方案选取热负荷指标为 47W/m²。

2. 电厂供热能力

厂内两台 300MW 抽汽供热机组单机设计最大抽汽流量为 550t/h，额定采暖抽汽流量 340t/h，采暖抽汽压力可调整，最大采暖抽汽压力为 0.49MPa（绝对压力），全厂两台机组设计供热能力为 705.6MW，折合供热面积 1501.2 万 m²。1 号机已于 2015 年进行吸收式热泵回收循环水余热改造，可回收余热 130.91MW，可接待供热面积 278 万 m²。厂内目前总的设计供热能力为 836.51MW，可接待供热面积为 1780 万 m²（在机组负荷 266.6MW 时 550t/h 抽汽量下，若机组负荷低供热则不能满足），此外，电厂通过第三方投资在厂内建设 260MW 电蓄热锅炉，放热期间电锅炉供热能力 72MW，并于 2017 年 3 月投产运行，此次供热改造工程电锅炉不作为基础热源计入，仅作为危急时刻保供热安全时的备用手段，因此厂内热源供热能力具体计算见表 2–90。

表 2–90　　采暖抽汽供热能力计算表

项目	单位	单台机组采暖抽汽					
主进汽量	t/h	1025	1025	1025	1025	1025	1025
抽汽流量	t/h	340	340	550	550	600	600
抽汽压力	MPa	0.29	0.49	0.29	0.49	0.29	0.49
抽汽温度	℃	200	250	200	250	200	250
抽汽焓值	KJ/kg	2866.441	2961.475	2866.441	2961.475	2866.441	2961.475
疏水焓值	KJ/kg	557	636.9	557	636.9	557	636.9
供热量	MW	218.113 8	219.543 2	352.831 2	355.143 4	384.906 8	387.429 1
功率	kW	313.6	300.3	279.3	264.5	271.7	269.5

3. 厂外锅炉房供热能力

厂外有分散锅炉房热水炉多处，较大的有文安 160t/h 锅炉房，北二道 120t/h 锅炉房和保利 60t/h 锅炉房，3 处锅炉房总共供热能力为 245MW。

其中有部分热水炉未进行脱硫除尘等环保改造，不能作为事故状态下紧急备用热源使用。根据电厂提供数据，新区 4 台热水炉中仅 80t/h 锅炉有环保设施，其余三台均无环保装置，北二道锅炉房 3 台 40t/h 锅炉建有环保装置，保利锅炉房两台锅炉（1 台 40t/h 和 1 台 20t/h）无环保装置。扣除未环保改造的锅炉房后，剩余锅炉房总供热能力为 145MW。

电厂所有热源的供热能力之和为 1081.49MW，折合供热面积为 2301 万 m^2。扣除未进行环保改造的热水炉后，总供热能力为 981.5MW，折合供热面积 2088.3 万 m^2。

4. 供热现状

电厂所有采暖供热为直供方式。据热力公司最新统计，截至 2017 采暖季结束，电厂总挂网面积为 2270.30 万 m^2，实供面积达到 1596.84 万 m^2，实供率为 70.34%。

采暖供热分一、二期单元制方式运行，一期由 1 号机接待，二期由 2 号机接待。设计市区采暖热网一期回水先进入热泵加热至 75℃后再回到 1 号机热网换热器，用 0.292MPa（绝对压力）蒸汽加热到 120℃后外供市区采暖热网一期；市区采暖热网二期回水回到 2 号机热网换热器，用 0.292MPa.a 蒸汽加热到 120℃后外供市区采暖热网二期。

表 2-91 为 2017～2018 年市区供热实际运行数据。

表 2-91　　2017～2018 年实际供热数据

项目	一期			二期		
	2017 年 11 月	2017 年 12 月	2018 年 1 月	2017 年 11 月	2017 年 12 月	2018 年 1 月
供水流量（t/h）	8000	8400	9100	6000	6300	8200
供水压力（MPa）	0.95	0.98	1.13	0.69	0.73	0.79
供水温度（℃）	73.4	73.4	86	73.4	73.4	81
供水焓值（KJ/kg）	308.0	308.0	361.0	307.8	307.8	339.7
回水压力（MPa）	0.37	0.39	0.33	0.37	0.39	0.38
回水温度（℃）	46.3	49	53	46.3	49	50
回水焓值（KJ/kg）	194.2	205.5	222.1	194.2	205.5	209.7
供热量（MW）	252.9	239.3	351.0	189.4	179.1	296.3

5. 供热规划

（1）近期供热规划分析。随着城市建设的发展以及小锅炉房的逐步取代，电厂每年都有大量新接入面积。经下辖热力公司统计，2018～2019 年确定新增挂网面积总计为 96 万 m^2，按老城区实供率 75.66%、新城区实供率 50.05%计算，2018～2019 年新增实供面积为 69 万 m^2，热负荷约 32.4MW，其中一期热网新增实供面积为 42 万 m^2，二期热网新增实供面积为 27 万 m^2。

待 2018～2019 年新增热负荷达产后，电厂总挂网面积将达到 2366 万 m^2，热负荷为 1112MW；实供面积达到 1665.84 万 m^2，热负荷为 782.94MW。

（2）中期热负荷分析。根据热力公司的规划统计，预计 2018～2021 年，新增热负荷联网面积将达到 387.49 万 m^2，热负荷约 182.12MW。按老城区实供率 75.66%、新城区实供率 50.05%计算，预计 2018～2021 年，新增实供面积达 284.07 万 m^2，热负荷约 133.5MW。届时，电厂总挂网面积将达到 2657.79 万 m^2，热负荷为 1249.2MW；实供面积达到 1880.91 万 m^2，热负荷为 884MW。待厂内凝抽背供热改造完成后，全厂供热能力为 968.51MW，可接供热面积 2060.8 万 m^2。

（3）设计供热负荷及供热量。为了保证供热质量和供热安全，需要以中长期的热负荷规划尺度去分析论证热源的供热能力，本次设计以 2020～2021 年的供热面积为设计边界条件。届时整个挂网面积将达到 2657.79 万 m^2，实供面积达到 1880.91 万 m^2，设计热负荷为 884MW。

根据市气象参数：

采暖室外计算温度：$t_w=-12.9$℃；

采暖天数：$N_p=151$ 天（规范中 145 天）；

采暖期室外平均温度：$t_p=-2.8$℃；

室内计算温度：$t_n=18$℃。

按气象资料测算，冬季供热负荷系数：（18+2.8）/（18+12.9）=0.673。

2017 年采暖期室外平均温度延续时间及热负荷见表 2-92，热负荷延续曲线详见图 2-16。

表 2-92　　2017 年采暖期室外平均温度延续时间及热负荷表

延续天数 N（天）	室外日平均温度 T_0（℃）	采暖热负荷 Q（MW）	热负荷系数	备注
5	-12.900	884.000	1.000 0	最大
15	-10.742	822.270	0.930 2	
25	-9.171	777.326	0.879 3	
35	-7.765	737.101	0.833 8	
45	-6.457	699.662	0.791 5	
55	-5.216	664.168	0.751 3	
65	-4.027	630.150	0.712 8	
75	-2.879	597.313	0.675 7	平均
85	-1.765	565.454	0.639 7	
95	-0.681	534.426	0.604 6	

续表

延续天数 N（天）	室外日平均温度 T_0（℃）	采暖热负荷 Q（MW）	热负荷系数	备注
105	0.379	504.118	0.570 3	
115	1.416	474.443	0.536 7	
120	1.927	459.821	0.520 2	
125	2.433	445.333	0.503 8	
130	2.935	430.971	0.487 5	
135	3.433	416.730	0.471 4	
140	3.927	402.604	0.455 4	
145	4.417	388.588	0.439 6	
151	5.000	371.908	0.420 7	最小

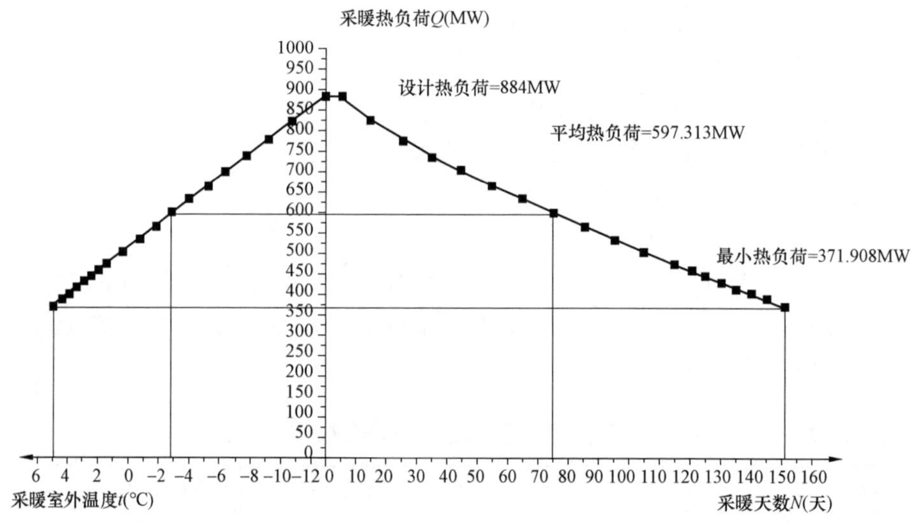

图 2−16 热负荷延续曲线

此外计算一个采暖季年耗热量为 779.28 万 GJ。单位面积热耗为 0.413GJ/m^2。

三、设计参数

1. 锅炉

电厂 2 号机组（300MW 机组）锅炉采用引进的美国 B&W 公司 RB 锅炉技术设计制造并符合 ASME 标准，为亚临界参数、一次中间再热、固态排渣、单炉膛平衡通风、全封闭布置、全悬吊、自然循环、单汽包锅炉、尾部双烟道倒 L 型布置。设计燃料为霍林河褐煤掺烧双鸭山烟煤，锅炉技术规范见表 2−93。

表 2-93　　2 号锅炉技术规范

项目	单位	规范
锅炉型号		B&WB-1025/18.4-M
制造厂家		北京巴布科克・威尔科克斯有限公司
过热蒸汽最大连续蒸发量（BMCR）	t/h	1025
过热蒸汽额定蒸发量（THA）	t/h	989
过热蒸汽出口压力	MPa（表压力）	18.4
过热蒸汽出口温度	℃	543
再热蒸汽流量（BMCR）	t/h	929
再热蒸汽流量（THA）	t/h	892
再热蒸汽进口压力	MPa（表压力）	4.379
再热蒸汽出口压力	MPa（表压力）	4.199
再热蒸汽进口温度（BMCR）	℃	341
再热蒸汽出口温度（BMCR）	℃	542
给水温度（BMCR）	℃	258
喷水温度	℃	185
锅筒工作压力	MPa	19.61
省煤器工作压力	MPa	20.0
锅炉计算效率	%	93.27
燃料消耗量	t/h	187
排烟温度（未修正）	℃	140

2. 汽轮机

2 号汽轮机为北京重型电机厂引进法国阿尔斯通技术生产的 NC330-17.75/0.291/540/540 型亚临界蒸汽参数、一次中间再热、单轴、三缸双排汽、采暖抽汽凝汽式汽轮机。本机组选用 CCI 公司的高、低压两级串联旁路系统，高旁容量为 70%B-MCR，低旁容量为 2×40%B-MCR。

汽轮机采用高、中压汽缸分缸，通流部分对称布置，高、中压缸均采用双层缸；低压缸对称分流布置，在低压排汽口装有水雾化降温装置。高、中、低压转子均为整锻转子，高压转子由一个单列调节级和 10 个压力级组成，中压转子由 12 个压力级组成，低压转子由 2×5 个压力级组成。汽轮机设有七段不调整抽汽，高压缸本体不设抽汽口，高压缸排汽管设一个抽汽口为一段抽汽，供 7 号高压加热器，中压缸共设有三个抽汽口，在中压缸第五级、第九级后和中压缸排汽，分别供 6 号高压加热器、除氧器、4 号低压加热器，中压缸排汽还接有采暖抽汽口。

低压缸设有三个抽汽口，在低压缸两端第二级后、第三级后、第四级后，分别供3、2、1号低压加热器，汽轮机的主要设计规范见表2–94。

表2–94　汽轮机设计规范

项目	单位	规范
型号	NC330–17.75/0.291/540/540	
型式	亚临界、一次再热、单轴、三缸双排汽采暖抽汽凝汽式机组	
纯凝工况额定功率	MW	330
最大连续功率（T–MCR）	MW	346
阀门全开功率（VWO）	MW	357
高压加热器停用工况出力（全停、部分停）	MW	330
平均抽汽工况出力	MW	266（进汽986T/H）
最大抽汽工况出力	MW	262（进汽986T/H）
额定转速	r/min	3000
主蒸汽压力	MPa（绝对压力）	17.75
主蒸汽额定进汽量	t/h	929
主蒸汽最大进汽量	t/h	1025
再热蒸汽额定进汽量	t/h	844.44
主蒸汽温度	℃	540
额定高排压力（THA）	MPa	4.18
再热蒸汽压力（THA）	MPa（绝对压力）	3.762 4
再热蒸汽温度	℃	540
高排温度（THA）	℃	331.97
采暖抽汽流量（平均工况）	t/h	550
采暖抽汽压力（平均工况）	MPa（绝对压力）	0.291（可调节）
采暖抽汽温度（平均工况）	℃	203.31
回热级数	级	7
给水温度（THA）	℃	253.79
设计冷却水温度	℃	20（夏季最高温度33）
汽轮机允许最高背压值	kPa（绝对压力）	19
末级动叶片长度	mm	1080
生产厂家	北京北重汽轮电机有限责任公司	

3. 发电机

发电机为某设备厂生产的WX25R–127型空冷发电机组，额定容量

388.2MVA，额定功率 330MW，最大功率 357MW，额定电压为 22kV，发电机额定功率因数为 0.85（滞后）。发电机采用自并励静态励磁方式，具有长期进相运行能力，能适应调峰要求。励磁调节器采用南京南瑞股份有限公司生产的 NES5100 发电机励磁调节器，能满足发电机单机或并网运行的要求。发电机主要设计规范见表 2–95。

表 2–95　　发电机主要设计规范

项目	参数	项目	参数
型号	WX25R–127	额定转速	3000r/min
额定容量	388.2MVA	定子绕组绝缘等级	F 级
额定功率	330MW	转子绕组绝缘等级	F 级
定子电压	22kV	相数	3
定子电流	10 188A	定子绕组接线方式	Y
转子电压	385V	冷却方式	空冷
转子电流	1680A	临界转速	
空载励磁电压	97V	一界	670r/min
空载励磁电流	593A	二界	1810r/min
满载励磁电压	385V	三界	4770r/min
满载励磁电流	1680A	额定功率因数	0.85
额定频率	50Hz	满负荷效率	98.73%
制造厂家	齐鲁电机制造有限公司——济南发电设备厂		

四、技术路线选择或方案比选

对国内目前应用较为广泛的供热改造技术，基本比较见表 2–96。

表 2–96　　各供热改造方案比选表

项目	热泵技术	高背压供热技术	光轴供热技术	新型凝抽背供热技术
主要改造内容	循环水系统，抽汽系统	汽轮机本体，凝汽器，循环水系统	汽机本体	中低压缸连通管，汽轮机本体改造
技术特点	利用抽汽作为驱动回收循环水余热，调节灵活，需新建厂房土建投资大	采暖季更换低压缸转子，每年需开缸两次	采暖季更换低压缸转子，每年需要开缸两次	调节灵活，改动范围小，目前处于推广阶段
目前运用情况	技术成熟，案例多	技术成熟，案例多	技术一般，有用于小机组	在国内处于起步阶段，目前国内只有较少电厂成功运行一个采暖季
投资	大	大	中	小

根据表 2-96 中初步比较，可以排除双转子互换供热技术。双转子互换技术需要重新定制低压缸转子，制作加工周期长，一般需要提前一年排产，即使采用热处理消除转子残存应力，也至少需要 6 个月的周期，且投资大。

光轴供热技术和新型凝抽背供热技术时蒸汽均从中低压连通管被抽走，仅有最小冷却流量进入低压缸作为冷却用，低压缸不再做功，因此光轴供热技术和新型凝抽背供热技术对发电量的影响比较大，但是光轴改造之后机组需要制定新的光轴，并且每年需要开缸更换两次转子，在采暖期完全“以热定电”运行，综合考虑，此种技术不适用于该电厂。

2015 年电厂获批实施供热系统厂网一体化扩容增效改造项目，2015 年厂内完成了 1 号机吸收式热泵回收循环水余热改造和热网首站疏水系统优化改造。2016 年完成了 2 号机组的吸收式热泵回收循环水余热改造可行性研究报告，热泵技术和新型凝抽背技术就投资经济性和安全性详细分析如下：

（1）投资经济性分析。从表 2-97 数据为两种改造方案的投资比较，凝抽背技术改造费约 2560 万元，热泵技术改造费约 8400 万元。

表 2-97　不同方案投资分析　万元

项目	新型凝抽背供热	吸收式热泵供热
热力系统改造	500	1200
电热系统含 DCS	60	300
热网首站	1200	—
热泵房	—	800
吸收式热泵	—	5400
其他费用	500	700
合计	2260	8400

热泵供热技术可做到余热全回收，对机组发电量影响较小，发电量影响小意味着机组调峰灵活性有限，同时需要新建热泵厂房，土建施工量大，改造周期长。

新型凝抽背供热技术，工程量小，对机组本体改动量小，只需要更换供热蝶阀（外加旁路保证最小冷却流量即可），调节灵活，在外网需要调峰运行时，在保证相同供热能力的前提下，通过切除低压缸进汽，迅速降低机组负荷的能力，同时改造周期短，只需要一个半月左右。

表 2-98　　不同方案投资分析

项目	单位	原抽汽供热	新型凝抽背	吸收式热泵
供热能力	MW	352.8	485.02	483.70
新增供热量	10^4GJ	基准（309.83）	116.12	114.96
真实供热煤耗	kg/GJ	17.92	17.92	10.95
热价	元/GJ	46.20	46.20	46.20
售热收入	万元	基准	5364.84	5311.01
供热煤耗	t	基准	20 189.00	－8883.35
标准煤价	元/t	950	950	950
售热成本	元/GJ	21.52	21.52	15.06
售热成本	万元	基准	1917.96	－843.92
静态投资回收期	年		0.79	1.51

利用“有无对比法”计算新型凝抽背和吸收式热泵的真实供热煤耗，进而在原抽汽供热基础上比较两者的新增供热能力并计算投资回收期。

表 2-98 中，比较发现，新型凝抽背供热和原抽汽供热相比，供热抽汽参数未发生变化，两者真实供热煤耗相同，均为 17.39kg/GJ，吸收式热泵供热参数降低，真实供热煤耗为 10.59kg/GJ。以供相同面积 900 万 m^2 计算，吸收式热泵相比新型凝抽背供热节煤约 2.52 万 t。按照发电煤耗率比较，吸收式热泵供热比新型凝抽背供热单机全年发电煤耗率下降约 16.8g/kWh。

两者的静态投资回收期均较短，但由于新型凝抽背供热投资优势巨大，其静态投资回收期更短。

（2）供热能力比较。以平均抽汽工况热平衡图为例，低压缸进汽共 207.95t/h，低压缸排汽为 196.2t/h。新型凝抽背改造后，扣除冷却蒸汽少量蒸汽量，剩余可抽汽量约 204t/h，总共抽汽量为 754t/h，总供热能力为 485.02MW。

吸收式热泵改造后，低压缸排汽量为 196.2t/h，可回收余热量为 130.9MW，总供热能力为 483.7MW。

因此，就两者供热能力看，新型凝抽背供热和吸收式热泵供热较接近，差距很小。

（3）调峰深度比较。以平均抽汽工况热平衡图为例，低压缸进汽共 207.95t/h，低压缸排汽为 196.2t/h。新型凝抽背改造后，扣除冷却蒸汽少量蒸汽量，剩余可抽汽量约 204t/h，总共抽汽量为 754t/h，总供热能力为 485.02MW。

按照采暖初中末期不同的热负荷情况，分析了新型凝抽背和吸收式热泵的机组出力情况，如图 2-17 所示。新型凝抽背供热相比热泵供热，不同供热负荷下，调峰深度平均约增加 40MW。

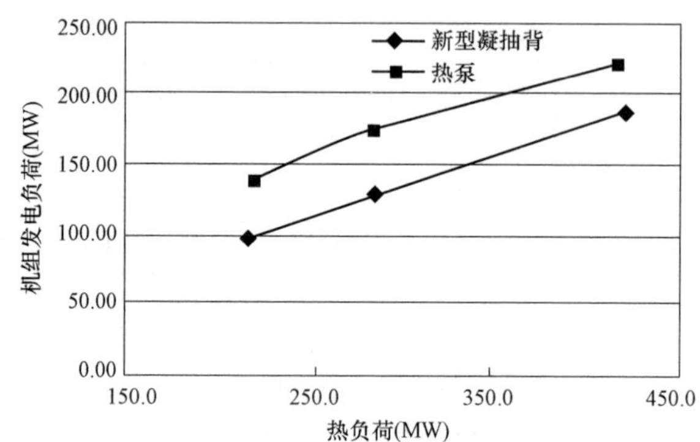

图 2-17 新型凝抽背供热和吸收式热泵供热电负荷随热负荷变化曲线

（4）安全性分析。热泵技术比较成熟，国内成功实施案例较多，且电厂 1 号机组已经进行了热泵技术改造，已成功运行 3 个采暖季，具备丰富的运行经验。

新型凝抽背技术处于理论研究向实际运用的转换期，存在一定的技术风险，但风险可控，且实践证明，此种改造方案可以有效扩大机组供热能力的同时，较适应于目前火电机组调峰灵活性运行的大环境。

综上所述，新型凝抽背供热技术改造量小，投资小，同时其兼具快速响应外界调峰灵活性的功能，较适应于目前东北地区火力发电厂灵活性运行的大环境，本方案优先推荐新型凝抽背供热技术。

新型凝抽背供热改造主体方案：

（1）更换中低压缸联通管供热抽汽调整蝶阀。设计更换新蝶阀两个，可以实现关到零位、全密封且零泄漏的目的，阀门尺寸 DN1000（联通管管径），新更换的阀门要求是液压控制。

（2）增设低压缸冷却蒸汽管道系统。在中低压缸连通管抽汽蝶阀阀前开孔引出 DN250 旁路管，旁路管上串联设置一个高精度流量计和流量控制调节阀，之后再引至连通管后方低压缸进汽口上方位置。汽轮机新型凝抽背供热改造系统如图 2-18 所示。

（3）排汽缸喷水减温系统改造。对喷水装置进行改造，更换为具有高精度调节功能的阀组；同时加装孔板流量计，检测运行期间的喷水量。

（4）回热加热系统改造。在现两根管道上各加装一电动真空截止阀。

（5）热网首站扩容改造。根据目前电厂实际热网循环水实际运行状况及 2 号机组新型凝抽背改造后系统适应性分析得知：需对 2 号机组热网首站均扩容改造。

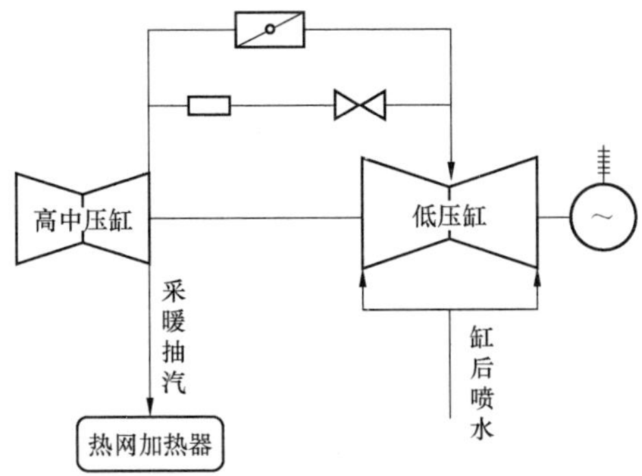

图 2-18 新型凝抽背供热改造示意图

五、投资估算与财务评价

1. 投资估算

（1）项目概况。本改造工程在厂内进行，厂内改造主要包括首站改造和新型凝抽背改造，以及附属的电气热控系统改造。

项目静态建设投资 3326 万元，建设期贷款利息 33 万元，工程动态投资 359 万元。

静态投资中，建筑工程 103 万元，设备购置费 1921 万元，安装工程费 526 万元。其他费用 619 万元，基本预备费 158 万元。

（2）投资估算表。总投资估算表见表 2-99。

表 2-99 总投资估算表 万元

序号	工程或费用名称	建筑工程费	设备购置费	安装工程费	其他费用	合计	各项占静态投资比例（%）
一	主辅生产工程						
（一）	新型凝抽背供热改造费用	103	741	526		1369	41.16
1	热力系统	103	452	420		975	29.31
2	电气系统	0	208	37		245	7.36
3	热工控制系统	0	81	68		149	4.48
（二）	北重汽轮机厂更换末两级隔板及动叶片改造费用	0	1180	0		1180	35.47
	小计	103	1921	526		2549	76.63

续表

序号	工程或费用名称	建筑工程费	设备购置费	安装工程费	其他费用	合计	各项占静态投资比例（%）
二	其他费用						
1	项目建设管理费				43	43	1.30
2	项目技术服务费				516	516	15.51
3	整套启动试运费				60	60	1.80
4	生产准备费				0	0	0.00
	小计				619	619	18.61
三	基本预备费				158	158	4.76
四	特殊项目费		0	0	0	0	
五	工程静态投资	103	1921	526	777	3326	100.00
	各项静态投资的比例（%）	3.08	57.74	15.81	23.37	100.00	
六	工程动态费用				33	33	
1	建设期贷款利息				33	33	
	小计	103	1921	526	810	3359	

2. 财务评价

生产经营期 15 年。

静态建设投资 3326 万元，建设期贷款利息 33 万元，工程动态投资 3359 万元。

项目资本金比例为项目投资的 30%，其余资金为项目融资，融资按银行贷款考虑，贷款利率按照近五年平均利率 5.65%考虑。按照等额还本，利息照付的方式进行还款，还款期 10 年。

对本项目改造方案和投资估算进行财务评价。具体财务指标见表 2-100。

表 2-100　　财务评价指标表

项目名称		单位	经济指标
项目投资（税后）	内部收益率	%	17.49
	净现值	万元（I_e=10%）	3643.67
	投资回收期	年	5.53
资本金	内部收益率	%	29.05

3. 敏感性分析

以静态投资、标准煤价、供热量三个要素作为项目财务评价的敏感性分析因素，以增减 5%和 10%为变化步距，分析结果见表 2-101。

表 2-101　　敏感性分析表

变化因素	幅度（%）	总投资内部收益率（%）	资本金内部收益率（%）	资本金净利润率（%）	资本金内部收益率敏感度系数
基准方案	0	17.49%	29.05%	29.68%	0
静态投资	10	16.62%	27.02%	27.87%	-0.70
	5	17.05%	28.01%	28.76%	-0.72
	-5	17.95%	30.14%	30.63%	-0.75
	-10	18.42%	31.28%	31.61%	-0.77
标准煤价	10	19.73%	34.45%	34.43%	1.86
	5	18.61%	31.72%	32.05%	1.84
	-5	16.36%	26.45%	27.30%	1.79
	-10	15.23%	23.91%	24.92%	1.77
供热量	10	18.13%	30.73%	30.66%	0.58
	5	17.81%	29.88%	30.17%	0.57
	-5	17.18%	28.24%	29.18%	0.56
	-10	16.86%	27.45%	28.69%	0.55

从表 2-102 敏感性分析可以看出，以静态投资、标准煤价、供热量三个要素分别调整±10%和±5%时，项目投资内部收益率在 15.23%～19.73%之间，资本金内部收益率在 23.91%～34.45%之间，资本金净利润率在 24.92%～34.43%之间。

六、性能试验与运行情况

1. 试验工况

机组的试验工况见表 2-102。

表 2-102　　2 号机组试验工况

编号	试验工况	主要测试内容
T01	130MW	热耗率、发电煤耗率及供热量
T02	170MW	热耗率、发电煤耗率及供热量
T03	210MW	热耗率、发电煤耗率及供热量
T04	250MW	热耗率、发电煤耗率及供热量

2. 试验测点及测量方法

（1）发电机功率的测量。机组发电机功率的测量采用现场发电机有功统计值。

（2）压力、温度及流量测量。试验压力、温度测点以及流量测点采用 DCS 测点。

（3）试验数据采集与采样频度。压力和温度试验数据从 DCS 上采集，原始数据频率每 2s 间隔取值一次。

3. 试验方法和步骤

（1）按试验要求进行系统隔离，并进行检查。

（2）试验开始前，根据运行实际情况将除氧器水箱、凝汽器热井补至略高水位，以维持试验进行中不向系统内补水。

（3）调整运行参数至试验要求的参数（包括机组负荷，主蒸汽压力、温度，热再热蒸汽温度等），并维持参数稳定，偏差及波动值符合试验规程要求。

（4）机组设备及系统稳定运行足够时间（一般约半小时），机组运行稳定后不再对运行参数进行大幅调整，以保持省煤器入口给水流量、主蒸汽参数、热再热蒸汽参数、再热减温水流量等的稳定。

（5）按规定时间统一开始试验数据采集和记录。

（6）试验结束，由试验负责人汇总试验采集数据及人工记录数据，确认有效。

试验数据处理过程中，若对于同一参数有多个测量值，则该参数采用所有测量值的算数平均值。本报告中压力如未注明均为绝对压力。

4. 数据处理及计算

（1）数据处理。

1）本次试验温度和压力数据均采自 2 号机组 DCS 系统，选取每一工况相对稳定的一段连续记录数据求取平均值，压力测量数据均通过大气修正和标高修正；供热疏水流量采用两次测量的平均值。

2）除氧器水箱、凝汽器热井的水位变化量根据容器尺寸、试验持续时间和介质密度换算成当量流量。

（2）试验结果的计算。

根据国家标准 GB/T 8117.1—2008《汽轮机热力性能验收试验规程　第 1 部分：方法 A　大型凝汽式汽轮机高准确度试验》中规定的方法，进行主蒸汽流量计算、再热蒸汽流量计算、热耗率、供热量及发电煤耗率等。

根据上述方法，对各工况的试验数据进行处理、计算，得到的主要计算结果详见表 2-103。整个热力计算以给水流量为基准进行计算。

表 2-103　　　　2 号机组试验主要计算结果

名　　称	单位	工况一	工况二	工况三	工况四
实测发电机端功率	kW	130 000.00	170 000.00	210 000.00	250 000.00
主蒸汽压力（平均）	MPa	12.66	15.70	16.62	17.46
主蒸汽温度（平均）	℃	541.00	536.50	540.60	545.00
主蒸汽焓	kJ/kg	3451.34	3405.74	3406.87	3409.96
主蒸汽流量	t/h	580.80	705.00	819.00	1058.00
高压缸排汽压力（平均）	MPa	2.42	2.80	3.29	4.17
高压缸排汽温度（平均）	℃	329.40	329.40	329.40	329.40
高压缸排汽焓	kJ/kg	3081.37	3071.97	3059.52	3036.33
高压缸排汽流量（再热冷段）	t/h	487.26	595.11	679.59	878.48
中压缸进汽压力（平均）	MPa	2.23	2.60	3.10	3.88
中压缸进汽温度（平均）	℃	539.80	533.40	535.90	537.90
中压缸进汽焓	kJ/kg	3553.99	3536.11	3536.82	3533.71
中压缸进汽流量（再热热段）	t/h	490.36	598.41	682.99	882.08
再热系统压降	%	7.85	7.21	5.89	6.95
中压缸排汽压力	MPa	0.21	0.13	0.13	0.21
中压缸排汽温度（平均）	℃	251.00	226.00	197.00	233.00
中压缸排汽焓	kJ/kg	2973.07	2925.86	2867.97	2936.74
锅炉给水压力	MPa	14.92	16.24	18.07	19.42
锅炉给水温度（平均）	℃	230.60	228.00	239.50	275.80
锅炉给水焓	kJ/kg	995.71	984.19	1037.41	1210.55
锅炉给水流量	t/h	542.80	682.00	803.00	994.00
一段抽汽流量	t/h	45.11	51.25	62.33	87.25
过热减温水压力	MPa	14.92	16.24	18.07	19.42
过热减温水温度	℃	160.00	163.00	166.00	169.80
过热减温水焓	kJ/kg	684.07	697.74	711.70	728.82
过热减温水总流量	t/h	38.00	23.00	16.00	64.00
再热减温水压力	MPa	7.80	8.10	9.50	9.80

续表

名　称	单位	工况一	工况二	工况三	工况四
再热减温水温度	℃	160.00	163.00	166.00	169.80
再热减温水焓	kJ/kg	679.80	692.93	706.71	723.33
再热减温水流量	t/h	3.10	3.30	3.40	3.60
主蒸汽流量	t/h	580.80	705.00	819.00	1058.00
主蒸汽焓	kJ/kg	3451.34	3405.74	3406.87	3409.96
锅炉给水流量	t/h	542.80	682.00	803.00	994.00
锅炉给水焓	kJ/kg	995.71	984.19	1037.42	1210.56
再热热段蒸汽流量	t/h	490.36	598.41	682.99	882.09
再热热段蒸汽焓	kJ/kg	3554.00	3536.11	3536.82	3533.71
再热冷段蒸汽流量	t/h	487.26	595.11	679.59	878.49
再热冷段蒸汽焓	kJ/kg	3081.37	3071.97	3059.52	3036.33
过热减温水流量	t/h	38.00	23.00	16.00	64.00
过热减温水焓	kJ/kg	684.07	697.74	711.70	728.82
再热减温水流量	t/h	3.10	3.30	3.40	3.60
再热减温水焓	kJ/kg	679.80	692.93	706.71	723.33
发电机功率	kW	130 000.00	170 000.00	210 000.00	250 000.00
汽轮机热耗	kJ/kWh	4516.76	4394.62	4287.10	4254.32
供热抽汽流量	t/h	417.00	489.00	559.00	680.00
供热抽汽压力	MPa	0.21	0.13	0.18	0.21
供热抽汽温度	℃	251.00	226.00	199.00	233.00
供热抽汽焓值	kJ/kg	2973.07	2925.87	2869.58	2936.74
热网疏水压力	MPa	1.20	0.83	1.18	1.02
热网疏水温度	℃	85.50	87.00	95.70	89.60
热网疏水焓值	kJ/kg	358.94	364.95	401.80	376.02
供热负荷	MW	303	348	383	484
厂用电率	%	8.00	8.00	8.00	8.00
锅炉效率	%	90.00	90.00	90.00	90.00
管道效率	%	98.00	98.00	98.00	98.00
发电煤耗	g/kWh	174.73	170.01	165.85	164.58
供电煤耗	g/kWh	189.93	184.79	180.27	178.89

由表 2－103 可知，2 号机组供热改造运行时，电负荷为 130MW 的工况下，汽轮机背压供热量为 303MW，热耗率为 4514.25kJ/kWh，机组发电煤耗率为 174.635g/kWh；电负荷为 170MW 的工况下，汽轮机背压供热量为 348MW，热耗率为 4394.62kJ/kWh，机组发电煤耗率为 170.01g/kWh；电负荷为 210MW 的工况下，汽轮机背压供热量为 383MW，热耗率为 4287.10kJ/kWh，机组发电煤耗率为 165.77g/kWh；电负荷为 250MW 的工况下，汽轮机背压供热量为 484MW，热耗率为 4254.32kJ/kWh，机组发电煤耗率为 164.58g/kWh。

第六节　其他采暖供热节能改造典型案例

案例一　能量梯级利用在某燃气－蒸汽联合循环的应用

一、项目概况

1. 项目背景和意义

燃气－蒸汽联合循环发电具有低污染、高效率、建设周期短、启停快速等优点，具有较好的推广和应用价值，然而其燃料——天然气价格较高，使得联合循环供热成本较高。开展燃气－蒸汽联合循环电厂的节能改造具有很大的现实意义。

现依据“温度对口，梯级利用”的能量梯级利用原则，将相应技术应用于某燃气－蒸汽联合循环电厂，以达到减少联合循环机组燃料消耗，提高联合循环综合能源利用率的目的。

2. 依托电厂情况

本改造工程依托于某燃气－蒸汽联合循环电厂，现有 2×254MW 燃气－蒸汽联合循环供热机组和 3×419GJ/h 燃气热水尖峰炉。担负着重要单位和市区 70 多万户居民的采暖供热任务。全厂总供热能力约为 2260GJ/h，总供热面积达 1200 万 m^2，年发电约 19 亿 kWh，是该市重要的热源电厂之一。

二、热负荷分析

由于居民供热需求不断增加，供热缺口逐渐增大，提升机组供热能力势在必行。该电厂机组汽轮机凝汽器循环冷却水直接排入大气，余热损失较多，可回收空间大。同时余热锅炉排烟温度较高，通过降低排烟温度可回收的余热潜力也很大。因此考虑循环水及烟气余热回收，提高机组供热能力，降低锅炉排气温度，减少燃料消耗。本项目实施后，将回收循环水及烟气余热共计 95.95MW，烟气排烟温度可降低 30℃，同时大大提升机组对外的供热能力。

三、设计参数

该电厂机组由 2×254MW 燃气－蒸汽联合循环供热机组组成。

燃气轮机是西门子公司生产的单轴、单缸、轴向排气、简单循环重型燃气轮机，型号为 SGT5－2000E（V94.2）。基本负荷（ISO 工况）为 166MW，压气机为 16 级，压比 11.7，透平为 4 级。

蒸汽轮机是上海电气集团股份有限公司生产的次高压、单缸、双压、无再热、无回热、抽汽凝汽式汽轮机，纯凝工况下额定功率为 81.550MW，冬季供热工况下功率为 57.354MW。

燃机发电机、汽轮发电机均是上海电气生产的空气冷却同步发电机。燃机发电机型号为 QF－180－2，采用 6kV 厂用母线供励磁变压器的静态励磁系统。汽轮发电机型号为 QF－100－2，发电机出口电压为 10.5kV。

余热锅炉是武汉锅炉厂生产的双压、无补燃、卧式、紧身封闭、自然循环燃机余热锅炉，型号为 Q1976/543.8－242（52.9）－8（0.69）/521（213）。余热锅炉排烟温度夏季一般在 145℃左右，冬季在 120℃左右，而其他 9F 燃机电厂余热锅炉排烟温度一般在 90℃左右，降低电厂余热锅炉排烟温度势在必行。

热水锅炉单台锅炉功率为 116.3MW，在供热达不到要求时作为尖峰炉使用，也存在排烟温度过高的问题，实际运行排烟温度在 120℃左右，若采取措施可降到 90℃左右，具有一定的节能潜力。

此外，电厂于 2012 年实施天然气压缩机改造，改造后压缩机停止工作。天然气进气温度冬季平均在 2℃左右，夏季在 7℃左右，为节省燃料，需要热源对天然气进行加热，目前采暖季采用外部热网水，非采暖季采用闭冷水对天然气进行加热。

该电厂设计的对外供热量 628MW，热网水参数为：

热网循环水量（近/远期）：9000/6750（t/h）；

供水温度（近/远期）：130/150（℃）；

回水温度：70℃；

供水压力：1.3MPa（绝对压力）；

回水压力：0.3MPa（绝对压力）。

四、技术路线选择

本示范改造以能量梯级利用理论为基础，深挖机组节能潜力，对主要系统如燃气轮机、汽轮机、余热锅炉、天然气预热等的能量平衡、余热情况深入分析，以充分回收电厂各类型中低温余热、实现联合循环发电机组全厂效率最大化为目标。

本改造主要是对凝汽器乏汽和烟气低温余热进行回收，充分挖掘联合循环机组节能潜力。以联合循环余热锅炉低压补汽为驱动热源，通过吸收式热泵回收汽轮机凝汽器循环水余热，加热热网回水。通过增加换热面积、优化设备等手段回收余热锅炉排烟余热损失，降低排烟温度，回收的热量用于提升热网水温度，或预热燃机入口天然气温度。具体实施路线及方案如下：

1. 汽轮机冷凝热回收技术

吸收式热泵常以溴化锂溶液作为工质，以高温热源作为驱动，把低温热源的热量提高到中温，从而达到节能、减排、降耗的目的。对环境没有污染，不破坏大气臭氧层，且具有高效节能的特点。

本示范项目改造前的供热方案：由汽轮机直接抽汽（392t/h，0.104MPa，101.7℃）对热网循环水进行一次加热，热网循环水由 55℃加热到 81.8℃，后经尖峰加热锅炉对一次加热后的循环水二次加热到 115℃向用户供出，热网回水温度为 55℃，流量为 9250t/h。在此过程中汽轮机的排汽热全部通过凝汽器进入冷却塔。

本改造中需要的驱动蒸汽是从余热锅炉的低压补气直接引出的，计划将两台余热锅炉的低压补气全部用完，以尽可能的多回收两台机组的乏汽余热。由于原系统驱动蒸汽为单元制，两台余热锅炉的低压补气分别驱动两台热泵，此时所能回收的余热量大于单台机组的乏汽余热，故需对两台机组的循环水都进行部分回收，因此进入热泵的两台机组循环水和热网水按母管制考虑。

改造方案为：配置 4 台单机容量为 31.59MW，*COP* 为 1.7 的第一类溴化锂吸收式热泵，回收汽轮机排汽进入凝汽器的循环水余热 52.87MW，驱动汽源由余热锅炉低压补汽提供。单套机组的驱动参数为 52t/h，0.58MPa，210℃；单台凝汽器循环水流量为 8500t/h。两台机组进入热泵的凝汽器循环水总流量为 10 400t/h，进出口水温为 31.5℃/36℃，热网水进出热泵的温度 55/75.11℃，流量为 5400t/h。热网循环水在热网循环泵后分成三路，一路进入余热锅炉热网加热器，一路进入热泵系统，另一路直接与经过热泵系统加热的热网水混合后进入热网加热器。热网加热器的出水与余热锅炉热网加热器出水混合后进入热水炉进一步加热，并向用户供出。

改造后的方案如图 2－19 所示。

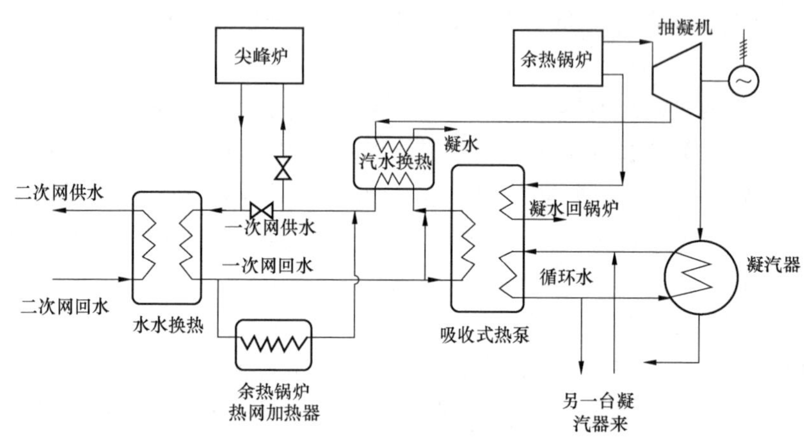

图 2-19 某联合循环电厂循环水余热回收改造后系统图

表 2-104 列出了改造方案中的热泵主机的技术参数。

表 2-104 热泵技术参数表

项目	单位	参数
热泵总供热量	MW	126.3
热网水进出口温度	℃	55/75.16
热网水进出热泵流量	t/h	5400
循环水进出热泵温度	℃	31.5/36
循环水流量	t/h	10 500
额定回收循环水余热	MW	52.87
驱动蒸汽来源及参数	MPa/℃	1、2 号机的低压补气［0.58MPa（绝对压力）/210℃］
蒸汽凝水出热泵温度	℃	＜80
热泵台数		4
热泵所需功率	kW	135
热泵单机功率	MW	31.59

2. 余热锅炉低温烟气余热回收技术

当前行业领域内拥有多种方法进行余热锅炉低温段烟气余热回收，应用较多的是低压省煤器技术。表 2-105 为几种常见的烟气余热回收技术方案对比。

表 2-105　　不同烟气余热回收设备方案的对比表

1	项目	卧式相变换热器	低压省煤器	热管
2	换热形式	将烟道内热量带到烟道外加热冷工质	冷工质直接进入烟道内换热	将烟道内热量带到烟道外加热冷工质
3	换热面积	换热面积小，对现场安装位置要求低	换热面积大，对现场安装位置要求高	换热面积较小
4	对拟加热的工质的要求	无要求，温度可高可低，工质可以是气体也可以是液体	有要求，工质温度必须高于酸露点	无要求，温度可高可低，工质可以是气体也可以是液体
5	壁面温度	壁面温度可控可调，并且可人为参与设定，调节范围在 50℃以上	壁面温度可控可调，但调整余量很小	壁面温度不可控可调
6	壁温安全余量	因壁温可大范围调整，反应灵敏，可在 1min 内调整到位，安全余量很大	因壁温调整余地小，且不灵敏，因此基本无安全余量	壁面温度在出厂时已经设定好，因此安全余量的可靠性很差。并且在低负荷时，壁面温度低于酸露点不可避免
7	使用寿命	30 年	未知	因为高温下存在析出不凝气体的影响，换热效果维持 2 年已经是极限
8	安全性	若出现焊接质量问题，仅有内循环的换热介质缓慢泄漏进烟道，对锅炉正常运行无影响	一旦发生泄漏，与省煤器爆管相同	若出现焊接质量问题，仅有内循环的换热介质缓慢泄漏进烟道，对锅炉正常运行无影响
9	维修是否方便	若出现焊接质量问题，可以找出露点堵管即可	若出现焊接质量问题，可以找出露点堵管即可	无法维修更换，当换热效果不佳时只有维持运行，当下降到无法容忍时整体更换

为了降低余热锅炉排烟温度，应对余热锅炉的特性进行分析，建立余热锅炉热力模型，寻找节能潜力。首先考虑低压省煤器再循环泵优化的可行性；其次考虑利用余热锅炉排烟余热加热天然气的可行性；再次从增加换热面积的角度考虑，主要从增加低压省煤器受热面积、增加高压蒸发器和高压过热器受热面积、以及增加低压省煤器和热网换热器受热面积三个角度去分析，结合经济性得到最优的方案。通过模拟分析得出以下结论：

（1）低压省煤器再循环泵优化实施性较强，可通过电厂运行人员运行过程中调整实现。

（2）利用热网换热器作为低压省煤器，受到凝结水与热网水水质的影响，同时机组在冬季运行时热网换热器需先切换到原先模式运行，整体效益受到影响；直接增加低压省煤器换热面积能降低排烟温度，有比较明显的效果，实施性也较强，但改造工程量较大。

（3）增加高压蒸汽器及高压过热器受热面积方案实施难度较大，暂不考虑。

（4）增加低压省煤器和热网换热器的受热面积，在采暖季能大幅降低排烟温度至 90℃，非采暖季也能降低排烟温度约 10℃，但是烟气阻力增加对燃机有一定的影响。

综合分析，改造方案确定：增加低压省煤器和热网换热器受热面积，同时采取低压省煤器再循环泵运行优化和天然气预热方案。

（1）低压省煤器再循环泵的优化。由于实际运行中低压省煤器的接近点温差过高（约为 30℃），故可以考虑停掉或关小低压再循环水泵，从而增加低压省煤器的换热温差，降低接近点温差和排烟温度。经初步分析，当省煤器入口温度为 51℃时，再关掉低压再循环泵，可以使排烟温度降低约 3℃，发电效率增加约 0.1 个百分点，热耗降低约 10kJ/kWh，折标准煤约为 0.34g/kWh。关停低压再循环水泵最大的问题是酸露点腐蚀的影响，而燃气轮机排气的酸露点与天然气中的含硫量直接相关，随着天然气中含硫量的增加，酸露点温度越来越高，当天然气中含硫量高于 5mg/m^3 时，酸露点已高于 60℃。根据以往性能试验数据，夏季工况下凝结水温度约为 50℃，而当天然气中含硫量高于 5mg/m^3 时，燃气轮机排气的露点温度将可能高于 60℃。为了保证低压省煤器不被低温腐蚀，需要根据天然气含硫量建立省煤器入口给水温度控制表，根据该控制表控制低温省煤器阀门开度，调整低压省煤器入口温度。

综合分析，在非供热工况下，需要根据实测数据，结合实际运行中低压省煤器进水温度的变化情况，采取适当关小低压再循环泵的方式降低排烟温度；在供热工况下，热网疏水与冷凝水混合后的温度在 60℃以上，可以考虑在冬季工况下关停低压再循环泵。

以一台 9E 燃机每年带 200MW 的负荷运行 4000h 计算，每年可发电约 80 万 MWh。以供热工况时热网疏水与冷凝水混合后的温度为 60℃，供热时间为 2500h 计算，关停再循环泵后两台机组可节约天然气约 19 万 m^3（标况下）。实际运行中，夏季可能并未关停低压再循环泵，导致关停或关小低压再循环泵带来的热耗降低有所减少。另外，由于冬季供暖关停低压再循环泵可使电流下降约 40A，以供暖时间为三个半月计算，可关停低压再循环泵约 2500h，则冬季可节约电量 5.6 万 kWh，两台机组可节约 11.2 万 kWh。非供暖期关小或关停低压再循环泵可使电流下降约 20A，这可使一台机组节约用电 1.6 万 kWh。

（2）增加低压省煤器和热网换热器受热面积。低压省煤器接近点温差较大（约 30℃），通过新增低压省煤器换热面积可以降低温差，但是在低压省煤器出口温度提高同时，受到余热锅炉节点温差和接近点温差的限制，采用双压无再热式余热锅炉的联合循环纯发电系统的排烟温度很难下降到 110℃以下。综合考虑余热锅炉的设计特点和电厂的运行特点，本改造方案首先采用增加低压省煤器数量的方法来增加发电量，提高发电效率，然后采用增加热网换热器面积的方法来进一步降低排烟温度，回收余热。

本方案在非供热工况下与增加低压省煤器效果相近，夏季可降低排烟温度约10℃，冬季约 5℃。在供热工况下通过增加热网换热器受热面积可以进一步降低排烟温度至 90℃，且热网换热器对锅炉蒸汽系统基本无影响，通过新增热网换热器烟气侧下降约 15℃，热网水新增流量约 400t/h，回收余热量约 14.3MW，节约天然气耗量。但是，增加低温省煤器和热网换热器受热面将使烟风阻力增加约0.6kPa，导致燃气轮机出力下降约 0.54MW，热耗增加约 9kJ/kWh。

（3）天然气预热方案。由于实际运行过程中天然气气源温度较低，需要对其加热至工作温度，因此余热锅炉回收的烟气余热可作为天然气预热的热源。现有的加热天然气的热源为外部热网水，实施过程中可与外部热网水热源互为备用。若采用烟气余热将天然气从 2℃加热至 55℃，可回收两台机组约 2MW 的余热，使得约 86t/h 热网水从 80℃降至 60℃，全年能节省可观的燃料成本。

五、投资估算与财务评价

将上述低温余热回收技术应用于某燃气–蒸汽联合循环电厂，经计算，汽轮机冷凝热回收改造工程静态投资 5901 万元，建设期贷款利息 212 万元，工程动态投资 6113 万元；余热锅炉低温烟气余热回收改造静态投资 2444 万元，建设期贷款利息 64 万元，动态投资 2508 万元。合计静态投资 8345 万元，动态投资 8621 万元。

通过循环水余热回收改造，一个采暖季可新增供热 52.87MW，在相同供热面积的前提下，一个采暖期可节约尖峰炉的天然气量为 1237 万 m^3（标况下），节约天然气燃料成本 2820 万元。通过余热锅炉烟气余热回收改造，采暖季可节约天然气 975 万 m^3（标况下），总共可节约燃料成本 2613 万元。由此可见，本改造项目盈利能力很强。

六、性能试验与运行情况

1. 汽轮机冷凝热回收技术性能试验

该电厂循环水余热回收改造于 2013 年 1 月竣工，为鉴定热泵的性能，对该项目进行性能试验，以获取机组运行的性能指标数据。主要考核以下内容：

（1）热泵最大负荷工况下余热回收热量测试。

（2）余热回收机组出口热网水温测试。

（3）余热回收机组热网水压降测试。

（4）余热回收机组及其附属设备的电耗测试。

（5）循环水节约水量测算。

（6）热泵机组投运对厂用电率的影响分析。

（7）热泵机组投运对机组真空度的影响及发电量的影响分析。

试验工作于 2013 年 2 月 26 日开始，3 月 1 日顺利完成。共完成表 2－106 所示的 4 个试验工况。

表 2－106　　循环水余热回收改造性能试验信息表

编号	试验工况	实验日期	开始时间	结束时间	主要测试内容
TP01	72%热泵供热负荷	2013－02－28	11:30	12:30	热泵回收循环水余热功率，热泵 *COP*，热网水压降，余热回收机组及其附属设备的电耗，发电量的影响，真空和厂用电的影响分析，循环水节水量
TP02	30%热泵供热负荷	2013－02－28	13:30	14:30	
TP03	81%热泵供热负荷	2013－02－28	17:15	18:00	
TP04	85%热泵供热负荷	2013－02－28	18:30	19:30	

通过试验得到以下结论：

（1）在热泵机组较大负荷的两个工况下，即在 T03 和 T04 工况下，热网水流量分别为 5831.78t/h 和 5898.60t/h，平均值为 5865.19t/h，大于设计流量（5400t/h）。余热循环水流量分别为 7165.18t/h 和 7213.41t/h，平均值为 7189.30t/h，均小于设计流量（2 台热泵 10 500t/h）。余热循环水流量抽汽压力平均值为 0.3MPa（绝对压力），两台热泵机组回收循环水余热量试验值分别为 40.79MW 和 42.04MW，平均值为 41.4MW，修正到设计工况下回收余热量为 56.2MW，大于设计值 48.85MW。机组的 *COP* 值为 1.69，经修正后 *COP* 值为 1.72，大于设计值 1.67。

（2）热泵热网水进水温度平均值为 49.6℃，此时热泵热网水出口温度平均值为 64.5℃；热网水压损分别为 79.33kPa（8.09mH_2O）和 79.44（8.10mH_2O），平均值为 79.38kPa（8.10m mH_2O），修正到设计流量下的压损为 67.31kPa（6.86mH_2O），小于设计值 80kPa（8.15mH_2O）。

（3）余热回收机组及其附属设备的电耗平均值为 64.3kW，单台机组电耗为 32.2kW，小于设计值 50kW。

2. 余热锅炉低温烟气余热回收技术

该电厂烟气余热回收改造 2014 年 11 月竣工投运。为鉴定该项目的运行效果，对该项目进行了性能试验，以获取设备运行的性能指标数据。主要考核以下内容：

（1）设计工况下新增低压省煤器吸热量等技术指标能否达到设计和相关规定的要求；

（2）设计工况下新增低压省煤器和热网换热器后排烟温度、总的吸热量等技术指标能否达到设计和相关规定的要求（排烟温度能否降至 90℃）；

（3）考核热水炉新增热网烟气换热器的各项技术经济指标是否达到设计和相关规定的要求（烟气温度能否降至 90℃）。

试验工作于 2014 年 12 月 9 日开始，2014 年 12 月 10 日完成。共完成试验工况 3 个，其中余热锅炉 2 个，热水炉 1 个，详见表 2–107。

表 2–107　余热锅炉烟气余热回收改造性能试验信息表

编号	试验工况	实验日期	开始时间	结束时间	主要测试内容
TP01	1 号机投新增热网换热器及低压省煤器性能试验工况	2014–12–09	10:30	11:30	新增低压省煤器和热网换热器进出口温度、流量、排烟温度等
TP02	2 号机投新增热网换热器及低压省煤器性能试验工况	2014–12–09	10:30	11:30	
TP03	1 号热水炉切除新增热网烟气换热器试验工况	2014–12–10	10:20	14:20	新增烟气换热器热网水进出口温度、流量、排烟温度等
TP04	1 号热水炉投入新增热网烟气换热器试验工况	2014–12–10	15:30	16:30	

通过试验得到以下结论：

（1）在 TP01 工况下，新增低压省煤器的吸热量为 3.58MW，新增热网换热器吸热量为 10.08MW，排烟温度为 84.69℃。修正后新增低压省煤器的吸热量为 3.98MW，大于设计值 3.66MW，新增热网换热器的吸热量为 11.99MW，大于设计值 11.72MW。排烟温度为 88.02℃，低于设计值 90℃。

（2）在 TP02 工况下，新增低压省煤器的吸热量为 4.06MW，新增热网换热器吸热量为 10.58MW，排烟温度为 83.59℃。修正后新增低压省煤器的吸热量为 3.90MW，大于设计值 3.66MW，新增热网换热器的吸热量为 12.08MW，大于设计值 11.72MW。排烟温度为 87.78℃，低于设计值 90℃。

（3）在 TP03 工况下，热水炉切除烟气换热器，排烟温度约为 133℃，TP04 工况下投入烟气换热器后，热网水流量为 72t/h，烟气换热器的吸热量约为 2.15MW，修正后为 1.94MW，大于设计值 1.67MW，排烟温度为 90.05℃，修正后排烟温度为 86.94℃，低于设计值 90℃。

（4）修正后新增余热回收系统的余热回收量折合节约天然气量约 10 703 396m^3/年（标况下），折合节约标准煤约 13 071t/年。

（5）该改造项目为排烟废热利用项目，且运行效果良好，建议结合实际情况尽量延长运行时间，增加效益。

案例二　背压式汽轮机供热改造在某电厂的应用

一、项目概况

某电厂是该市中心城区唯一大型热源点，承担着中心城区集中供热的主要任务。现有4台机组，装机总容量为2000MW。其中2×330MW（编号为1、2号）机组为2011年和2012年由纯凝改造的抽汽供热机组，单机工业抽汽量额定为50t/h，最大为70t/h，采暖抽汽量额定为330t/h，最大为450t/h，并同期配套建设热网首站一座，满足民用高温水集中供暖需求，设计供热能力480MW，折合供热面积为1200×10^4m^2；2×670MW（编号为3、4号）机组为纯凝机组。至2016年，实际工业供汽量平均约为15t/h，最大约为30t/h，民用高温水集中实际供热面积550×10^4m^2。

根据当地政府第50次常务会议要求，利用2015～2020年5年时间，继续推进该电厂热电联产改造。要求2017年年底，供热能力达到2400×10^4m^2；到2020年底，总供热能力达到（3400～4600）×10^4m^2。

为应对急剧增长的供暖需求，同时在全国经济下行压力不断增加的背景下，能够争取上网电量，维护全厂经济效益，该电厂急需对现有供热系统进行扩容，并配套改造相应设施。

二、热负荷分析

1. 热负荷指标

根据采暖热负荷详细资料调查以及对市建筑物围护结构实际情况的调研，现有具备供热条件的有规模的居民住宅和企事业单位中，采取节能措施建筑质量较好的建筑基本可占六成，而新增采暖面积根据国家规范要求将全部按节能建筑考虑。根据CJJ 34—2010《城镇供热管网设计规范》对我国三北地区采暖热指标的规定并结合城区供热发展实际，取值如下：

未采取节能措施住宅区：45W/m^2；

采取节能措施住宅区：35W/m^2；

未采取节能措施企事业单位：55W/m^2；

采取节能措施企事业单位：45W/m^2。

该市中心城区现有具备供热条件的居民住宅总建筑面积7110×10^4m^2，过渡期2018年前，市中心城区具备集中供热条件的综合居住区总建筑面积将达到8086×10^4m^2；现有具备集中供热条件的公建企事业单位总建筑面积为

$1500\times10^4m^2$，过渡期 2018 年前将增长 $492\times10^4m^2$ 左右，达到 $1992\times10^4m^2$。市中心城区近期规划 2018 年具备集中供热条件的采暖建筑物总面积将达到 $10\,078\times10^4m^2$。据此测算过渡期 2018 年前过渡期综合采暖热指标为 $40.4W/m^2$。

综合确定本期工程综合采暖热指标取值：$40W/m^2$。

2. 供热现状

该公司总装机容量为 2000MW，分两期建成，一期工程原为 2×330MW（1、2 号）亚临界、一次中间再热、两缸两排汽、凝汽式燃煤发电机组，分别于 1993 年 9 月和 1994 年 10 月投产发电，2002 年和 2003 年分别进行了增容改造，改造后额定出力为 330MW，最大连续出力为 340MW，铭牌改为 2×330MW 机组；二期工程为 2×670MW（3、4 号）超临界、单轴、三缸四排汽、反动凝汽式燃煤发电机组，分别于 2006 年 10 月和 2007 年 6 月投产发电。2011 年和 2012 年，通过采用打孔抽汽的方式，对 2×330MW 机组进行了供热改造，单机额定工业抽汽量为 50t/h，最大为 70t/h，四抽蒸汽参数为压力 0.79MPa（绝对压力），温度 327℃，额定采暖抽汽量为 330t/h，抽汽参数为压力 0.4MPa.a，温度 245.7℃，两台机组配套建设一座热网首站，设计供热能力为 480MW，设计接待面积 $1200\times10^4m^2$，设计供回水温度为 130/70℃，热网水母管为 DN1000，主要负责潍坊高新区行政区域的供暖用热。

2015～2016 年采暖季，实际供热面积约为 $550\times10^4m^2$。售热方式为趸售，趸售热价为 45.33 元/GJ。

3. 供热规划

（1）政府要求。根据市政府第 50 次常务会议要求，利用 2015～2020 年 5 年时间，继续推进该公司热电联产改造，建设发电厂至奎文区高温水供热主管网，助推供热控股有限公司整合奎文区供热市场，按照城区供热划分为四大片区的总体目标，率先实现奎文区和高新区“一张网”的供热格局，优化城市供热布局，提高城区供热保障能力和服务水平。

奎文区现有燃烧锅炉总吨位 835t/h，有市热力、万潍热电、城南热电、海利热力、珠海热力、百惠热力、古城热力等 7 家供热企业，上网供热面积 $1760\times10^4m^2$，实际供热面积 $1450\times10^4m^2$。根据政府要求，随着供热管网“汽改水”改造的推进和市场开发，到 2016、2017、2018 年，奎文区可利用供热面积分别达到 800×10^4、1200×10^4、$2000\times10^4m^2$；预计到 2020 年，奎文区和高新区可利用供热面积分别达到 $2000\times10^4m^2$ 和 $1100\times10^4m^2$。

（2）相关趸售企业预测需求。根据公司周围六家热力公司的统计预测，需集中供热面积 2016～2017 年实供面积为 $1081\times10^4m^2$，2017～2018 年实供面积为

$1801\times10^4m^2$，2018～2019 年实供面积为 $2129\times10^4m^2$，详细见附件，具体统计详见表 2-108。

表 2-108　　城区相关供热企业需某电厂供热计划表　　万 m^2

序号	供热期	供热面积	奎文区					高新区	合计
			市热力公司	万潍热电公司	五岳热力公司	城南热电	栋海热力	泰和热力	
1	2016～2017 年	上网面积	435.07	263.23	92.25	0	0	914	1704.55
		实供面积	289.81	155.91	35.4	0	0	600	1081
2	2017～2018 年	上网面积	835.73	375.06	302.98	192.75	56.39	1020	2782.91
		实供面积	598.86	220.86	137.62	154.4	39.67	650	1801.41
3	2018～2019 年	上网面积	897.91	493.31	302.98	263.85	183.17	1183	3324.22
		实供面积	643.42	297.17	155.62	204.31	131.68	700	2129.2

4. 改造后机组供热能力分析

根据上海汽轮机厂提供的《某电厂 2×670MW 汽轮机供热改造工程项目低压抽汽供热改造技术方案》，本期工程对 4 号机组进行供热改造后，单台机组最大抽汽工况参数：

最大抽汽量：600t/h；

抽汽压力：0.88MPa（绝对压力）；

抽汽温度：338.1℃；

疏水温度：90℃；

电功率：555 530kW。

在进行采暖抽汽时，由于抽汽参数较高，为了能量梯级利用，抽汽先经过背压式汽轮机发电做功发电和经过小汽轮机拖动热网循环水泵，再进入热网加热器进行加热。

本项目按照新增供热负荷 240MW 计算，需要消耗采暖抽汽 336t/h，其中 312t/h 蒸汽驱动背压汽轮发电机组做功发电 13.5MW（该部分电量接入全厂厂用电系统），剩余 23.4t/h 蒸汽驱动小汽轮机做功用来拖动热网循环水泵，采暖抽汽经过做功发电和拖动水泵后排汽［0.3MPa（绝对压力），242℃］进入热网加热器，该部分排汽热负荷为 240MW，满足新增热负荷需求。

当 1 号和 2 号机组中任何一台发生事故时，无法满足供热安全要求，此时需要将 4 号机组的供热能力发挥至最大，此时需要消耗采暖抽汽 600t/h，其中 553t/h 蒸汽驱动背压汽轮机发电机组做功发电 28.3MW（该部分电量接入全厂厂用电系统），剩余 46.8t/h 蒸汽驱动小汽轮机做功用来拖动热网循环水泵，采暖抽汽经过做功发电和拖动水泵后排汽［0.3MPa（绝对压力），242℃］进入热网加热器，该部分排汽热负荷为 429MW，用于满足供热事故安全性要求。

经过分析，4 号机组进行供热改造后正常供热下提供抽汽 336t/h，提供热负荷 240MW；事故工况下最大可提供 600t/h 采暖抽汽，可提供最大供热负荷 429MW。

5. 全厂供热安全性分析

本项目改造完成后，4 号机组成为供热机组，按全厂供热保证率不低于 70%考虑任一台供热机组事故停机时全厂供热安全性，详见表 2-109。

表 2-109　全厂供热安全分析

序号	类别	机组类型					总供热能力（MW）
		1 号机组	2 号机组	3 号组	4 号机组	3 号辅汽联箱	
1	最大抽汽能力（t/h）	450	450	0	600	50	
2	最大供热能力（MW）	318	318	0	429	36.3	1101
3	正常工况供热能力（MW）	240	240	0	240	0	720
4	事故工况 1 最大供热能力（MW）	事故	318	0	429	0	747
5	事故工况 2 最大供热能力（MW）	318	事故	0	429	0	747
6	事故工况 3 最大供热能力（MW）	240	240	0	事故	36.3	516.3

由表 2-109 中分析可知：

（1）正常供热工况下，全厂实际供热面积达到 $1800\times10^4m^2$ 时，需供热负荷 720MW，此时 1、2、4 号机组均提供热负荷 240MW。

（2）当 1 号或 2 号机组事故停机时，在不考虑工业抽汽情况下，单台机组最大抽汽量为 450t/h，可提供最大供热负荷 318MW，此时 4 号机组提供最大供热负荷 429MW，可以保证全厂热负荷 747MW，此时供热安全裕度超过 100%，满足安全裕度要求。

（3）当 4 号机组事故停机时，受原有热网首站供热设备、管道及场地限制，1 号和 2 号机组供热热负荷最大为 480MW；同时考虑 3 号机组辅汽联箱作为备用汽源，该汽源可提供热负荷 36MW，此时全厂可保证热负荷 516MW，此时供热安全裕度为 71.7%，满足安全裕度要求。

三、设计参数

1. 机组概况

该公司二期工程 2×670MW 汽轮机是由上海汽轮机有限公司生产的超临界、单轴、三缸、四排汽、中间再热、凝汽式汽轮机，型号为 N670－24.2/566/566，最大连续出力为 711MW，额定出力 670MW。机组采用复合变压运行方式，汽轮机具有八级非调整回热抽汽，汽轮机的额定转速为 3000r/min。汽轮机主要技术规范见表 2－110。

表 2－110　　　　汽轮机主要技术规范

序号	项　目	规　范					单位	备注
		THA	TMCR	VWO	TRL	高压加热器全停		
1	制造厂	上海汽轮机有限公司						
2	型式	超临界、单轴、三缸四排汽、一次中间再热、凝汽式汽轮机						
3	汽轮机型号	N670－24.2/566/566						
4	额定功率	670					MW	
5	发电机端功率	660.148	711.297	739.15	660.546	660.285	MW	
6	主蒸汽压力	24.2	24.2	24.2	24.2	24.2	MPa（绝对压力）	
7	主蒸汽温度	566	566	566	566	566	℃	
8	高压缸排汽口压力	4.308	4.668	4.913	4.652	4.486	MPa（绝对压力）	
9	高压缸排汽口温度	310.7	319.2	324.1	318.2	319.2	℃	
10	再热蒸汽压力	3.877	4.219	4.422	4.187	4.037	MPa（绝对压力）	
11	再热蒸汽温度	566	566	566	566	566	℃	
12	主蒸汽进汽量	1832.548	2001.69	2101.775	2001.69	1617.978	t/h	
13	再热蒸汽进汽量	1548.391	1682.304	1760.852	1672.971	1588.338	t/h	
14	额定排汽压力	4.4/5.4（平均 4.9）					kPa（绝对压力）	
15	夏季平均排汽压力	11.8					kPa（绝对压力）	
16	配汽方式	复合配汽（喷嘴调节＋节流调节）						
17	设计冷却水温度	20					℃	

续表

序号	项目	规范					单位	备注
		THA	TMCR	VWO	TRL	高压加热器全停		
18	给水温度	274.5	280.2	283.4	279.9	189.5	℃	
19	额定转速	3000					r/min	
20	转向	从汽轮机端向发电机端看为顺时针方向						
21	小汽轮机耗汽量	96.54	106.969	113.113	124.265	81.527	t/h	
22	工况下汽耗	2.776	2.814	2.843	3.03	2.45	kg/kWh	
23	工况下净热耗	7526	7509	7518	7995	7744	kJ/kWh	
24	给水回热级数	8 级（三高、四低、一除氧）						
25	低压末级叶片长度	1050					mm	
26	通流级数							
	高压缸	1＋11					级	
	中压缸	8					级	
	低压缸	2×2×7					级	
27	临界转速（分轴系、轴段的试验值一阶、二阶）							
		计算值	3 号机实测值	4 号机实测值				
	高中压转子	1640/1610，＞4000/＞4000	1430	1490			r/min	
	低压转子 A	1680/1600，＞4000/＞4000	1520	1420			r/min	
	低压转子 B	1690/1600，＞4000/＞4000	1500	1480			r/min	
	发电机转子	820/763，2300/2200	800/2040	840/2140			r/min	
28	启动方式	高中压联合启动						
29	变压运行负荷范围	18%～78%					%	两阀全开
30	最高允许排汽温度	121					℃	时间不能超过 15min

二期锅炉是由上海锅炉厂有限公司生产的超临界参数变压运行直流锅炉，单炉膛、一次再热、四角切圆燃烧、平衡通风、露天布置、固态排渣、全钢构架、全悬吊结构 Π 型锅炉。型号为 SG－2102/25.4－M954。

二期 2×670MW 发电机组为上海汽轮发电机有限公司生产的 QFSN－670－2

型三相同步汽轮发电机。发电机额定容量为744.4MVA，额定功率670MW，额定功率因数0.9，最大连续输出功率708MW。

2. 热网系统

原热网首站设计总供热面积为$1200 \times 10^4 m^2$，总供热负荷最大为480MW，平均为345MW，最小为240MW。设计汽源参数为0.40MPa（绝对压力），245.7℃，根据系统配置，疏水总回水设计温度为90℃。热网首站设计供回水温度为130/70℃，供热服务半径为11km，最大供热距离为14.8km，热网首站循环水泵扬程为1150kPa（115mH_2O），定压点压力为0.3MPa。

原热网首站设计总用汽量688t/h，其中原热网首站基本加热器用汽量为552t/h，工业汽轮机用汽量为128t/h，补水除氧为8t/h。由中压缸排汽口引出0.4MPa（绝对压力），245.7℃的过热蒸汽进入原热网首站后，一部分进入首站工业汽轮机以冲击方式带动汽轮机转子旋转，工业汽轮机采用电子调节的方式调节蒸汽量，控制转速，蒸汽做功后经各排汽支管汇入排汽总管，再进入预热加热器进行换热；一部分经各基本加热器支管进入各热网首站基本加热器，进行换热；另一部分经除氧器支管，进入除氧器，与原热网首站补水混合除氧后，作为补水进入热网循环水系统；还有一小部分蒸汽经调节阀进入疏水罐调节疏水罐压力。

热网疏水由原热网首站内的疏水泵经疏水管道送至供热机组2号低压加热器出口凝水管道内。在主厂房内还有流量测量装置及流量调节阀控制机组的回水量。

热网首站循环水系统作为城市一级热力网是城市热力网各二级站的热源。在二级站换热器内放热，加热热用户采暖回水。城市一级热力网55℃左右（设计值为70℃）回水经回水母管回至原热网首站，经全自动刷式过滤器过滤除污后，由热网循环水泵加压至出水母管（即热网加热器进水母管），再进入预热加热器，经热网预热加热器与工业汽轮机排汽进行换热升温至60℃左右（设计值为100℃）进入热网基本加热器，升温至90℃左右（设计值为130℃）后，经供水母管进入城市一级热力网供水母管，分配至各二级热力站，与各二级热力网循环水热交换降至55℃后，回至城市一级热力网回水母管，回至热网首站，完成一次循环，如此往复。系统正常运行采用汽泵，由工业汽轮机拖动，电泵作为备用。热网循环水设计最大总循环水量6880t/h。

热网首站加热器主要技术规范、水泵主要技术规范和工业汽轮机主要技术规范见表2–111～表2–113。

表 2－111　　热网首站加热器主要技术规范

序号	名　　称		单位	数　　值	
				热网首站基本加热器	热网首站预热加热器
1	型式			卧式 U 型管	卧式 U 型管
2	型号规格			RJBW－1175－1.6/1.0－2	RJBW－640－1.6/1.0－2
3	设计工况传热量		MW	100	45
4	总换热面积		m^2	1175	640
5	蒸汽冷却段面积		m^2	280	91.8
6	冷凝段面积		m^2	570	380.3
7	疏水冷却段面积		m^2	220	79.4
8	设计总传热系数		W/m^2 • ℃	2647	3099
9	流程数（管/壳）			2/1	2/1
10	传热管外径×壁厚		mm×mm	19×1.5	19×1.5
11	传热管根数（近似值）		根	1563	1081
12	管内流速		m/s	1.88	1.98
13	壳侧压力降		MPa	0.05	0.035
14	管侧压力降		MPa	0.05	0.05
15	净重		kg	31 000	19 750
16	运行重/满水重		kg	38 500/46 000	28 450/37 150
17	设计压力	管　侧	MPa	1.6	1.6
		壳　侧	MPa	1.0	1.0
18	设计温度	管　侧	℃	150	150
		蒸汽进口区	℃	250～280	190
		壳　侧	℃	295	220
19	设计流量	管　侧	t/h	1739	986
		壳　侧	t/h	139.6	64.3
20	进水温度		℃	81	70
21	出水温度		℃	130	100
22	疏水温度		℃	92	80
23	汽侧试验压力		MPa	1.53	1.34
24	水侧试验压力		MPa	2	2
25	制造厂家		济南华能供热设备有限公司		

表 2–112　　水泵主要技术规范

序号	名称	单位	循环水泵	凝结水疏水泵	B/C 补充水泵	A 补充水泵
1	型号		XS300–700A	DG360–40×7	IS95–100J–315	IS150–95–315
2	型式		卧式中开式单级双吸离心泵	卧式清水离心泵（多级）	卧式清水离心泵	卧式清水离心泵
3	设计流量	t/h	1900	370	75	155
4	设计扬程	kPa（mH_2O）	1150（115）	2800（280）	320（32）	320（32）
5	工作介质		水	水	除氧软化水	除氧软化水
6	设计温度	℃	70～100℃	80～100℃	～104℃	～104℃
7	水泵转速	r/min	1480	1480	1480	1480
8	必需的汽蚀余量	m	7.5	4.9	2.5	4.5
9	效率	%	84	78	60	77
10	轴功率	kW	708	361	10	23
11	配电功率	kW	900	500	15	30
12	水泵冷却方式		水冷	水冷	水冷	水冷
13	进/出口管径	mm	400/300	200/200	95/100	150/95
14	外形尺寸	mm	1400*1380*1500	2100*1050*900	1351*610*695	1481*660*785
15	总重	kg	3500	3300	200	260
16	制造厂家		长沙水泵制造厂有限公司			

表 2–113　　工业汽轮机主要技术规范

序号	项　目	单　位	数　据
1	型号		B1.0–0.4/0.15
2	型式		背压式
3	额定功率	kW	1000
4	最大连续功率	kW	900
5	额定工况内效率	%	55
6	额定进汽压力	MPa（绝对压力）	0.4
7	额定进汽温度	℃	245.7
8	额定排汽压力	MPa（绝对压力）	0.15

续表

序号	项　目	单　位	数　据
9	额定排汽温度	℃	198
10	调速范围	rpm	800～1650
11	最高允许进汽压力	MPa（绝对压力）	1.6
12	最高允许进汽温度	℃	350
13	进汽流量	t/h	32
14	汽耗率	kg/kWh	32
15	跳闸转速	r/min	1650～1700
16	临界转速	r/min	3601
17	与循环水泵连接方式		弹性膜片式联轴器
18	安装方式		卧式
19	进汽口数量及尺寸	个/mm	两个 DN350
20	排汽口数量及尺寸	个/mm	两个 DN500
21	排汽口方向		双向对称布置
22	外形尺寸（包括外罩壳）	mm	2500×2310×2390
23	进汽阀型式		机械速关阀（平面）或球阀
24	调节方式		电子调节
25	执行器型号		Ncom－10NS
26	超速保护		电子及机械双重保护
27	汽封型式		炭精＋迷宫式
28	轴承型式		滑动轴承
29	润滑型式		自润滑
30	转子叶轮叶片装配型式		嵌入式
31	汽轮机热胀补偿方式		纵向滑销系统
32	额定工况运行时轴承全振动值	mm	≤0.05
33	制造厂家	青岛四三零八机械厂	

四、方案比选

为了接带奎文区、高新区的规划供热面积，以及满足现有老城区供热面积的增长，拟对 1 台 670MW 机组进行供热改造，本项目采用汽轮机本体打孔抽汽技术。

1. 技术原理介绍

打孔抽汽供热技术就是在凝汽式汽轮机的调节级或某个压力级后引出一根抽汽管道，接至热网首站加热器。一般工艺流程图如图 2–20 所示，在凝汽式汽轮机的调节级或某个压力级后引出一根抽汽管道，通过逆止阀、快关阀及调节阀接至采暖加热器，并可配置一个调压器，按热网压力信号去控制汽轮机进汽调节阀的开度，即可实现调整抽汽口压力或抽汽量的目的。

打孔抽汽改造后，通流级反动度及部分轮毂上承受的压力发生变化，从而引起机组轴向推力发生变化，抽汽后轴向推力有明显的下降趋势，总轴向推力有负向增大的趋势，改造前须进行推力轴承改造及轴向推力核算，确保改造后可以满足各纯凝工况和抽汽工况下汽机本体的安全运行。

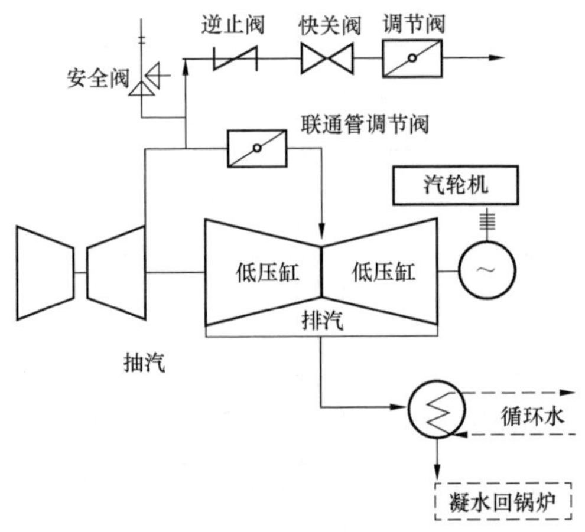

图 2–20　汽轮机打孔抽汽改造示意图

2. 方案论证

根据国内机组供热改造的经验，对于汽轮机本体改造一般有如下三种方式：

方案一：中低压连通管上抽汽供热。在连通管上开孔（即更换新的连通管），顺汽流方向在开孔后的管道上加装蝶阀，通过蝶阀调整抽汽压力，实现调整抽汽的目的。调整后压力可达到该处原设计压力，这样可以保证中压末级叶片的安全。

方案二：在缸体内安装回转隔板，实现调整抽汽的目的，达到供热负荷的要求。

方案三：通过汽轮机本体打孔抽汽，来实现供热负荷的要求。

分析比较上述三个方案，可知：

方案一：此方案改造工作比较简单，施工工作量较小，造价也相地较低，各方面均优。另外，此改造方案在供热改造中比较常用，已经有投产运行的同类机组，方案比较成熟。

方案二：在缸体内安装回转隔板，实现调整抽汽的目的，该方案需更换的部件太多，造价也会大大提高，且施工工期比较长。

方案三：该机组汽缸下部管道密布，加之级数较多，在汽缸上再单独开孔抽汽空间有限。而且若在高中压缸通流的中间某处抽汽，对转子上的推力变化较大，受推力盘的承受能力的限制。

综合分析，本次供热改造拟采用中低压连通管上抽汽改造方案。即在中、低压缸连通管上开孔，顺汽流方向在开孔后的管道上加装液动蝶阀，通过蝶阀调整抽汽压力，实现调整抽汽的目的。本方案设计调整抽汽压力为 0.88MPa（绝对压力），温度为 338.1℃，最大抽汽量 600t/h。由于该汽源参数较高，因此用该汽源一部分引入背压汽轮机发电机组做功发电，另一部分引入小汽轮机拖动热网循环水泵做功，做完功的汽源再进入热网加热器加热热网水。此方案在液动蝶阀前引出抽汽口进行抽汽，相对改造工作比较简单，施工工作量较小，造价也相对较低。另外，此改造方案在供热改造中比较常用，已有多台投产运行的同类型机组，方案比较成熟。

3. 方案概述

本方案适用于 4 号机组供热改造工程。

方案采用从中低压连通管两根立管上引出一根供热母管，作为供热热源，供热母管横向安装，并在供热母管下方增设支架（包括弹簧支架、立柱组件等），支架已考虑连通管抽汽压力调整蝶阀的荷载，供热母管后加装安全阀、抽汽逆止阀（气动）、抽汽快关阀（液动）、抽汽调节阀（电动）。如图 2–21 所示。

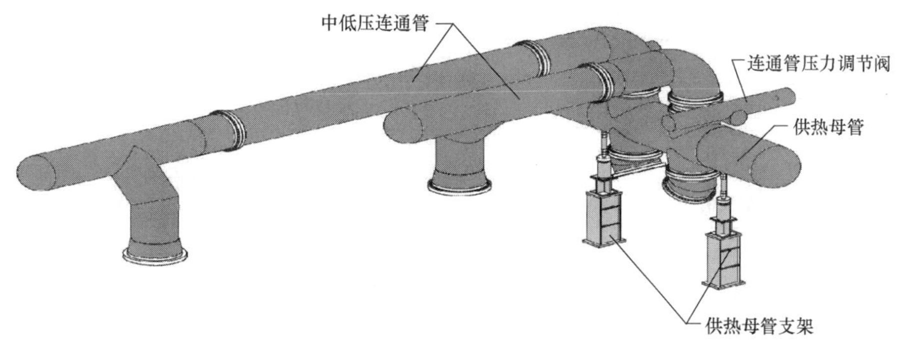

图 2–21　4 号机组打孔抽汽改造示意图

4. 热网循环水泵驱动形式选择

热网循环水泵驱动方式的常规形式有电动和汽动两种方式，本项目按照满足最大抽汽量为 600t/h 供热能力配置两台循环水泵，单台循环水泵扬程为 115m，流量为3200t/h，额定功率为1215kW。目前，循环水泵驱动方式分为电驱、采暖抽汽驱动两种，均为成熟应用的技术方案，运行的可靠性均可保证，表2-114为电驱变频循环水泵及汽驱循环水泵投资比较。

表2-114　电驱循环水泵及汽驱循环水泵比较

项　目	电驱循环水泵	汽驱循环水泵
配置	高压柜、高压变频器、电缆、电机等	小汽轮机、配套控制系统等
投资	150万元	180万元
运行可靠性	可靠	可靠

可见，汽驱循环水泵投资稍高。

当采用4号机组的采暖抽汽作为热网循环水泵驱动汽源，且小机排汽压力为0.3MPa（绝对压力）时，单台热网循环泵需蒸汽量为23.7t/h，此时可节省1215kW的厂用电。在额定供热工况下，为了保证对外供热不变，4号机需多抽约1.6t/h采暖蒸汽。经计算，项目配置两台汽动循环水泵，改造后每个供暖季可获得40.3万元收益。项目收益计算见表2-115。

表2-115　项目收益计算表

参　数	电驱循环水泵	汽驱循环水泵
采暖时间（h）	2880	2880
热负荷系数	0.732	0.732
标准煤价格（元/t）	553	553
发电煤耗（g/kWh）	287.89	287.89
采暖抽汽焓值（kJ/kg）	3171.69	3171.69
采暖抽汽疏水温度（℃）	90	90
循环水泵消耗功率（MW）	2.44	2.44
循环水泵消耗电量（万kWh）	514.4	0
循环水泵消耗蒸汽流量（t/h）	0	3.2
循环水泵采暖季消耗标准煤量（t）	1480	754
全厂供电煤耗（g/kWh）	268.2	267.6
汽驱比电驱节约标准煤量（t）	0	726
汽驱比电驱节约收益（万元）	0	40.3

在汽轮机组抽汽 600t/h 工况不变条件下，改造前厂用电率按 6%核算。从汽轮机组发电煤耗角度分析，由于汽轮机发电机组的发电量和抽汽量没有变化，因此采用汽动和电动的两种形式时汽轮机的发电煤耗没有变化。

从汽轮机组供电煤耗角度分析，采用电驱拖动循环水泵时，由于增加厂用电此时汽轮机机组的煤耗为 268.2g/kWh；采用汽驱拖动循环水泵时，相比电驱形式减少了厂用电，此时汽轮机机组的煤耗为 267.6g/kWh；综合比较汽驱形式比电驱形式的供热煤耗少 0.6g/kWh。

从经济性、投资、煤耗、运行可靠性等角度分析，本项目推荐采用汽动小汽轮机热网循环水泵的方式进行选型。

五、投资估算与财务评价

（1）投资估算。本项目主要包括 4 号机组本体采暖抽汽改造、扩建 1 座热网首站、化学水系统扩容及相关辅助系统等内容。

静态建设投资 15 464 万元，建设期贷款利息 758 万元，动态投资 16 222 万元，静态投资中，工程费用 15 464 万元，其中主辅改造工程 13 813 万元，其他费用 915 万元，基本预备费 736 万元。

（2）财务评价。本项目投资的内部收益率为 23.88%，投资回收期为 4.51 年，项目投资盈利能力较强；从敏感性角度分析，静态投资、售热价、标准煤价、上网电价分别调整正负 10%和 5%时，项目总投资内部收益率在 19.43%～28.35%之间，抗风险能力很强。

 案例三　热电解耦技术在某电厂的应用

一、项目概况

1. 火电灵活性改造的背景及意义

随着我国经济发展进入新常态，电力生产消费也呈现新特征，国内火电设备利用小时数持续下降。据中国电力企业联合会 2015 年电力工业统计快报统计，受电力需求增长放缓、新能源装机容量占比不断提高等因素影响，全国 6000kW 及以上电厂发电设备平均利用小时数继续下降，2015 年底全国火电装机容量 9.9 亿 kW（其中煤电 8.8 亿 kW），设备平均利用小时数 4329h，同比降低 410h。随着可再生能源的进一步发展和电力市场改革的推进，火电机组灵活性调峰是所有火电厂将要面临的常态。火电灵活性改造的意义重大：

（1）缓解电热矛盾的需要。由于供热负荷越来越大，再加上冬季供热时机组“以热定电”的运行模式，使得机组对于电负荷的调节能力越来越小。伴随着国家

关于风电消纳、火电机组灵活性提升改造的相关政策出台，在供热季，如何提高火电机组负荷调节能力为当前亟待解决的问题之一。

（2）缓解电网弃风的需要。近年来，风电持续快速发展的同时，部分地区出现了严重的弃风问题，消纳已成为制约风电发展的关键因素。而造成弃风的主要原因是，供热期夜间负荷低谷，供热需求高，热电联产机组出力较高，剩余电力空间减少，而此时往往是风资源较好时段，由此造成“弃风”。进行火电灵活性改造，提升电源调峰能力，是破解风电弃风的理想措施。

（3）快速响应电网调度的需要。当可再生能源的发电容量在电网中所占比重较大时，其出力的不确定性将对电力系统的调节能力带来巨大挑战；同时发电侧及需求侧的大量不确定因素也影响着电力系统的安全稳定运行。因此，为确保运行过程的供需平衡，提高电力系统调节能力，从而适应可再生能源的高速发展，提高电力系统对可再生能源的消纳能力，确保电力系统的安全稳定运行，对电力系统进行灵活性改造已势在必行。机组火电灵活性改造后，具备了快速升降负荷的能力，调峰幅度大，可以快速响应电网调度的需要。

（4）响应国家政策的需要。2016 年 9 月 3 日，中国向联合国递交《巴黎协定》批准文书，向全球做出其作为世界大国的低碳承诺。2016 年 3 月 22 日，五部委联合下发热电联产管理办法，办法中第十三条明确提出“为提高系统调峰能力，保障系统安全，热电联产机组的应按照国家有关规定要求安装蓄热装置”。国家能源局于 2016 年 6 月 28 日发布了《关于火电灵活性改造试点项目的通知》，通知公布了提升火电灵活性试点项目清单，试点项目共 16 个。

（5）扩大机组供热能力的需要。受电网调度的影响，机组供热能力无法充分释放；同时从发电效益和发电煤耗的角度来考虑，机组供热改造的思路较为狭窄，不能单一从提高能源利用率的角度出发，否则电热矛盾无法解决。在保证汽轮机组低压缸最小冷却流量，不影响机组本体安全的情况下，提高机组灵活性，尽量降低机组负荷，分别考虑主蒸汽、热再、中排抽汽、电锅炉等供热方式，利用火电灵活性改造这一技术来提高机组供热能力非常必要。

2. 电厂现状

某电厂现有两台锅炉为亚临界、一次中间再热、四角切圆燃烧、平衡通风、固态排渣、自然循环汽包炉，型号为 HG－1025/17.5－YM36。汽轮机为单轴、双缸、双排汽、抽汽凝汽式汽轮机，型号为 C250/N300—16.7/537/537。

二、电负荷与热负荷分析

1. 电负荷分析

（1）电网负荷特性。

1）全网统调用电日负荷。在 2015 年非供热期，该地区统调用电峰值在白天，出现两个用电高峰期，大约上午 10:30 和下午 17:00 左右，晚上 23:00 至凌晨 5 点左右为用电低谷。

在 2015 年供热期，该地区统调用电峰值在白天，出现两个用电高峰期，大约上午 11:00 和下午 17:00 左右，晚上 23:00 至凌晨 5 点左右为用电低谷。

2）全网直调风电发电有用功。截至 2016 年 6 月底，该省可再生能源电力装机容量达到 703.4 万 kW，是 2010 年的 2.28 倍，年均增速达到 16.9%，占电力装机比重达到 26.1%，比 2010 年提高 10.4 个百分点。其中，风电装机容量 522.6 万 kW，生物质发电装机容量 69.99 万 kW，水电装机容量 101.6 万 kW，光伏装机容量 9.21 万 kW。

该地区风电直调发电量每天的波动比较大，低谷时，风电几乎处于停止弃风状态，峰值时，达到 2500 万 kWh。特别是在夜间 23:00 至凌晨 5:00 左右，风电处于低谷，大量风电弃风。

（2）电厂机组电负荷运行特性。该电厂投产初期，发电量始终保持连年小幅递增，2010～2013 年分别完成 29.04 亿、29.46 亿、29.8 亿、30.04 亿 kWh。但是随着国家宏观调控、经济增速放缓及地方政策影响，2014 年该电厂发电量完成 27.52 亿 kWh，2015 年通过转移、争取大用户等措施，仅取得 26.3 亿 kWh 电量计划。该电厂 2016 年发电量计划为 23.01 亿 kWh，随着供热负荷的增长，供热期需双机运行，则非供热期即使单机运行，还有两个月的电量缺口，届时双机停备时间将会更长。

机组非供热期内，电负荷在 150～300MW 负荷之间波动，平均电负荷在 210MW 左右，大部分时间为单台机组运行，甚至在 5 月份出现过两台机双停的模式。

2015～2016 年供热期厂内两台机组发电功率相对比较稳定，在 150～250MW 之间波动，平均电负荷在 200MW 左右，机组电负荷为 70%左右。

2. 热负荷分析

（1）采暖综合热指标选取。供热分区内各类建筑热指标取值如下：

综合住宅（占 70%）：47W/m^2；

办公、商服、教学楼类建筑（占 20%）：60W/m^2；

场馆、厂房类建筑（占 10%）：101W/m^2；

经计算后取采暖综合热指标：55W/m^2。

（2）厂内供热能力分析。

1）厂内热源供热能力分析。该地区供热期约 183 天，设计供热室外计算温度－24.2℃，供热期平均温度－9.4℃，供暖室内计算温度 18℃，设计采暖综合热指标约为 55W/m^2。

厂内 2013 年进行了循环水余热利用改造，热泵回收 95.78MW 循环水余热。2016 年进行了工业供汽改造，两台机组合计最大供汽量为 100t/h，从再热热段蒸汽处抽取。同时，现每台机从再热冷段抽汽约 20t/h 用于驱动热网循环泵。机组最大供热能力 710.35MW，依据 55W/m^2 的综合供热指标，厂内最大供热面积为 1292×10^4m^2。

2）厂内管网供热能力分析。厂内现有热网水供回水母管规格为 $\phi1220\times13$mm。随着近几年热负荷的增加，厂内现有管网的供热能力逐渐受到限制。经计算，现有热网供回水母管的通流量为 10 072t/h。为了满足未来三年的供热负荷，热网水流量逐渐增加至 14 426t/h。因此，为了满足 2019～2020 年最大供热负荷，需新建一条 DN800 的热网管道。

（3）采暖热负荷现状及规划。按照某市热电联产规划，该电厂将承担整个新区的供热任务，随着新区建设的逐步推进，电厂承担供热面积逐渐增加。

上一个供热期，厂内供热参数情况如下：

1）热网供水压力与温度：厂内热网供水压力在整个供热期内都相对比较平稳，基本维持在 1.0MPa 左右；供水温度在整个供热期内变化相对较大，供热初末期基本维持在 65～85℃之间，供热高寒期维持在 85～105℃之间。

2）热网回水压力与温度：在供热期内，热网回水压力总体相对比较稳定，维持在 0.25～0.35MPa 之间，但存在回水压力达到 0.4MPa 左右的情况；回水温度在整个供热期内变化相对较大，供热初末期基本维持在 40～45℃之间，高寒期维持在 45～55℃之间。

3）热网供水流量：供水流量在整个供热季相对稳定，在 6000～8000t/h 之间，基本维持在 7500t/h 左右。

4）采暖供热量：通过查询运行数据，根据热网水流量以及供回水温差，2015～2016 年供热期内，总供热量为 4 608 742GJ，供热面积为 1183×10^4m^2。

5）供热规划：2014～2016 年供热期实际供热面积及供热公司提供的 2016～

2021 年供热期预估供热面积及最大供热热负荷数据见表 2–116。

表 2–116　　电厂承担供热面积及热负荷

供热期	供热面积（$\times 10^4 m^2$）	综合热指标（W/m^2）	热网最大热负荷（MW）
2014～2015 年	1024	55	563
2015～2016 年	1183	55	651
2016～2017 年	1374	55	756
2017～2018 年	1562	55	859
2018～2019 年	1706	55	938
2019～2020 年	1836	55	1010
2020～2021 年	1966	55	1081

根据电厂目前供热现状，其供热能力可以满足新区 2016～2017 年供热期的热网热负荷需求，但随着供热能力的快速增长，电厂供热能力存在不足。

（4）工业热负荷现状及规划。2016 年，该厂基本完成厂内工业供热的改造。依据规划以及业主提供的数据，工业供热设计热负荷为 100t/h，热用户入口蒸汽参数为 0.8MPa，温度达到饱和温度以上即可。个别时段需要压力为 1.6MPa 的蒸汽，但会提前一周通知供热企业，蒸汽流量不大。

工业热负荷调查如下：

1）目前 A 企业供汽量平均为 25t/h，最大冬季在 35t/h；

2）预计 B 企业平均用汽量为 35t/h，最大量在 45t/h 以上；

3）合计供汽量 80t/h，全年利用小时数为 8760h；

4）未来三年内将增至 100t/h。

3. 电热负荷匹配分析

图 2–22 为 2015～2016 年供热期内，1 号机组电功率和供热热负荷运行数据统计图。

从图 2–22 可以看出，机组电功率在整个供热期内变化相对较小，同时负荷率维持在 70%的高位。而热负荷由于气温的变化，供热初末期相对较小，在高寒期才达到峰值。本次火电灵活性改造，保证冬季供热的前提下，使得机组电功率能够进行灵活调节，并实现深度调峰。

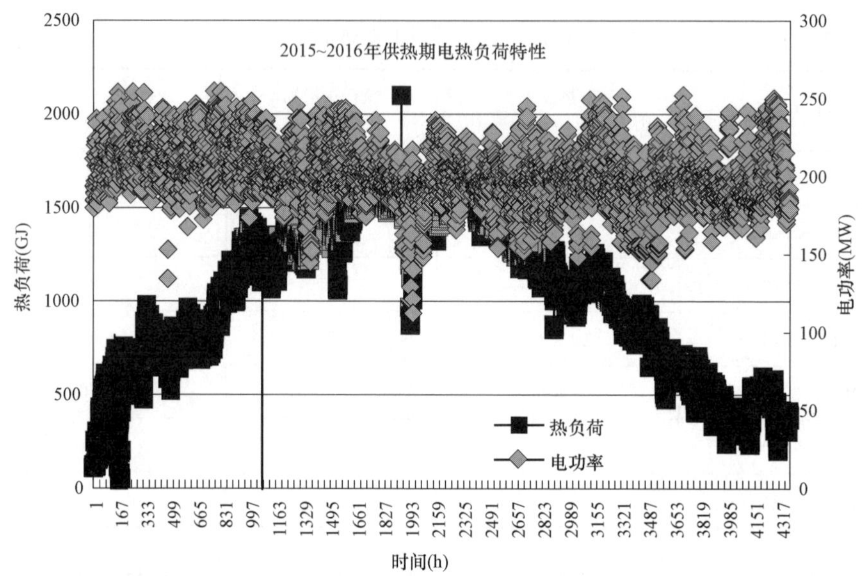

图 2–22　1 号机组电功率和供热热负荷运行数据统计图

三、设计参数

1. 锅炉设计参数

电厂现有两台锅炉为哈尔滨锅炉有限公司生产的亚临界、一次中间再热、四角切圆燃烧、平衡通风、固态排渣、自然循环汽包炉，型号为 HG–1025/17.5–YM36。

2. 汽轮机及辅机设备现状

（1）汽轮机技术参数。该电厂汽轮机的额定功率（TRL）为 300MW，最大连续功率（T–MCR）为 318MW，最大功率（VWO）为 336MW。控制系统采用数字式电液调节系统，汽轮机采用轴向推力自平衡、多层缸结构。转子共有 36 级，其中第 1 级为调节级，其余 35 级为压力级，高压缸通流部分反向布置。汽轮机的主要技术参数和主要工况技术数据详见表 2–117 和表 2–118。

表 2–117　　汽轮机组主要技术参数

1	机组型号	C250/N300—16.7/537/537
2	机组型式	单轴、双缸、双排汽、抽汽凝汽式汽轮机
3	主蒸汽压力（额定）	16.7MPa

续表

4	主蒸汽温度（额定）	537℃
5	再热蒸汽温度（额定）	537℃
6	额定排汽压力（额定）	4.9kPa
7	采暖抽汽压力	0.245～0.49MPa 压力可以调整 （采暖抽汽疏水进除氧器，温度按抽汽压损为5%时对应压力下的饱和水温）
8	最大采暖抽汽流量（1025/960t/h）	500/550t/h
9	额定采暖抽汽流量	340t/h
10	额定转速	3000r/min
11	旋转方向	从调速端向发电机看为顺时针
12	冷却水温（设计水温）	20℃
13	维持额定功率时的最高冷却水温	33℃
14	锅炉给水温度	275～280℃
15	回热系统	三级高压加热器（内设蒸汽冷却器和疏水冷却器），一级除氧器和四级低压加热器组成八级回热系统，四段抽汽，用于加热除氧器，驱动汽泵，同时具备供不小于50t/h正常用辅助蒸汽的能力，五级抽汽具备供采暖蒸汽的能力

表 2-118　　　　汽轮机主要工况技术数据

序号	项目	发电机净功率 MW	排汽压力 kPa（绝对压力）	补给水率（%）	净热耗率（kJ/kWh）	主汽流量	主汽温度	主汽压力	抽汽量	汽耗率（kg/kWh）
1	铭牌功率（TRL）	300	11.8	3	8243.4	960	537	16.7	0	3.199
2	最大连续功率（T-MCR）	318	4.9	0	7869.4	960	537	16.7	0	3.011
3	阀门全开功率（VWO）	336	4.9	0	7868.5	1025	537	16.7	0	3.146
4	热耗率验收工况（THA）	300	4.9	0	7829.5	882.69	537	16.7	0	2.942
5	75%铭牌功率运行工况（定压/滑压）	225	4.9	0	7897.9	646.35	537	16.7	0	2.873
					8010.1	650.23	537	13.49		2.890

续表

序号	项目	发电机净功率MW	排汽压力kPa（绝对压力）	补给水率（%）	净热耗率（kJ/kWh）	主汽流量	主汽温度	主汽压力	抽汽量	汽耗率（kg/kWh）
6	50%铭牌功率运行工况（定压/滑压）	150	4.9	0	8376.0	439.14	530.8	16.7	0	2.927
					8345.6	439.26	530.8	9.85		2.927
7	40%铭牌功率运行工况（定压/滑压）	120	4.9	0	8705.3	363.68	522.9	16.7	0	3.030
					8637.0	361.42	522.6	7.85		3.012
8	30%铭牌功率运行工况（定压/滑压）	90	4.9	0	9195.9	286.81	514.0	16.7	0	3.185
					9054.3	281.98	513.4	5.85		3.132
9	全部高压加热器停用	300	4.9	0	8157.4	779.55	537	16.7	0	2.598
10	额定采暖抽汽工况	273	4.9	340	6252.17	960	537	16.7	340	3.511
11	最大采暖抽汽工况	244.5	4.9	530	5163.42	960	537	16.7	550	3.925

（2）主要辅机技术参数。

凝汽器：双流程，N－19000－6；

循环水泵：单级双吸卧式离心泵，G56Sh；

凝结水泵：立式多级筒袋式离心泵，9LDTNB－5PJ；

除氧器：卧式内置式，DFST－1080150/175；

汽动给水泵：卧式筒体，FK6G32AM；

小汽轮机：单缸、变转速、变功率、冲动式、凝汽式、下排汽，TGQ06/7－1。

3. 供热系统现状

（1）热网首站。电厂现有热网加热系统由热网首站、一次热力管网、二级换热站、二次热力管网、热用户组成。热网首站归电厂管理，热力一次网、二次网归供热分公司管理。热网首站热源为电厂1号及2号机组的五段抽汽，首站内设置有8台热网加热器。热网加热器主要技术参数见表2－119。

表 2-119　　热网加热器主要技术参数

名　　称	单位	数值
型式		加热器底部（带疏水罐）
型号		HBW1700-1400-0.54/1.6-QS
换热面积	m^2	1406
流程数	管程（水）/壳程（蒸汽）	2/1
管侧/壳侧设计流量	t/h	1350/138
管侧/壳侧设计压力	MPa	1.6/0.54
管侧/壳侧工作压力	MPa	1.3/0.49
管侧/壳侧水压试验压力		2.0/0.78
管侧/壳侧设计温度	℃	162/284
管侧/壳侧入口工作温度	℃	70/263.2
管侧/壳侧出口工作温度	℃	130/151
供热管数	根	3514
传热管外径×壁厚	mm	ϕ19×1.2
疏水罐容积	m^3	1.5
给水端差	℃	24.9
疏水端差	℃	8.1
数量	台	共 8 台每机 4 台

按照 8 台热网加热器的设计参数，热网水总的设计流量为 10 800t/h，热网加热器的最大供热能力为 753MW。现有一次热网主管公称直径为 DN1200，设计供回水温度为 130/70℃。

根据该市集中供热实际情况，电厂供热首站提供 90～100℃左右的供热用水到供热公司二级换热站，通过二级站内板式换热器供新区城镇居民冬季采暖供热，一次网回水温度为 50～60℃，再送回电厂供热首站加热升温。

（2）热泵系统。电厂于 2013 年 7 月实施了 1 号机组循环水余热回收利用改造，安装 6 台单机容量为 38.77MW 的蒸汽驱动溴化锂吸收式热泵，回收 1 号机组部分循环水余热 95.8MW。热泵机组驱动蒸汽来自机组五段采暖抽汽，热泵承担基本热负荷，原有热网加热器作为尖峰加热器。

热泵机组设计可将采暖用热网回水从 58℃加热到 78℃左右，循环冷却水由

38℃降至 30℃后作为冷介质再去凝汽器循环利用。热泵设备的主要技术参数见表 2-120。

表 2-120　　　　热泵设备主要技术参数表

型号		XRI3.2-38/30-38.77（58/78）	
制热量		kW	38 770
		×10⁴kcal/h	3333.4
热水	进出口温度	℃	58→78
	流量	t/h	1667
	阻力损失	mH_2O	8
	接管直径（DN）	mm	450
余热水	进出口温度	℃	38→30
	流量	t/h	1717
	阻力损失	mH_2O	5
	接管直径（DN）	mm	450
蒸汽	压力（表压）	MPa	0.22
	耗量	kg/h	36 670
	凝水温度	℃	≤90
	凝水背压（表压）	MPa	≤0.05
	汽管直径（DN）	mm	400
	凝水管直径（DN）	mm	150
电气	电源	3ϕ-380V-50Hz	
	电流	A	77.5
	功率容量	kW	50
外形	长度	mm	11 200
	宽度		2×4100
	高度		7100（含运输架）
运行质量		t	127
运输质量			103

（3）热水炉。厂内建设 2×116MW 供热热水炉，分别于 2016～2017 年供热期、2017～2018 年供热期投运。热水 2×116MW 供热热水炉建成后，将能够基本满足2016～2021 年近期规划中采暖热负荷的增长需求，因此，对于原有2×300MW

热电联产机组及热泵组成的供热系统而言，无论 2×116MW 采用切块单独运行还是与电厂现有热网联合运行的方式，热电联产机组承担基本热负荷。

四、方案比选

1. 火电灵活性

火电灵活性包含多个方面，该电厂包含运行灵活性和燃料灵活性两方面。

运行灵活性是指提升已有煤电机组（包括纯凝机组与热电机组）的调峰幅度、爬坡能力以及启停速度，为消纳更多波动性可再生能源，灵活参与电力市场创造条件。

燃料灵活性是指利用已有的煤电设备，掺烧/混烧秸秆、木屑等生物质，实现生物质原料的清洁利用，减少大气污染。

本次只进行运行灵活性改造：通过分析蓄热系统和电锅炉供热等系统实现电厂热电解耦方式。

2. 蓄热调峰系统技术路线

蓄热调峰系统在供热期内运行，主要起到满足外网热负荷由于温度的变化发生的波动，以及实现在高峰值的热负荷情况下的热电解耦作用。

蓄热罐内部储存热水，因为工作压力为常压，最高工作温度不高于 98℃。水温不同，水的密度不同。在一个足够大容器中，热水在上，冷水在下，中间为过渡层，这就是蓄热罐内水的分层原理。蓄热罐根据水的分层原理设计和工作的，并使其工作保持在高效率。蓄热时，热水从上部水管进入，冷水从下部水管排出，过渡层下移；放热时，热水从上部水管排出，冷水从下部水管进入，过渡层。

蓄热罐的工作原理如图 2-23 所示。

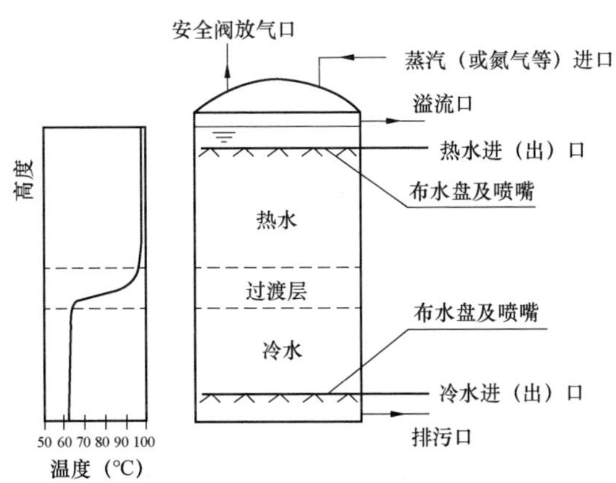

图 2-23 蓄热罐工作原理示意图

蓄热罐工作过程的实质就是其蓄热放热过程，在用户低负荷时，将多余的热能吸收储存，等负荷上升时再放出使用。蓄热罐工作时，应保证其进出口水量平衡，保持其液面稳定，使其处于最大工作能力。另外，为避免蓄热罐内的水溶解氧而被带入热网，降低热网水质，蓄热罐内的液面上通常充入蒸汽（或氮气），保持微正压，使蓄热罐内的水和空气隔离。

3. 汽轮机深度调峰技术路线

汽轮机系统改造主要围绕如何在热电解耦阶段时（机组低负荷运行）满足采暖热负荷需求进行。在热电解耦阶段时，机组参与调峰，此时采暖抽汽量减少，尤其在外界热负荷需求大时，将难以满足需求。

目前热电联产机组采暖抽汽基本从中低压缸连通管抽出，通过在连通管设置采暖抽汽蝶阀引出抽汽管道至设置的热网加热器。联通管抽汽量主要限制于低压缸最小排汽流量。低压缸排汽流量限制主要作用为带走末级叶片的鼓风损失，防止超温。机组实际运行中 LV 阀的开度往往留有较大裕量，抽汽量未能达到最大抽汽流量。对于常规 300MW 抽汽供热机组，每多抽汽 100t/h，可使机组负荷下降约 16MW。实际中可通过 LV 阀调整增大抽汽流量，以末级叶片金属温度和低压缸轴振为监测对象，参数不明显升高，即可再对 LV 阀进行调整。

高低旁路改造主要利用主蒸汽和再热蒸汽通过减温减压直接供热。对于主蒸汽减温减压供热，利用机组原有高旁减温减压器或新设置的减温减压器，利用锅炉给水泵出口减温后再进入锅炉再热器加热后从再热蒸汽管道引出，后面还可根据蒸汽参数要求进行减温减压。主蒸汽减温减压供热可不受抽汽汽量的限制。

再热蒸汽供热可以分冷再蒸汽或热再蒸汽两种形式。不论哪种形式，都受到机组轴向推力和高压缸末级叶片强度限制。对于冷再蒸汽抽汽，还需要考虑锅炉再热器超温，因此冷再抽汽量相对较小。若从冷再蒸汽抽汽供热，需加设减温减压装置；对于从热再蒸汽抽汽供热，可利用原低压旁路减温减压装置。

余热回收利用改造可提高机组在热电解耦时段的供热能力。由于汽轮机组受限于低压缸最小排汽流量，即便低负荷时仍有循环水上塔冷却，因此可通过吸收式供热技术或者低真空供热技术回收循环水余热供热。但低真空供热技术需改造汽轮机转子，而且运行时以热定电运行，不满足机组灵活调峰，因此并不适用。吸收式热泵技术无需以热定电运行，需要外界如蒸汽等作为驱动，在机组低负荷运行时，可以通过采暖抽汽或者主再热蒸汽减温减压后作为驱动汽源。

低负荷运行时，锅炉产生的连排疏水、吹灰疏水、暖风机疏水等各路疏水的处理上存在能源不能回收加以利用的问题，如：

（1）连排疏水蒸汽经连排扩容器后，进入除氧器继续利用，而除氧器排氧门直接对空排气。

（2）连排疏水产生高温水则通过换热器提供冬季采暖，夏季则直接排到定排扩容器排放。

（3）吹灰疏水通入定排扩容器后直接排放。

（4）其他管路阀门疏水通过锅炉疏水扩容器直接排放。

通过添加回收设备，能够统一回收利用连排疏水、吹灰疏水等电厂汽水系统低品位热能，用以加热主凝结水，以减少抽汽，提高机组效率，加温后的凝结水并入低压加热器出口管路。

4. 电锅炉系统建设技术路线

（1）应用概况。由于风电和光伏的快速发展，北欧和德国经常会出现负电价情况，因此很多火电厂通过电极锅炉供热来增加火电厂的经济性。在挪威电热锅炉供热的现象普遍存在，挪威全国电供热的比例高达 80%。电极锅炉在欧洲的热电厂内安装的投资动机是，上网电价低于某一设定值时，由电厂 DCS 控制系统自动启动电锅炉，将低利润甚至负利润的发电量转化为高利润的供热量。因此，电热锅炉在欧洲投资的商业模式是提供电力市场价格平衡调节的手段。这是一个快速和有效调节电力生产的方式，也是增加热电厂经济性的有效措施。电热锅炉在中国的应用合理性和场景是：目前，每年有大量的风能等可再生能源发电被抛弃，众多电厂都面临深度调峰和低效低负荷运行的现状，而很多城市的供热热源严重不足，特别是在极寒天气情况下。电热锅炉是通过消纳弃风弃光来供热，在不影响机组运行的情况下，是快速实现深度调峰的一个有力手段。

电热锅炉技术在国际上主要分为电阻式锅炉、电极式锅炉、电热相变材料锅炉和电固体蓄热锅炉，其中电极式锅炉能实现高压电直接接入和大功率直供发热，单台锅炉的最大功率可达 80MW。在北欧的供热系统中，大功率的电热锅炉几乎全是电极锅炉，主要功能有：一是在电网中进行峰谷电的平衡和风光电消纳；二是增加热电厂的火电灵活性，在不干扰机组锅炉汽机系统的条件下，快速实现深度调峰；三是电极蒸汽锅炉配合过热器作为核电站和常规火电机组冷启动的启动锅炉，提供小汽轮机冲转和大汽轮机的启动暖缸等蒸汽来源。电极锅炉的使用寿命一般按 30 年设计，电极一般需要半年清洗一次。

（2）工作原理。电极式锅炉一般采用电厂的除盐水，除盐水的导电率（25℃）一般小于 0.3μS/cm，该水不导电，因此锅炉内必须加入一定的电解质，使炉水具有一定的电阻，才能使其导电。当然炉水的导电率不是越高越好，否则容易造成击穿等事故。电极式锅炉就是利用含电解质水的导电特性，通电后被加热产生热水或蒸汽。如图 2–24 所示。

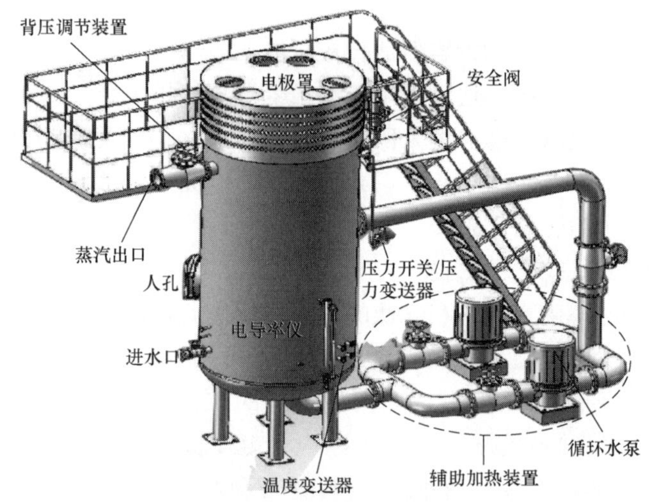

图 2–24　电极式锅炉工作原理示意图

根据水流与电极的接触方式不同，电极锅炉主要有以下两种结构形式：

1）浸没式电极锅炉：是指连接高压电源的电极直接浸没在锅炉的炉水中进行加热。炉水与锅炉外壁采用绝缘隔离的方式，避免锅炉金属筒体带电。

2）喷射式电极锅炉：是指炉水直接喷射到电极上进行加热，而不是直接浸没在炉水中。因此电极与锅炉金属筒体是“相对隔离”的，金属筒体不需要绝缘。

由于是利用水的电阻性直接进行加热，电能 100%转化成热量，基本没有热损失。当锅炉缺水时，电极间的电流通道被切断。不存在类似常规锅炉那样因缺水烧坏的现象。

两种结构形式的分析比较：

1）两种结构实现的方式有较大区别，因此造成两者的循环水量有较大差异。浸没式结构锅炉的循环水量主要是补充“蒸发损失”的水量，因此水量较少。而喷射式是靠喷射的水量来维持其加热功率的，因此其喷射水量非常大，大功率的水量甚至达到 1000m^3/h 以上。

2）由于电极与炉水的接触面积不同，其电阻差别较大，因此对炉水的导电率要求也不相同。喷射式电极锅炉的导电率一般要求在 1700μS/cm 左右；而浸没式电极锅炉一般只需要 100μS/cm 左右。

3）绝缘要求不同。因浸没式的电极与炉水直接接触，因此要求与电极接触的炉水部分与锅炉金属筒体绝缘隔离，而喷射式没有这方面的要求。

4）电源要求不同。浸没式结构三相电极基本处于对称状态，因此对进线电源没有特殊要求。而喷射式结构为三相不对称运行加热，因此要求进线为三相四线中心点接地。

5）蒸汽品质区别。蒸汽一般不溶解盐，只有携带的水中含有盐，在相同的蒸汽湿度下，喷射式锅炉蒸汽中的含盐量要高于浸没式。

（3）工作要求。

1）加热电压要求。加热电压采用中压电，电压大于等于 6kV。相同的锅炉，加热电压不一样，其功率也是不一样的。因加热功率与电压的平方成正比关系，所以对于大功率的电极锅炉来说，其加热电压越高越好，否则尺寸会非常大。大功率锅炉一般要求其加热电压为 13.5kV。

其他动力控制电压采用 380/220V。

因此电极式锅炉需要两路电源，一路中压电源，一路低压电源。

2）中压电源的保护。由于中压电源直接来自高压线路，因此必须配备相应的保护措施，设置一中压柜，相应的保护信号传输给控制柜。保护主要有以下几方面：

a. 过流保护；

b. 缺相保护；

c. 短路保护；

d. 三相不平衡保护。

3）加热负荷调节。基于电极锅炉加热方式的特殊性，其加热功率的调节主要是通过调节与电极接触水量大小来实现的，即通过改变电极间的电阻。由于水量的调节范围是 0～100%，因此电极锅炉的调节范围也是 0～100%，调节范围非常宽，可根据用户的实际需要实现无级调节。

（4）与常规锅炉比较。

1）使用经济性方面。电极式锅炉从冷态到热态可以采用电热管进行加热，基本没有排放，因此效率接近 100%，且随时可以起停，实际运行时间和成本都非常低。

常规锅炉由于带有过热器，为防止过热器过热损坏，必须通过排放蒸汽使其冷却，同时由于这类锅炉一般最小负荷在 40%左右，因此造成很大的浪费。

2）系统的复杂程度。电极式系统较简单，比常规锅炉多了中压电源系统，而减少了燃料系统。锅炉体积也小，占地面积也小。

3）启动速度。电极锅炉体积小巧，启动迅速。从冷态启动到满负荷只需要几十分钟，从热态到满负荷只需 1min。而常规锅炉的启动时间非常长，冷态启动时，一般需要 2h 左右，热态一般为 15～20min。

（5）方案比选。

1）蓄热调峰系统：初期投资成本高，调峰成本较低，蓄热调峰系统在此期间调峰深度受蓄热量限制；

2）汽机深度改造供热：投资成本低，调峰成本适中，调峰运行方式相对复杂；

3）电锅炉调峰：投资成本高，调峰成本最高，但调峰迅速、灵活。

综合考虑，本火电灵活性技术方案采用电锅炉调峰方式。

五、投资估算与财务评价

1. 投资估算

本工程改造主要包括电锅炉系统。

本工程总静态投资 7057 万元，建设期贷款利息 157 万元，动态投资 7213 万元，流动铺底资金 101 万元，工程总投资 7315 万元。就工程费用来看，建安工程费及设备费合计 6228 万元，其他费用约为 493 万元，基本预备费为 336 万元。

2. 财务评价

本工程注册资本金比例为项目总投资的 30%，其余资金为项目融资，融资暂按银行贷款考虑，贷款利率按照近五年平均利率 6.42%考虑。按照等额还本付息方式进行还款，还款期 10 年，宽限期 1 年。

本项目在进行调峰后，调峰范围在 150～120MW 之间，补贴 0.2 元/kWh，在 120～60MW 之间，补贴 0.4 元/kWh 时，项目改造后收益为 1854 万元；调峰范围在 150～120MW 之间，补贴 0.2 元/kWh，在 120～60MW 之间，补贴 1 元/kWh 时，项目改造后收益为 2891 万/年，整个采暖季折中收益为 2372 万元/年。

当收益为 2372 万元/年时，本项目财务评价指标见表 2－121。

表 2－121　　财务评价指标表

项目名称		单位	经济指标
项目投资（所得税后）	内部收益率	%	18.82
	净现值	万元（I_e＝10%）	4042.47
	投资回收期	年	5.16

续表

项目名称		单位	经济指标
项目投资（所得税前）	内部收益率	%	24.10
	净现值	万元（I_e=10%）	6671.66
	投资回收期	年	4.11
资本金	内部收益率	%	45.80

3. 敏感性分析

当整个采暖季折中收益为 2372 万元/年时，以静态投资和煤价二个要素作为项目财务评价的敏感性分析因素，以增减 5%和 10%为变化步距，分析结果见表 2-122。

表 2-122 敏感性分析表

不确定因素	变化率（%）	项目投资内部收益率（%）	资本金内部收益率（%）	资本金净利润率（%）
基本方案	0	21.73	58.46	52.27
静态投资	10	19.52	48.72	45.56
	5	20.57	53.25	48.76
	-5	23.00	64.48	56.16
	-10	24.41	71.53	60.47
煤价	10	24.30	70.97	60.13
	5	23.02	64.58	56.21
	-5	20.44	52.67	48.36
	-10	19.14	47.13	44.42

从表 2-122 敏感性分析可以看出，静态投资、煤价分别调整正负 10%和 5%时，项目投资内部收益率在 19.14%～24.41%之间，资本金净利润率在 44.42%～60.47%之间。项目具有较好的经济效益。

第三章

工业供热抽汽改造典型案例

第一节　工业供热改造在某300MW供热机组的应用

一、项目概况

1. 项目背景

某电厂总装机为2台330MW亚临界国产燃煤供热发电机组，是当地城市热电联产项目。2012年采暖季正式开始对外供热，采暖抽汽从中压缸排汽口来，采暖季运行；额定采暖抽汽量为360t/h，最大采暖抽汽量为510t/h，设计采暖供热能力为1100万m^2。工业抽汽从四段抽汽口来，全年运行，机组一运一备；通过调整旋转隔板，保证工业供热的压力和流量；额定工业抽汽量为160t/h，最大抽汽量为220t/h。

到2015年，工业抽汽量全年平均保持在8～15t/h，机组负荷率一般在50%～60%之间，整体的工业抽汽量和机组负荷与设计值偏差很大，尤其是在电负荷较低时，四段抽汽的压力达不到工业用户的需求，需要通过调整旋转隔板的方式来保证供热蒸汽的压力。但工业供热系统通过旋转隔板调整憋压保证供热参数，会造成机组节流损失较大，机组煤耗上升情况。通过选取该电厂2号机组2015年8月某时的运行工况作为典型工况进行工业抽汽参数以及经济性的比较、分析，结果见表3-1。

表3-1　工业抽汽运行情况及实际工况下旋转隔板调整节流损失分析

名称	单位	2号机组	
工况		供热工况	纯凝工况
机组负荷	MW	201.52	200.09
主汽压力	MPa	11.97	11.43
主汽温度	℃	541.02	537.4
主汽流量	t/h	626.2	587.1
冷再压力	MPa	2.21	1.95
冷再温度	℃	332.13	326.16
给水温度	℃	248.35	244.07

续表

名称	单位	2 号机组	
调节级压力	MPa	7.02	6.56
凝汽器真空	kPa	-91.25	-91.57
机组工业抽汽流量	t/h	8.65	0
机组四段抽汽压力	MPa（表压力）	0.87	0.65
机组四段抽汽温度	℃	412.82	395.43
旋转隔板开度	%	34	100
中压缸排汽压力	MPa（表压力）	0.31	0.29
中压缸排汽温度	℃	318.02	308.0

由于两种工况下 2 号机组电负荷基本一致，但供热量为 8.65t/h 的工况下 2 号机组主汽流量比纯凝工况多 39.1t/h，四段抽汽压力分别为 0.87MPa（表压力）和 0.65MPa（表压力），旋转隔板开度分别为 34%和 100%，说明为了满足工业供热条件调整旋转隔板使压力达到 0.87MPa（表压力），而旋转隔板的憋压导致汽轮机内部节流损失严重，造成 2 号机组在供热时其主汽流量、中排温度、中排压力、给水温度等明显上升，从单个指标的角度，在供热工况下对机组煤耗的影响比纯凝时要高，根据运行工况对比，在 200MW 时，2 号机组供热工况下的供电煤耗反而比纯凝工况要高 8g/kWh 左右。

从以上分析看，在供热量较小，并且通过旋转隔板调整憋压保证供热参数的运行方式，反而会造成机组的煤耗上升，因此，为保证供热的经济性和效益，当前的供热方式需要进一步优化，采用的工业供热抽汽口需要进行调整。

2. 旋转隔板节流损失分析

对比供热工况与纯凝工况，发现旋转隔板节流损失使得供热机组煤耗反而较纯凝机组高，说明节流损失较大，因此必须对机组的旋转隔板节流损失进行计算分析，根据现场提资情况，选取 2015 年 8 月某天运行工况作为典型工况进行分析，该工况下工业供汽为 10t/h，具体结果见表 3-2。

表 3-2　　实际工况下节流损失分析

名　　称		单位	纯凝	供热
机组参数	机组负荷	MW	181	181
	工业供汽流量	t/h	0	10
	工业供汽温度	℃	248	248

续表

名　称		单位	纯凝	供热
机组参数	1 号机组工业抽汽流量	t/h	0	8.63
	1 号机组工业抽汽压力	MPa（表压力）	0.58	0.87
	1 号机组工业抽汽温度	℃	391.7	415.7
经济性基本参数	运行小时	h	8760	8760
	上网电价	元/kWh	0.413 38	0.413 38
	煤价	元/t	537.63	537.63
	供热价格	元/GJ	50.31	50.31
	工业蒸汽供热煤耗	kg/GJ	40	40
	机组发电煤耗	g/kWh	320	329.161
耗煤量综合分析	旋转隔板节流损失	MW	0	6.29
	旋转隔板节流损失对应的年耗煤量	万 t	0	1.76
	工业蒸汽供热耗煤量	万 t	0	0.97
	工业抽汽做功能力	MW	0	2.02
	工业抽汽损失发电补发耗煤量	万 t	0	0.57
	工业抽汽纯收益（耗煤量）	万 t	0	0.41
	工业抽汽考虑旋转隔板损失时耗煤量	万 t	0	−1.36
	影响机组年平均煤耗	g/kWh	0	10.3
供热收益分析	每年工业蒸汽供热量	万 GJ	0	24.32
	供热收入	万元	0	1223
	旋转隔板节流损失对应的年耗煤成本	万元	0	948.6
	年工业抽汽损失发电补发耗成本	万元	0	304.9
	供热成本	万元	0	1253
	供热带来的收益	万元	0	−30

通过以上数据显示，1 号机组电负荷 181MW，向厂外供应工业抽汽 10t/h 情况下，虽输出一定的工业蒸汽，但是旋转隔板节流损失做功能力 6.29MW，对应增加机组年耗煤量为 1.76 万 t 标准煤，影响机组年平均煤耗约 10.3g/kWh。从节煤量的角度分析，不考虑旋转隔板节流损失时，工业抽汽时产生了部分收益，年节约标准煤 0.41 万 t，但是考虑旋转隔板节流损失年增加标准煤 1.76 万 t，每年工业抽汽综合耗煤量增加 1.36 万 t。从供热收益角度分析，虽然供热收入 1223 万

元，但是供热成本中旋转隔板节流损失达到 948.6 万元，占供热成本约 75%，再考虑工业抽汽损失发电补发的燃料成本 304.9 万元，使得最终供热收益仅为-30 万元，实际为亏损状态，极大影响供热最终的收益。

因此，在供热量较小，并且通过旋转隔板调整憋压保证供热参数的运行方式时，供热工况下机组发电煤耗反而要比纯凝时要高，反而造成机组的煤耗上升；为保证供热经济性和效益，优化供热方式非常必要。

3. 工业抽汽市场需求分析

该电厂 2015 年工业抽汽年平均在 10t/h 左右，厂内工业蒸汽压力为 0.87MPa（表压力），温度为 260℃；结合市场开拓情况，电厂计划向某生产基地新增工业蒸汽 5～40t/h，同时保证某生产基地蒸汽压力为 0.85～0.95MPa（表压力），温度为 170～200℃的需求。工业抽汽参数统计见表 3-3。

表 3-3　　工业抽汽需求统计表

项目	流量（t/h）	蒸汽压力［MPa（表压力）］	蒸汽温度（℃）	备　注
现有工业供汽	10	0.87	260	压力和温度指厂侧参数
新增工业供汽	5～40	0.85～0.95	170～200	压力和温度指用户侧参数

而该生产基地不在现有管网的供热范围内，离现有供热管网最短距离（在现有管网末端位置）约 4km。现有的工业供汽管道从厂内延伸出去全长约 5.8km，如图 3-1 所示。A-B-C-D 管段为已经建好的现有工业供汽管网。其中 A-B 段管子为 DN350，管长 4.7km；B-C 段管子为 DN300，管长 0.4km；C-D 段管子为 DN250，管长 0.7km。为满足某生产基地蒸汽用热需求，初步确定拟在 DN250 末端 D 点增加 4km 蒸汽管道 D-E。A-B-C-D 管段的管材选用的为 1.6MPa 等级，因此若需要继续使用该段管段的话，需进行管网分析。

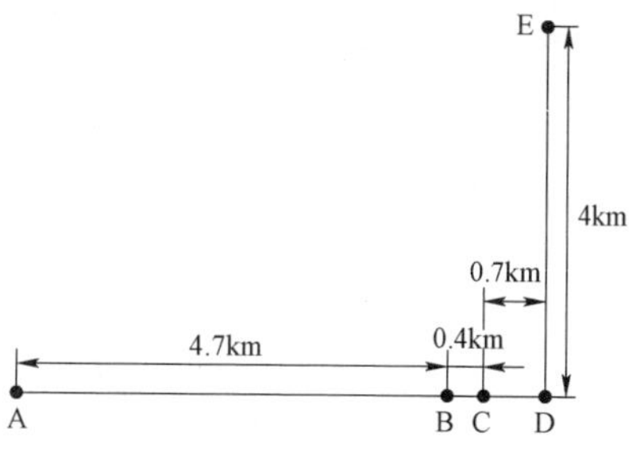

图 3-1　管网改造示意简图

若原 DN350 管路不变，DN300、DN250 的管子改为 DN350，在 DN350 管道末端新增 4km，热力管网压力损失按 0.04～0.07MPa（绝对压力）/km 压降考虑，管网总供蒸汽量可达 59t/h，厂侧的蒸汽压力为 1.6MPa（表压力）。具体分析见表 3-4。

表 3-4　　管网压力损失分析

管段编号	流量（t/h）	管径（m）	管长（m）	阻力（Pa）
A-B	59	DN350	4692	506 080
B-C	59	DN350	413	48 717
C-D	59	DN350	686	82 174
D-E	40	—	4000	66 770
总计	59	—	9791	703 741

通过以上对新增管网的压力损失分析，为满足约 50t/h 的工业蒸汽，需要提高厂侧蒸汽压力参数为 1.6MPa，将原 DN300 和 DN250 进行更换，最大流量可达到 63t/h，可满足新增用汽需求。

热力管网温度损失按 7～10℃/km 温降考虑，基于某生产基地所需蒸汽温度为 170～200℃，因此厂侧蒸汽温度定为 260℃。

四段抽汽，在额定抽汽工况下的压力为 1.0MPa（绝对压力），若仍采用四段抽汽，将无法同时满足现有工业供汽和新增的某生产基地用汽的需求。因此，从满足市场开拓的需要来看，对工业蒸汽进行改造优化也势在必行。

二、改造机组概况

1. 汽轮机

本机组为 330MW 汽轮发电机组，型号为 CC330/264-16.7/1.0/0.4/537/537，由上海汽轮机厂制造。为亚临界、一次中间再热、高中压缸分缸、单轴、三缸两排汽、双抽可调整抽汽冲动凝汽式汽轮机，与 1113t/h 控制循环锅炉配套，具体设计参数见表 3-5。

表 3-5　　该电厂汽轮机组主要技术参数

序号	名　称	内　容
1	铭牌功率	330MW
2	机组型式	亚临界、一次中间再热、高中压缸分缸、单轴、三缸两排汽、双抽可调整抽汽冲动凝汽式汽轮机
3	主蒸汽压力（额定）	16.7MPa
4	主蒸汽温度（额定）	537℃
5	蒸汽流量（额定）	988.71t/h
6	再热蒸汽压力（额定）	3.06MPa（绝对压力）

续表

序号	名　称	内　容
7	再热蒸汽温度（额定）	537℃
8	额定排汽压力（额定）	4.9kPa（绝对压力）
9	额定工业抽汽压力（额定）	1.0MPa（绝对压力）
10	额定工业抽汽温度（额定）	373.8℃
11	采暖抽汽压力（额定）	0.4MPa
12	采暖抽汽温度	278℃
13	最大采暖抽汽流量（1025/960t/h）	510t/h
14	额定采暖抽汽流量	252.6t/h
15	额定转速	3000r/min
16	旋转方向	从汽轮机机头向发电机端看为顺时针
17	额定给水温度	270℃（THA 工况）
18	最高允许排气温度	119℃

汽轮机设置八个回热抽汽口，高压第五级后（一段抽汽）、第九级后（高缸排汽、二段抽汽）；中压第三级后（三段抽汽）、第四级后（四段抽汽）供除氧器、小汽轮机、工业抽汽；中压缸第六级为旋转隔板；中压缸排气端的下部有两个对称的五段抽汽口，其抽汽的一部分至五号低压加热器，另一部分至热网采暖抽汽；低压三级（六段抽汽）和第四级、五级后（七、八段抽汽）。

2. 锅炉

锅炉型式为亚临界、一次中间再热、控制循环汽包炉。锅炉采用全摆动直流式燃烧器调温、四角布置、切圆燃烧；双进双出磨煤机冷一次风正压直吹式制粉系统，配三台 MGS4060 双进双出钢球磨煤机，布置在炉前，不设备用。单炉膛、Π 型露天布置、固态排渣、全钢架结构、平衡通风，具体设计参数见表 3–6。

表 3–6　　　　锅炉主要技术参数（定压、BMCR）

序号	参数名称	数值
1	过热蒸汽流量	1113t/h
2	过热蒸汽出口压力	17.5MPa
3	过热蒸汽出口温度	540℃
4	再热蒸汽流量	960t/h
5	再热蒸汽进口压力	3.642MPa

续表

序号	参数名称	数值
6	再热蒸汽出口压力	3.452MPa
7	再热蒸汽进口温度	323℃
8	再热蒸汽出口温度	540℃
9	过热器减温水温度	190℃
10	过热器Ⅰ级减温水量	18.3t/h
11	过热器Ⅱ级减温水量	0
12	给水温度	276℃
13	汽包压力	19MPa
14	饱和温度	362℃
15	锅炉排烟温度（修正前）	137℃
16	锅炉排烟温度（修正后）	131℃

三、技术改造方案

1. 边界条件

（1）厂内蒸汽参数选择。改造方案按两期来进行，一期进行抽汽口优化方案，二期进行小汽轮机供热方案，根据厂外工业蒸汽需求和管网压力损失分析，厂内需要提供1.6MPa（表压力），260℃蒸汽，一期流量按10t/h分析；二期满足某生产基地用户用汽需求，流量增加至50t/h来分析。

（2）机组设计工况选择。机组常年运行负荷在50%～60%水平，根据厂内实际情况，设计分析时按机组60%负荷进行分析和设计，即机组负荷为200MW。

（3）经济性基本参数。经济性基本参数见表3-7。

表3-7 经济性参数

名　称	单位	数值
机组利用小时数	h	4000
运行时间	h	8760
上网电价	元/kWh	0.413 38
煤价	元/t	537.63
工业蒸汽供热煤	kg/GJ	40
机组发电煤耗	g/kWh	320

2. 抽汽口位置选择

依据汽轮机厂家的意见，在 75%负荷以上情况下，机组再热冷段和再热热段可以实现的非调整抽汽量为 50t/h。在低负荷情况下，抽汽会造成汽轮机轴向推力大的现象，不建议抽汽，再热冷段和再热热段抽汽的影响相同。

本项目以机组 55%（约 180MW）负荷作为抽汽优化研究的负荷工况。经分析，机组负荷 200MW 时，根据热平衡图所示，能满足厂侧 1.6MPa（表压力）工业蒸汽参数要求的位置可选高压缸排汽热段和高压缸排汽冷段。

本机组需要满足厂侧 1.6MPa（表压力）的蒸汽抽汽口，考虑到一期热负荷仅为 10t/h，远期增至 50t/h，因此，仍然采用从再热冷段或者再热热段进行抽汽优化。在供热负荷不大时，抽汽量能满足工业供热需求。当负荷增至 50t/h 时，为了保证外网工业供热负荷，电厂可以从两方面着手：① 单机运行时，可通过争取电负荷的方式，将负荷提升至汽轮机厂家建议的 75%(即 247MW)；② 若采用双机运行，同时工业供汽负荷较大时，可采用两台机运行以满足供汽；③ 若机组负荷不能提升，可以进行低负荷运行工况下（<70%负荷），最大工业抽汽试验，即逐渐增加抽汽量，同时监测汽轮机轴向位移以及轴承油温等与汽轮机本体安全运行有关的参数，最终确定该负荷情况下的最大抽汽量。

参考其他同类机组的运行情况，机组 55%～60%负荷实际运行时，可以通过运行调整以满足 50t/h 的工业抽汽而不影响机组安全运行。

本报告将在 55%～60%机组负荷基础上，分别进行 50t/h 工业抽汽技术方案论证。

（1）高压缸排汽再热热段。选用高压缸排汽热段时，由于抽汽温度高，需要的减温水量较大，同时再热器无过热风险。不同机组负荷在冷再和热再抽汽量为 50t/h 时，所需减温水差别见表 3–8。

表 3–8　不同抽汽口位置下减温水量表

名称	单位	75%负荷	50%负荷	40%负荷	30%负荷
冷再流量	kg/h	636 544	432 591	356 490	280 943
热再流量	kg/h	586 544	382 591	306 490	230 943
抽汽流量	kg/h	50 000	50 000	50 000	50 000
冷再焓值	kJ/kg	3016.6	3054.9	3067.2	3077.2
热再焓值	kJ/kg	3545.9	3553.2	3527.6	3478.5

续表

名称	单位	75%负荷	50%负荷	40%负荷	30%负荷
减温水焓值	kJ/kg	750.9	685.1	652.2	611.8
所需减温水量	t	9.47	8.69	8.01	7.00

从表 3-8 中可以看到，再热热段抽汽所需减温水较再热冷段多，负荷越高所需减温水越多，在 75%负荷时，可以多提供减温水 9.47t/h。虽然可以多提供减温水，但是新增管道采用耐高温合金钢、减温器负荷增大，管路投资增加约 300 万，经济效益下降。

（2）高压缸排汽再热冷段。选用高压缸排汽冷段时，抽汽温度较四抽和热再低，而压力有所提高，然而选用冷段抽汽时，由于冷段抽汽增加，需要考虑再热器过热的风险，再热器由墙式再热器和屏式再热器组成，在冷再蒸汽进入再热器前设置减温水，以控制再热器的温度，因此，冷段抽汽加大的同时，需要增加减温水量来控制再热器的温度，而减温水流量的裕量较大，因此该风险可避免；另外选用冷再作为抽汽口，管材选用普通耐热钢即可，显著降低工程造价。

从上述两个方案，可知再热热段虽然能增加工业供汽量，但是蒸汽先过热再减温的利用方法不符合“温度对口、梯级利用”的原则，同时材料选型成本过大；而再热冷段温度低，同时通过减温水可以控制再热器过热的风险，材料成本大为下降。综合比较推荐采用方案二，选用高排冷再作为抽汽口。

3. 经济效益分析

为了比较四抽与高排冷再的经济效益，选取工业供汽量 10t/h，机组负荷为 200MW 的情况进行分析，比较结果见表 3-9。

表 3-9　　200MW 机组负荷四抽与高排冷段抽汽比较

名　称		单位	中排	冷再
高排	1 号机组电负荷	MW	200.00	200
	高排蒸汽压力	MPa（绝对压力）	2.25	2.25
	高排蒸汽温度	℃	332.8	332.8
	高排抽汽流量	t/h	0	9.36
四抽	四抽抽汽压力	MPa（绝对压力）	0.97	—
	四抽抽汽温度	℃	412.82	—
	四抽抽汽流量	t/h	8.65	—

续表

名称		单位	中排	冷再
旋转隔板后	隔板后压力	MPa（绝对压力）	0.735 6	—
	隔板后温度	℃	393.02	—
	隔板后焓值	kJ/kg	3253.86	—
	四抽口主蒸汽流量	t/h	484.35	—
乏汽参数	乏汽压力	kPa	7.10	7.10
	乏汽温度	℃	39.27	39.27
	乏汽实际焓值	kJ/kg	2445.17	2454
	凝结水焓值	kJ/kg	164.47	164.47
影响发电量	旋转隔板节流损失	MW	5.15	0
	工业抽汽做功能力	MW	2.04	2.846
	总的影响的做功能力	MW	7.19	2.846
节流损失节煤量分析	相比纯凝工况增加煤耗	g/kWh	6.48	－1.32
	旋转隔板节流损失对应的年发电量	万 kWh	4512	—
	旋转隔板节流损失对应的年耗煤量	万 t	1.44	—
供热节煤量及成本分析	每吨工业蒸汽供热量	GJ/t	2.78	
	工业蒸汽供汽量	t/h	10.00	
	工业蒸汽做功能力	kW	2035.09	
	工业抽汽损失年发电量	万 kWh	1782	
	工业抽汽损失发电补发耗煤量	万 t	0.57	0.798
	年抽汽不进再热器少耗煤	万 t	—	0.138 7
	工业抽汽纯收益（耗煤量）	万 t	0.41	0.312 9
	考虑旋转隔板损失时增加耗煤量	万 t	1.04	－0.312 9
供热收益分析	每年工业蒸汽供热量	万 GJ	24.32	24.32
	供热收入	万元	1223	1223
	旋转隔板节流损失综合的年耗煤成本	万元	776.4	0

续表

名　称		单位	中排	冷再
供热收益分析	工业抽汽损失发电补发耗煤量	万 t	0.57	0.66
	工业抽汽损失发电补发耗成本	万元	306.7	354
	供热带来的收益	万元	140	868
	机组年平均增加煤耗	g/kWh	7.89	−2.37

从表 3−9 的结果可知，由于抽汽口优化，避免了旋转隔板的损失，从而供热收益大大提高，主要体现在以下几个方面：

（1）在机组负荷 200MW，工业抽汽量 10t/h 时，采用冷再抽汽供热时，由于避免旋转隔板损失，对机组发电影响由原来的 7.19MW 降低至 2.846MW。

（2）从节煤量来说，在机组负荷 200MW，工业抽汽量 10t/h 时，采用四抽抽汽供热，由于旋转隔板的损失使得增加机组年耗煤量 1.04 万 t；采用冷再抽汽时，避免了旋转隔板的损失，使得机组年耗煤量减少 0.313 万 t；因此比较优化结果，冷再抽汽供热较四抽抽汽供热减少年机组耗煤量为 1.353 万 t。

（3）从供热收益上来看，在机组负荷 200MW，工业抽汽量 10t/h 时，采用四抽抽汽供热时，由于旋转隔板的损失，供热收益为 140 万元；采用冷再抽汽时，避免了旋转隔板的损失，供热收益为 868 万元；因此比较优化结果，冷再抽汽供热较四抽抽汽供热收益增加 728 万元。

4. 高压缸排汽冷段抽汽对机组安全的影响

（1）对锅炉的影响。采用高压缸排汽冷段供汽时，由于冷段抽汽增加，需要考虑再热器过热的风险。通过分析现有系统，主要可以通过以下几个方面来控制：

1）再热器由墙式再热器和屏式再热器组成，在冷再蒸汽进入再热器前设置减温水来控制再热器的温度，而冷段抽汽位置位于减温器前，若冷段抽汽时，可增加减温水量来控制再热器的温度，而减温水流量的裕量较大，因此该风险可以避免。

2）根据实际运行数据分析来看，1 号机组运行时热再温度较设计值偏低约 10℃，这也为再热器过热提供了安全保障。

（2）对汽机的影响。采用高压缸排汽冷段供汽时，由于冷段抽汽增加，对汽轮机组主要影响在轴向推力上，根据汽轮机厂家的回复，在负荷 75%以上，冷再抽汽 50t/h 流量时，对汽轮机轴向推力没有影响；另外，根据运行情况反应，在旋转隔板投入时轴瓦温度从 60℃升至 80℃，若采用冷段抽汽时，可以不投入旋转隔板从而避免轴瓦温度过高。

综上所述，抽汽口优化后，冷再抽汽方案较四抽抽汽方案影响机组发电量由原来的 7.19MW 降低至 2.846MW；冷再抽汽供热较四抽抽汽供热减少年机组耗煤量为 1.353 万 t；冷再抽汽供热较四抽抽汽供热收益增加为 728 万元。综合来看，抽汽口优化为冷再抽汽口的方案较为可行。抽汽口优化后，冷再抽汽作为供热汽源，但压力、温度高于用户所需参数，因此需要对其进行减温减压。

5. 减温减压技术方案

减温减压技术国内通用的有以下几种：一是采用减温减压器对中压蒸汽或高压蒸汽减温减压后，使其达到供热参数要求；二是采用压力匹配器，以高压蒸汽通过高速喷嘴引射低压蒸汽，使其温度、压力提高以达到蒸汽参数要求；三是采用小汽轮机技术，高压蒸汽对小汽轮机做功后达到蒸汽参数要求，同时小汽轮机可以发电或者拖动厂内转动设备（如给水泵、引风机、热网泵等）。

（1）减温减压方案。减温减压装置可对热源（电站或工业锅炉以及热电厂等处）输送来的一次（新）蒸汽压力、温度进行减温减压，使其二次蒸汽压力、温度达到生产工艺的要求。减温减压装置由减压系统、减温系统、安全保护装置等组成。

减温减压器工作原理图如图 3－2 所示。

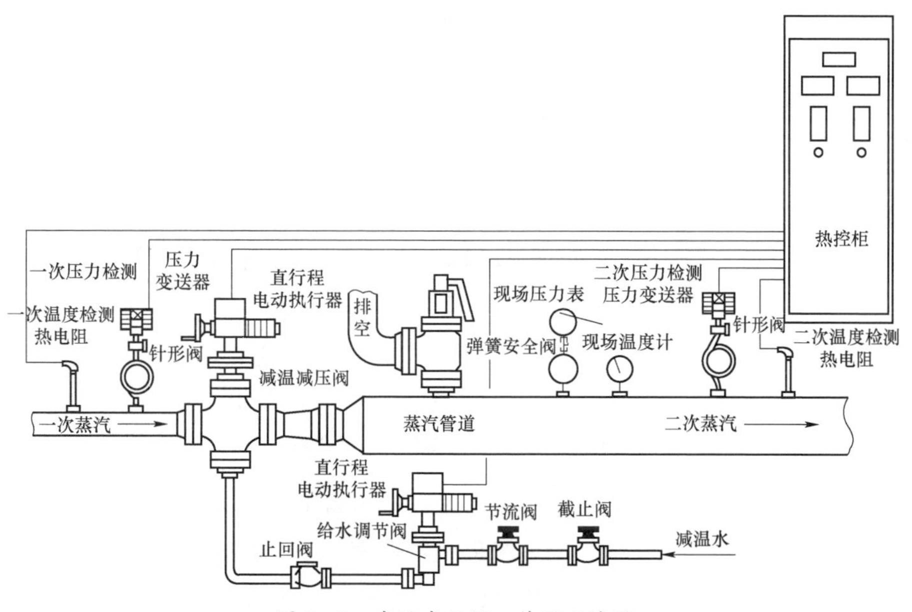

图 3－2 减温减压器工作原理简图

本方案若用减温减压技术，将机组的高排冷段蒸汽［2.15MPa（表压力），326℃］通过减温减压装置（减温水来自给水泵中间抽头，设计参数为 15.24MPa，

195℃)实现所需参数蒸汽[1.6MPa(表压力),260℃],需要高排冷段蒸汽 47.11t/h,减温水 2.89t/h。

减温减压器方案优点:

1）技术成熟，管路相对简单，改造周期短。

2）投资少，主要是减温减压器费用、管道费用和电气仪表费用。

3）由于主要是工业负荷，可以常年供热，不受季节的限制。

减温减压器方案缺点：直接将高参数蒸汽减温减压，节流损失较大，造成能源的直接浪费。

（2）压力匹配器方案。压力匹配器是提高低压蒸汽压力的专用设备。其原理是利用高压蒸汽（驱动蒸汽）通过喷嘴喷射产生的高速气流，将低压蒸汽吸入，使其压力和温度提高，而高压蒸汽的压力和温度降低，从而使低压蒸汽的参数满足不同用户企业的要求，利用了原来不能利用的蒸汽，达到节能的目的。压力匹配器工作流程见图 3–3。

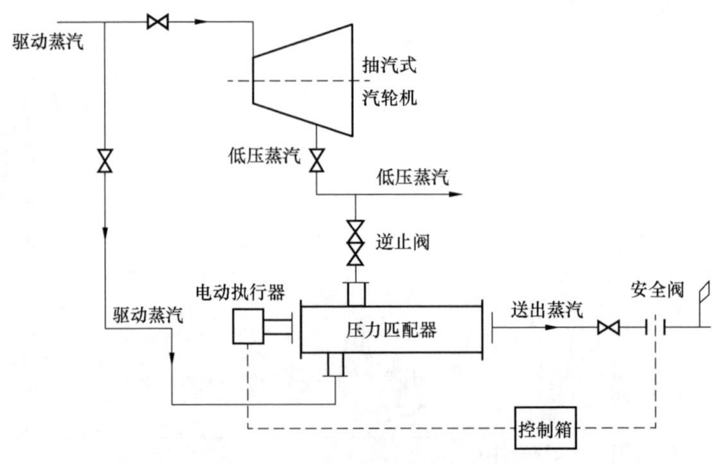

图 3–3 压力匹配器工作流程图

本方案若采用压力匹配器技术，利用机组的高排冷段蒸汽［2.25MPa（表压力），326℃，32.6t/h］，作为压力匹配器驱动蒸汽，中压缸排汽［0.26MPa（表压力），330℃，10.5t/h］经减温器后（减温水 1.9t/h）作为压力匹配器低压蒸汽，两种蒸汽通过压力匹配器后得到 1.60MPa（表压力），260℃，45t/h 的工业蒸汽对外供热。

压力匹配器方案优点：

1）方案相对减温减压管路布置稍复杂，但相对通流部分改造，仍较为简单，只需新增相应管路设备，改造周期短。

2）投资相对较少，主要是压力匹配器费用、管道费用和电气仪表费用。

3）由于主要是工业负荷，可以常年供热，不受季节性的限制。

4）用高参数蒸汽提升低参数蒸汽达到中间参数蒸汽，可以利用一部分已做功发电的低压蒸汽，节约能源。

压力匹配器方案缺点：

1）压力匹配器运行噪声较大，必须增设专用隔音罩。

2）由于多了一条进口低压管道，管道在厂房内布置时需要更多空间，同时投资相对减温减压方案稍大。

3）压力匹配器的变工况性能较差，在高压蒸汽压力较低或者供热量较少时，低压蒸汽吸入较少，相当于减压器，整体效率偏低，节流损失很大。

（3）背压式小汽轮机方案。排汽压力大于大气压力的汽轮机称为背压汽轮机。排汽可用于供热或供给原有中、低压汽轮机以代替老电厂的中、低压锅炉，这样不但可以增加原有电厂的发电能力，而且可以提高原有电厂的热经济性。

工业供汽量按50t/h考虑，若采用小汽轮机技术，机组高排冷段蒸汽（2.25MPa，326℃，47.8t/h）作为小汽轮机进汽，小汽轮机排汽（1.60MPa，304.5℃）经减温后满足工业蒸汽要求（1.60MPa，260℃），小汽轮机可拖动发电机发电0.95MW。按运行时间8760h，上网电价0.413元/kwh，可节约厂用电832万kWh，实现节电年收益约344万元，相应节约年机组耗煤约0.266万t，降低机组煤耗约2g/kWh，具体分析见表3-10。

表3-10　　小汽轮机效益分析

名称		单位	数值
工业抽汽参数	工业供汽流量	t/h	50.00
	工业供汽压力（表压力）	MPa	1.60
	工业供汽压力（绝对压力）	MPa	1.70
	工业供汽温度	℃	260.00
	工业供汽焓值	kJ/kg	2940.01
	减温水焓值	kJ/kg	684.54
	减温水流量	t/h	2.18
	工业抽汽压力（绝对压力）	MPa	1.70

续表

名　　称		单位	数值
工业抽汽参数	工业抽汽焓值	kJ/kg	3042.82
	工业抽汽流量	t/h	47.82
二期小汽轮机参数	进口蒸汽压力（绝对压力）	MPa	2.25
	进口蒸汽温度	℃	326.4
	进口蒸汽焓值	kJ/kg	3078.59
	进口蒸汽流量	t/h	47.82
	进口蒸汽熵值	kJ/（kg·℃）	6.81
	相对内效率	%	50.00
	出口蒸汽压力（绝对压力）	MPa	1.70
	出口蒸汽温度	℃	304.47
	小汽轮机做功	kW	950.33
收益分析	机组负荷利用小时	h	4000
	运行小时	h	8760
	年节约发电量	万 kWh	832
	上网电价	元/kWh	0.413 38
	年节约发电收益	万元	344
煤耗分析	机组发电煤耗	g/kWh	320
	年节约耗煤量	万 t	0.266
	年节约耗煤	g/kWh	2.02

背压式小汽轮机的优点：

1）避免阀门的节流损失，实现能量梯级利用，提高机组的热经济性。

2）降低了厂用电率，使得厂用电网可靠性增加，为主要优点。

3）调节范围广，可以调节进汽量保证热负荷，同时相应调整发电量，一般调节范围为30%～100%。

背压式小汽轮机的缺点：

1）热力系统相比减温减压和压力匹配器技术要复杂，蒸汽参数的波动一定程度影响小汽轮机的稳定运行。

2）小汽轮机的运行方式受对外供热热负荷变化等因素的影响。

（4）方案推荐。比较以上三种技术，各有优缺点，表 3-11 对三种方案优缺点进行汇总。综合分析技术及收益情况，推荐方案一期采用减温减压技术，二期背压小汽轮机方案，正常运行时有小汽轮机实现减温减压，而一期的减温减压一路作为备用。

表 3-11　　技术方案优缺点比较

名称	减温减压技术	压力匹配器技术	小汽轮机技术
蒸汽参数	高排 47.1t/h	高排 32.6t/h； 中排 10.5t/h	高排 47.8t/h
技术难度	简单	中等	复杂
技术成熟度	成熟	成熟	成熟
投资	较小	一般	较大
核心优势	投资小，技术成熟	可利用一部分低压蒸汽实现供热	实现能量梯级利用，节约厂用电
缺点	节流损失大	节流损失较大，噪声较大，变工况性能差，在低负荷下几乎不吸入低压蒸汽，节流损失大	运行易受主蒸汽、热负荷等外界因素波动，系统复杂

综上所述，通过对管网的压力损失分析、边界条件、抽汽口优化、减温减压技术等多方面的讨论，主要有以下结论：

1）按两期进行厂侧供热节能优化改造，一期考虑在供汽量为 10t/h 时将当前四抽抽汽口优化至高排冷段排汽口，抽汽通过减温减压至工业蒸汽参数要求，二期考虑抽汽口优化后，供汽量增加至 50t/h，采用小汽轮机供热技术将抽汽调整至工业蒸汽参数，同时小汽轮机发电作为厂用电使用。

2）通过管网压力损失分析，认为厂侧需提供压力 1.60MPa，温度 260℃，流量为 50t/h 的工业蒸汽来满足用户需求。

3）通过抽汽优化方案论证，推荐将抽汽口调整至高排冷段。

4）一期改造为抽汽口优化改造，改造后，冷再工况下较四抽抽汽减少年机组耗煤量 1.353 万 t，供热收益增加 728 万元。

5）二期改造为小汽轮机供热技术，改造后，可实现节电年收益约 344 万元。

四、投资估算与财务评价

将上述改造方案用于该电厂的厂内供热节能优化，施工内容包括安装工程、电气热控工程、土建工程及相应的附属工程改造。经计算，工程静态投资 1144 万元，建设期贷款利息 23 万元，动态投资 1167 万元；一期工程建安工程费及设备费合计 352 万元，二期工程建安工程费及设备费合计 592 万元。详见表 3-12。

表 3-12　　总投资估算表　　万元

序号	工程或费用名称	建筑工程费	设备购置费	安装工程费	其他费用	合计	各项占静态投资（%）
一	一期改造	43	39	270		352	30.80
1	热力系统	43	21	225		289	25.30
2	电气热工控制系统		18	45		63	5.50
二	二期改造	6	350	235		592	51.72
1	热力系统	6	201	128		336	29.34
2	电气系统		136	72		208	18.20
3	热工控制系统		14	34		48	4.18
	小计	50	389	505		944	82.52
三	其他费用				145	145	12.72
1	项目管理费				28	28	2.49
2	项目技术服务费				85	85	7.41
3	整套启动调试费				20	20	1.75
4	生产准备费				12	12	1.07
四	基本预备费				54	54	4.76
	工程静态投资	50	389	505	200	1144	100.00
	各项占静态投资（%）	4.34	34.05	44.14	17.48	100.00	
五	工程动态费用				23	23	
1	建设期贷款利息				23	23	
	项目建设总费用（动态投资）	50	389	505	223	1167	
	各项占动态投资（%）	4.25	33.38	43.27	19.11	100.00	

该项目投资的内部收益率为 47.62%，投资回收期为 2.16 年，内部收益率高于基本收益率 10%，项目盈利能力较强。具体财务指标见表 3-13。

表 3-13　　财务评价指标表

项目名称		单位	经济指标
项目投资（税后）	内部收益率	%	47.62
	净现值	万元（I_e=10%）	3393.98
	投资回收期	年	2.16

五、性能试验与运行情况

电厂工业供热节能优化项目于 2015 年 12 月底完成，为鉴定节能优化后的整体性能，拟对工业供热节能优化进行性能考核试验，以获取机组运行的性能指标数据。试验现场工作于 2015 年 12 月 20 日～2016 年 1 月 20 日完成；由于工业供热机组是一运一备的供热方式，因此取其中一台机组进行试验。

1. 实验计算结果

工业抽汽改造前后对比见表 3－14。

表 3－14　　工业抽汽改造前后对比表

时　间		2016－10－8	2016－10－16
项目	单位	四抽－55%负荷	冷再－55%负荷
发电负荷	MW	179.69	182.15
主蒸汽流量	t/h	545.41	530.88
主蒸汽压力	MPa	10.6	10.67
冷再热蒸汽压力	MPa	2.01	1.76
冷再热蒸汽温度	℃	328.4	315.04
一段抽汽压力	MPa	3.18	2.97
一段抽汽温度	MPa	2.01	1.76
工业蒸汽抽汽压力	MPa	0.8	0.94
工业蒸汽抽汽温度	℃	424.26	298.86
工业蒸汽抽汽流量	t/h	14.29	15.2
供热负荷	MW	13.17	12.88
机组热耗率	kJ/kWh	8417.32	8089.94
计算发电煤耗率	g/kWh	315.3	303.1
发电煤耗下降	g/kWh	12.3	
修正计算到设计工业抽汽流量时发电煤耗率	g/kWh	10.4	

2. 通过试验得到的结论

从表 3－14 可以看出，改造前利用四段抽汽，由于机组负荷较低，工业抽汽量有限，为了满足工业抽汽压力和流量需要，采用旋转隔板节流调节，造成汽轮机前端抽汽第一级、第二级压力升高，影响汽轮机通流，造成机组做功能力下降，使得机组煤耗增大，此时计算煤耗为 315.3g/kWh。采用再热冷段作为工业抽汽调节后，再热冷段压力完全满足工业抽汽需求，不需要节流调节，汽轮机通流基本无影响，计算煤耗率为 303.1g/kWh。两个工况下机组负荷、工业抽汽量基本接近，偏差很小，改造后机组煤耗率下降 12.3g/kWh，修正到设计工业抽汽流量下的煤耗率下降 10.5g/kWh。证明在机组低负荷工况下，采用再热冷段抽汽比四段抽汽作为工业抽汽汽源经济性好。

第二节 工业供热改造在某 600MW 供热机组的应用

一、项目概况

某电厂现役装机为 2 台 660MW 纯凝超临界火力发电空冷机组，本项目拟对电厂机组进行供热改造，向厂外化工园区提供不同等级的工业蒸汽。园区重点发展现代煤化工、精细化工、高端制造等产业，生产高端精细化学品和功能性高分子材料。园区现已引进中国石油兰州石化一批高端精细化工项目，部分项目已开工建设，计划年内建成投产。2018 年，工业区编制策划了 30 多个高端精细化工招商引资项目册，部分项目已编制完成可研报告，投资总额达 600 亿元。

本项目拟向工业区精细化工园区提供不同等级的工业蒸汽：包括出厂参数为 4.5MPa，460℃的中压蒸汽和出厂参数为 1.9MPa，360℃的低压蒸汽。

二、热负荷分析

本项目无现状热负荷，远期新增热负荷也不作为本次设计热负荷。在本项目中，根据集中供热区域内用户的数量、用汽性质、用汽规律考虑，确定最大、平均、最小热负荷的同时使用系数为 1.0。中压热负荷取 2022 年近期最大负荷为 153.3/294t/h（特殊工况），低压热负荷取 2022 年近期最大负荷为 330.75t/h，详细热负荷见表 3－15、表 3－16。

表 3－15 热负荷（中压）

时间	项目	热负荷（t/h）			年蒸汽热负荷
		最大	平均	最小	（t/a）
2020 年	热负荷	0	0	0	0
	考虑同时使用系数及管损	0	0	0	0
2021 年	热负荷	146/280（特殊工况）	120.00	102.40	960 000
	考虑同时使用系数及管损	153.3/294（特殊工况）	126.00	107.52	1 008 000
2022 年	热负荷	146/280（特殊工况）	120.00	102.40	960 000
	考虑同时使用系数及管损	153.3/294（特殊工况）	126.00	107.52	1 008 000

表 3-16　　热负荷（低压）

时间	项　目	热负荷（t/h）			年蒸汽热负荷
		最大	平均	最小	（t/a）
2020 年	热负荷	96.00	83.50	54.00	661 320
	考虑同时使用系数及管损	100.80	87.68	56.70	694 386
2021 年	热负荷	115.00	99.50	59.00	788 040
	考虑同时使用系数及管损	120.75	104.48	61.95	827 442
2022 年	热负荷	315.00	279.50	219.00	2 213 640
	考虑同时使用系数及管损	330.75	293.475	229.95	2 324 322

三、设计参数

本项目汽轮机为东方汽轮机厂生产的 NZK660-24.2/566/566，超临界、一次中间再热、单轴、三缸四排汽、直接空冷凝汽式机组，设计额定功率为 660MW，最大连续出力 712.9MW。回热系统由三个高压加热器、三个低压加热器和一个除氧器构成，除氧器采用滑压运行。汽轮机采用高中压缸合缸结构，高压缸由一个单列调节级和 7 个压力级构成；中压缸由 6 个压力级构成；低压缸为双流反向布置，各由 6 个压力级构成。

本项目 1、2 号锅炉型号为 DG2141/25.4-Ⅱ6，是东方锅炉集团制造的国产超临界参数变压直流本生型锅炉，一次中间再热、单炉膛、尾部双烟道结构、采用烟气挡板调节再热汽温、平衡通风、封闭布置、固态排渣、全钢构架、全悬吊结构 Π 型锅炉。

电厂基础数据汇总见表 3-17。

表 3-17　　基础数据表汇总表

序号	名　称	单位	数值
1	上网电价（含税）	元/kWh	0.316 1
2	除盐水价格（含税）	元/t	30
3	标准煤价格（含税）	元/t	406.45
4	机组有效利用小时数	h	3660
5	厂用电率	%	10.83

电厂机组在各负荷情况下，各抽汽口运行参数见表 3-18。

表 3-18　　各抽汽口参数

工况	主汽		一抽		冷再		热再		三抽		中排	
	温度（℃）	压力（MPa）	温度（℃）	压力（MPa）	温度（℃）	压力（MPa）	温度（℃）	压力（MPa）	温度（℃）	压力（MPa）	温度（℃）	压力（MPa）
100%THA 纯凝	566	24.2	380.4	7.210	322.6	4.725	566	4.253	472.3	2.333	374.9	1.208
85%THA 纯凝	566	22.9	371.6	6.119	315.9	4.027	566	3.624	472.9	1.992	375.9	1.034
75%THA 纯凝	566	20.06	375.3	5.423	319.4	3.564	566	3.207	473.2	1.765	376.5	0.917
60%THA 纯凝	566	16.47	376.6	4.367	321.0	2.871	566	2.584	474.1	1.425	377.9	0.743
50%THA 纯凝	566	13.53	382.6	3.692	326.6	2.423	566	2.181	474.5	1.205	378.7	0.629
40%THA 纯凝	566	11.24	384	3.042	327.3	1.981	540	1.783	450.8	0.985	357.6	0.515
30%THA 纯凝	566	8.73	386.6	2.361	329.7	1.534	530	1.381	442.1	0.764	350.3	0.401

四、技术路线选择或方案比选

1. 中低压热源点分析

（1）中压供热源点分析。

1）主蒸汽作为热源点。针对 4.5MPa，460℃，153.3t/h/294t/h（特殊工况）的中压蒸汽，根据表 3-18 中各抽汽口处蒸汽参数，在不同工况下温度压力均满足供热需求的仅有主蒸汽，可以通过减温减压满足供热需求，但是将高参数蒸汽进行减温减压，存在较大的节流损失，造成能源的直接浪费，整个供热经济性差。

2）缸体开孔抽汽作热源点。从“压力匹配”角度分析，为保证中压供汽出厂参数不低于 4.5MPa，460℃，如果从机组高压缸体合适位置开孔抽汽，压力温度最接近供热所需压力和温度。但是根据汽机厂家回复，该方案需要经过通流改造，同时更换高中压内外缸，根据已有项目经验，该方案配合工作量巨大，周期很长，投资较大。

3）低压抽汽和主蒸汽混合方案。如不对机组作大规模改造，可以采用一部分低压抽汽和一部分主蒸汽混合的方式进行供热，可以考虑以下方案：

a. 中排抽汽和主蒸汽混合方案：根据汽机厂家校核计算结果，调峰最低电负荷 250MW 工况下，中联门改造参调后，中排抽汽压力最大为 0.7MPa，根据与压力匹配器厂家沟通结果，出厂蒸汽压力 4.5MPa，升压比大于 6.4，升压比较大，压力匹配器匹配效果不佳，经济性较差，因此该方案不推荐。

b. 三抽和主蒸汽混合方案：根据汽机厂家计算结果，调峰最低电负荷 250MW 工况下，中联门改造参调后，三抽抽汽压力最大为 1.11MPa，根据与压力匹配器厂家沟通结果，出厂蒸汽压力 4.5MPa，升压比大于 4.05，升压比较大，压力匹配器匹配效果不佳，经济性较差，因此该方案不推荐。

c. 冷再和主蒸汽混合方案：250MW 负荷工况下，针对中压蒸气需求，当利用冷再和主蒸汽混合方案，除去减温水量，主汽和冷再总抽取量约 152t/h。经过锅炉厂家核算，250MW 负荷工况下，当主蒸汽和冷再抽取 152t/h，存在一定的风险，因此该方案不推荐。

d. 热再和主蒸汽混合方案：如既需满足调峰最低电负荷 250MW 要求，又满足 4.5MPa 供汽需求，可以考虑采用中联门改造参调与压力匹配器联合方案。根据汽机厂家回复，利用热再蒸汽与主汽混合可以满足要求。采用一部分热再抽汽和一部分主汽混合的方式进行供热，不用对机组作大规模改造，改造相对简单，因此可以考虑该方案。

（2）低压供热源点分析。

1）热再抽汽和中排抽汽混合方案。考虑沿程压损，根据水力计算结果，热再抽汽和中排抽汽混合出口压力至少为 2.2MPa，调峰最低电负荷 250MW 工况下，中排最大压力为 0.7MPa，升压比大于 3.14，匹配效果不佳。因此不考虑此方案。

2）三抽、中排抽汽作为热源点。调峰最低电负荷 250MW 工况下，中联门改造参调后，中排抽汽压力最大为 0.7MPa，三抽压力最大为 1.11MPa，三抽、中排抽汽压力都不能满足 1.9MPa 的压力需求，因此不考虑此方案。

3）冷再、主汽、一抽抽汽作为热源点。冷再、主汽、一抽不同工况下压力可以满足低压供热压力需求。但是冷再蒸汽温度低于 360℃，温度不符合要求；而如果利用主蒸汽、一抽蒸气则存在较大的节流损失，因此不考虑此方案。

4）热再抽汽作为热源点。针对 1.9MPa 蒸汽需求，基于能量梯级利用原则，考虑直接利用热再抽汽减温减压实现。根据汽机厂家计算结果，中联门改造参调后，调峰最低电负荷 250MW，热再压力 2.2MPa 工况下，热再最大抽汽量为 440t/h，可以同时满足中压蒸气压力匹配蒸汽需求量及低压蒸汽供热需求量。

5）热再抽汽和三段抽汽混合方案。考虑沿程压损，热再抽汽和三段抽汽混合出口压力至少为 2.2MPa，根据改造前热平衡图，高于 50%THA 工况下，可以利用热再抽汽和三段抽汽匹配满足供热要求，但是在低于 50%THA 工况下，热再压力已低于 2.2MPa，只能调节中联门满足供热。该方案下，电厂实际运行负荷率波动较大，为满足供热需频繁切换调节阀门改变供热方式，运行方式复杂，对运行要求较高。此外该方案不仅需要中联门、热再进行改造，也需对三段抽汽进行改造，系统复杂，改造费用增大。因此不考虑此方案。

（3）中、低压供热源点确定。针对低压供热，综合考虑温度、压力、流量需求及经济性，选择热再抽汽作为热源点。

针对中压供热，主蒸汽方案经济性较差；缸体开孔抽汽方案复杂，改造范围大，周期长，投资大；中排抽汽和主蒸汽混合匹配方案及三抽和主蒸汽混合匹配方案压力匹配器匹配效果不佳，经济性较差，因此以上方案都不考虑。针对冷再抽汽和主蒸汽混合匹配方案，由于低压供热以热再抽汽作为热源点，为同时满足中低压供热需求，则需对主蒸汽、热再、冷再段进行改造抽汽，供热系统复杂，投资相对较大，同时如果利用冷再抽汽和主蒸汽混合匹配方案满足中压供热需求，250MW 负荷工况下，主汽和冷再总抽取量约 152t/h，经过锅炉厂家核算，存在一定的风险，因此该方案不推荐。而如果考虑热再抽汽和主蒸汽混合匹配方案满足中压供热需求，则仅需对主蒸汽、热再段进行改造，即可同时满足中低压供热需求，改造相对简单，投资相对较小，因此考虑采用热再抽汽和主蒸汽混合匹配方案。

综上分析，针对低压供热需求，考虑以热再抽汽作为热源点；针对中压供热需求，考虑采用热再抽汽和主蒸汽混合匹配方案。

2. 中低压供热方案分析

（1）中压供热方案分析。根据前面分析结果，针对 4.5MPa，460℃，153.3t/h/294t/h（特殊工况）的中压蒸汽，考虑中调门参调改造后，抽取再热蒸汽与主蒸汽利用压力匹配器混合匹配实现。

1）热再抽汽压力分析。热再抽汽压力的设定需要同时考虑低压蒸汽的供热需求及中压蒸汽压力匹配的需求。针对 1.9MPa，360℃，330.75t/h 低压蒸汽，考虑中调门改造参调后，直接利用热再抽汽实现，考虑沿程压损及温降，经过水力计算，为满足出口参数需求，热再抽汽口温度压力应大于 2.2MPa，363℃。

针对 4.5MPa，460℃，153.3t/h/294t/h（特殊工况）的中压蒸汽，中调门改造参调后，抽取再热蒸汽与主蒸汽利用压力匹配器混合匹配实现，考虑沿程压损及温降，经过水力计算，为满足出口参数需求，当蒸汽需求量为 153.3t/h 时，压力匹配器出口温度压力应大于 4.8MPa，462℃，当蒸汽需求量为 294t/h 特殊工况下，压力匹配器出口温度压力应大于 5.4MPa，465℃。

因此考虑低压蒸汽供热需求，热再最低抽汽压力设置为 2.2MPa。热再抽汽压力低于 2.2MPa 时，通过中联门参与调节保证热再抽汽压力大于 2.2MPa；热再压力大于 2.2MPa 时，中调门不参与调节。根据和厂家沟通，在保证机组安全运行情况下，250MW 负荷工况，中调门参调后热再最大压力可为 3.2MPa，因此，考虑后期调整的灵活性，厂家对中联门改造后，低负荷工况下热再抽汽压力需满足 2.2～3.2MPa 调节范围。

2）压力匹配器分析。不同工况下，单机运行或双机运行时，为满足 4.5MPa，460℃中压最大供汽需求，进入压力匹配器主蒸汽、热再、减温水需求量见表 3－19。

表 3－19　　压力匹配器计算结果

工况	高压蒸汽（主汽）			低压蒸汽（热再）			出口蒸汽			减温水		
	压力（MPa）	温度（℃）	流量（t/h）	压力（MPa）	温度（℃）	流量（t/h）	压力（MPa）	温度（℃）	流量（t/h）	压力（MPa）	温度（℃）	流量（t/h）
正常运行工况												
100%THA 汽轮机流量	24.1	566	78.2	3.2	566	66.8	4.8	462	153.3	29.14	191.5	8.3
75%THA 汽轮机流量	19.96	566	105.8	2.2	566	40.2	4.8	462	153.3	22.4	178.2	7.3
250MW 调峰	15.20	566	110.3	2.2	566	33.5	4.8	462	153.3	18.32	144.2	9.5
特殊工况												
100%THA 汽轮机流量	24.1	566	168.1	3.2	566	110.0	5.4	465	294	29.14	191.5	15.9
75%THA 汽轮机流量	19.96	566	237.3	2.2	566	42.7	5.4	465	294	22.4	178.2	14.0
250MW 调峰	15.20	566	249.9	2.2	566	25.9	5.4	465	294	18.32	144.2	18.2

3）特殊运行工况分析。根据热负荷分析结果，4.5MPa，460℃中压蒸汽需求量分两种工况，正常运行时为 153.3t/h，而特殊工况兰州石化开工期间（每次 2～3 天）需要 294t/h，流量相差较大，可以考虑正常工况下单管输送，特殊工况下两管输送。但经过计算，在特殊工况下，单管输送方式按照正常运行工况设计管径后，特殊工况流速仍能控制在 60m/s 范围内，虽然压损增加，但仍能满足供热需求。同时两管输送方案相对复杂，改造范围大，投资大。此外，特殊工况运行时间较短，因此，不采用两管输送方案，而采用单管输送方案。

4）中压供热方案。综上分析，针对 4.5MPa，460℃，153.3t/h/294t/h（特殊工况）中压蒸汽需求，具体改造方案如下：中调门改造参调后，抽取再热蒸汽与主蒸汽利用压力匹配器混合匹配实现。在机组主汽门前加装抽汽三通抽汽后，加装气动止回阀、液动快关阀、电动调节阀、电动闸阀等，作为高压驱动汽源进入压力匹配器；在再热热段加装抽汽三通抽汽后，加装气动止回阀、液动快关阀、电动蝶阀等，其中一路管道供给低压蒸汽，另一路加装电动调节阀、电动闸阀等，作为低压汽源进入压力匹配器与主汽段抽汽混合，经匹配达到项目供汽所需参数后，管路加装电动闸阀对外供汽。

（2）低压供热方案分析。根据前面的分析，针对 1.9MPa，360℃，330.75t/h 的低压蒸汽，考虑以下两种方案：

1）减温减压器方案。减温减压装置可对热源输送来的一次（新）蒸汽压力、温度进行减温减压，使其二次蒸汽压力、温度达到生产工艺的要求。减温减压装置由减压系统（减温减压阀、节流孔板等）、减温系统（高压差给水调节阀、节流阀、止回阀等）、安全保护装置（安全阀）等组成。

本项目设计热负荷为 330.75t/h，出厂蒸汽参数为 1.9MPa，360℃，根据各抽汽位置蒸汽参数情况，本项目机组抽汽减温减压改造方案如下：在机组再热热段加装抽汽三通抽汽后，管路上加装气动止回阀、液动快关阀、电动蝶阀、电动调节阀、电动闸阀，达到项目供汽所需参数对外供汽。

2）小汽轮机方案。在本项目中，热再抽汽压力 2.2MPa 以上才能满足外界 1.9MPa 压力需求，根据厂家计算结果，按照设计供热量，当低于 75%THA 汽轮机流量时，热再抽汽压力小于 2.2MPa。根据 2018 年机组运行数据，机组运行电负荷集中在 70%THA 工况，如果按照“以热定电”方式运行，70%THA 汽轮机流量时，热再压力没有富余。如果保持机组有效利用小时数不变，则需达到约 85%THA 汽轮机流量，经过厂家计算此时对应的热再抽汽压力约 2.52MW，经咨询汽轮机制造厂家，本项目小汽轮机额定工况下进口蒸汽压力与出口压力差值仅 0.32MPA，经济性较差，因此暂不考虑小汽轮机方案。

综上所述，本项目不推荐小汽轮机方案，拟考虑减温减压装置方案，具体改造方案如下：在机组再热热段加装抽汽三通抽汽后，管路上加装气动止回阀、液动快关阀、电动调节阀、电动闸阀、减温减压器，达到项目供汽所需参数对外供汽。

3. 锅炉汽轮机本体改造方案

（1）锅炉汽轮机抽汽量分析。经过计算，不同工况下，锅炉汽轮机不同位置抽汽量见表 3-20。

表 3－20　　锅炉汽轮机不同位置抽汽量汇总

工况	高压蒸汽（主汽）			低压蒸汽（热再）			给水泵中间抽头			给水泵后		
	压力（MPa）	温度（℃）	流量（t/h）	压力（MPa）	温度（℃）	流量（t/h）	压力（MPa）	温度（℃）	流量（t/h）	压力（MPa）	温度（℃）	流量（t/h）
正常运行工况（单台机）												
100%THA 汽轮机流量	24.1	566	78.2	3.2	566	344.5	11.6	188.2	53.05	29.14	191.5	8.3
75%THA 汽轮机流量	19.96	566	105.8	2.2	566	317.6	11.6	188.2	53.35	22.4	178..2	7.3
250MW 调峰	15.2	566	110.3	2.2	566	310.9	11.6	188.2	53.35	18.32	144.2	9.5
特殊工况（两台机）												
100%THA 汽轮机流量	24.1	566	168.1	3.2	566	387.7	11.6	188.2	53.05	29.14	191.5	15.9
75%THA 汽轮机流量	19.96	566	237.3	2.2	566	320.1	11.6	188.2	53.35	22.4	178..2	14
250MW 调峰	15.2	566	249.9	2.2	566	303.3	11.6	188.2	53.35	18.32	144.2	18.2
特殊工况（单台机）												
100%THA 汽轮机流量	24.1	566	84.1	3.2	566	193.9	11.6	188.2	26.5	29.14	191.5	8.0
75%THA 汽轮机流量	19.96	566	118.7	2.2	566	160.1	11.6	188.2	26.7	22.4	178..2	7.0
250MW 调峰	15.2	566	125.0	2.2	566	151.7	11.6	188.2	26.7	18.32	144.2	9.1

（2）汽轮机侧改造方案。根据汽机厂家回复，对于该供热改造项目，由于供热抽汽量大、抽汽参数高，同时机组电负荷较低，改造后要求机组在低电负荷情况下需具备高热负荷的抽汽工况，因此，为满足机组的安全、经济、稳定运行，需要中联门参与抽汽调节。

（3）锅炉侧改造方案。根据汽机厂家热平衡图，过热器系统在 250MW 调峰工况抽汽后，主汽温度可达到额定值，过热器各级受热面温升合理，省煤器欠焓及水冷壁过热度合理，即该负荷抽汽后过热器系统安全；对于再热器系统 250MW 调峰工况抽汽后，前烟道烟气份额 31.44%，处于挡板最佳调节范围的下限。由于前烟道烟气份额略低，在燃烧波动等情况下，前烟道烟气份额可能会进一步降低，若低于挡板的可调范围，则可能会造成再热器超温。因此，建议采取一定措施保证该负荷抽汽后再热器系统的安全。具体方案为在低再入口设置减温器，通过降低低再入口工质温度和增加再热蒸汽的流量来提高再热汽的吸热量占比，提高低再侧的烟气份额，提高烟气调节挡板的可调节性。

4. 减温水方案分析

根据电厂《锅炉说明书》，再热器喷水系统作为再热器事故状态下控制再热蒸汽温度的喷水减温装置，设置于冷再出口集箱至热再进口集箱之间的连接管上，减温水取自给水泵中间抽头，系统设计正常流量 34.9t/h（BMCR），最大喷水流量为 69.8t/h，锅炉在正常运行状况，一般此系统不投入运行。根据给水泵厂家校核计算结果，中间抽头最大可抽取流量为 48t/h。通过计算，为满足低压 330.75t/h 供热需求，如用中间抽头减温需要水量约 54t/h。正常情况下给水泵运行两台，中间抽头总共可抽取流量约 96t/h，低于最大需求流量 123.8t/h。同时考虑锅炉系统安全性及供热系统节能性，低压供热需求用减温水考虑从给水泵中间抽头及给水泵后抽取，锅炉在正常运行状况，中间抽头可满足低压供热减温需要水量，特殊工况下，为保证锅炉系统安全，低压供热用减温水从给水泵后抽取，加装加压阀。针对中压 153.3t/h 供热需求，由于减温水压力需求偏高，考虑直接从给水泵后抽取。

5. 凝结水方案分析

由于热用户距离热源点距离较近，且基本为表面换热，同时除盐水价格（含税）成本较高约 30 元/t，本项目拟考虑凝结水全部回收，凝结水管道以母管的形式回到汽机厂房，并分别回到 2×660MW 机组的凝汽器中，凝结回水水质应满足电厂锅炉补给水要求。为保证凝结回水水质，建议电厂和厂外用户签订协议保证水质、水温及压力。为保证补水系统安全，本项目考虑厂内配备水质监测系统，保证回收水质符合要求才能返回凝汽器，建议厂外各用户同时配套水质监测系统，监测结果同时输送用户端及电厂内，水质一旦出现问题立刻切断。电厂当前配备 2×3000m^3 储水箱，当部分用户突发情况回收水质出现问题，储水箱可应急 1～2h，如用户无法及时解决水质问题，建议中断供汽处理。

6. 热经济性分析

热经济分析以全年发电量保持不变为前提，以 75%负荷工况进行分析，改造后主要热经济性参数如下表所示，其中全年抽汽运行时间为在平均热负荷下，根据全年蒸汽热负荷情况得到的时间（即全年供热抽汽利用小时）。2022 年达产后全年可节约标准煤 14.18 万 t，全厂机组全年发电煤耗相比改造前可降低 44.58g/kWh，供电煤耗可降低 38.78g/kWh，全厂热电比为 61.65%。热经济分析见表 3-21。

表 3-21　　热经济分析表

项　目	单位	2020 年	2021 年	2022 年
THA 工况机组发电功率	kW	660 009	660 009	660 009
机组有效利用小时数	h	3660	3660	3660
机组抽汽利用小时数	h	7920	7964	7944
机组年供热量（中压）	万 t	0.00	100.80	100.80
机组年供热量（低压）	万 t	69.44	82.74	232.43
抽汽供热量	MW	77.01	208.92	374.92
改造前机组热耗	kJ/kWh	7923	7923	7923
改造后机组热耗	kJ/kWh	7676	7253	6721
改造前机组发电煤耗	g/kWh	293.83	293.83	293.83
改造后机组发电煤耗	g/kWh	284.68	268.99	249.25
改造后机组发电功率	kW	475 592	442 323	400 458
改造后机组全年供热耗煤	万 t	8.31	22.67	40.58
改造后机组全年发电耗煤	万 t	138.51	133.21	127.78
机组供热比		0.06	0.15	0.24
改造前机组全年发电耗煤	万 t	141.96	141.96	141.96
发电煤耗下降	万 t	3.45	8.75	14.18
改造前机组厂用电率	/	0.11	0.11	0.11
改造后机组厂用电率	/	0.11	0.13	0.14
改造前机组供电煤耗	g/kWh	329.52	329.52	329.52
改造后机组供电煤耗	g/kWh	321.59	308.03	290.74
新增厂用电	万 kWh	3138.96	8905.31	16 618.75
全厂热电比	/	0.126 2	0.344 4	0.616 5

五、投资估算与财务评价

1. 投资估算

本改造工程包括汽轮机本体改造、锅炉侧改造、抽汽管道安装、减温减压器安装、压力匹配器安装、水处理设备安装、管道支吊架砌筑、仪表安装等内容，涉及热力系统、水处理系统、热控系统、电气系统及土建等。本项目静态建设投资 14 999 万元，建设期贷款利息 279 万元，工程动态投资 15 278 万元，利旧资产 51 222 万元。静态投资中，建筑工程费用 805 万元，设备购置费 5616 万元，安装工程费 7084 万元，其他费用 780 万元，基本预备费 714 万元。详见表 3-22 所示。

表 3–22　　总投资估算表　　万元

序号	工程或费用名称	建筑工程费	设备购置费	安装工程费	其他费用	合计	各项占静态投资（%）
一	电厂供热改造	805	5616	7084		13 505	90.04
1	热力系统	767	4421	6564		11 751	78.35
2	水处理系统	38	858	113		1009	6.72
3	电气系统	0	85	88		173	1.16
4	热工控制系统	0	252	320		572	3.81
	小计	805	5616	7084		13 505	90.04
二	其他费用				780	780	5.20
1	项目建设管理费				320	320	2.13
2	项目建设技术服务费				429	429	2.86
3	整套启动试运费				30	30	0.20
4	生产准备费				0	0	0.00
三	基本预备费				714	714	4.76
四	特殊项目费用						
	工程静态投资	805	5616	7084	1494	14 999	100.00
	各项占静态投资（%）	5.36	37.45	47.23	9.96	100.00	
	建设期贷款利息				279	279	
五	工程动态投资	805	5616	7084	1773	15 278	
	其中：可抵扣增值税	66	646	585	85	1382	

2. 财务评价

生产经营期 20 年，项目资本金比例为项目投资的 30%，其余资金为项目融资，融资按银行贷款考虑，贷款利率按照近五年平均利率 5.32%考虑。按照等额还本，利息照付方式进行还款，还款期 15 年。

当考虑利旧资产的影响时，本改造工程主要收益为售汽带来的收益及节煤收益，经过反算热价，在项目资本金内部收益率大于 15%的情况下，计算得到中压蒸汽价格（含税）为 101.94 元/t，低压蒸汽价格（含税）为 96.29 元/t，此时资本金内部收益为 15.00%。

对本项目改造方案和投资估算进行财务评价。具体财务指标见表 3–23。

表 3-23　　财 务 评 价 指 标 表

项目名称		单位	经济指标
项目投资（税后）	内部收益率	%	9.66
	净现值	万元（I_e=10%）	-1519.57
	投资回收期	年	9.87
资本金	内部收益率	%	15.00

第四章

热网侧供热技术改造典型案例

第一节　调峰蓄热技术在某热电厂的应用

一、项目概况

目前火电市场总体上呈现供大于求的状态，为解决区域电力过剩、冬季用电低谷时段电热矛盾的突出问题，在电力市场需求增长乏力，消纳空间有限的背景下，深度调峰电量将成为稀缺资源，开展蓄能供热调峰项目是当下发展的趋势，各地政府监管机构也实施了电力调度调峰政策，鼓励发电企业参与电力调峰。

火电机组的调峰蓄能可以使机组在白天用电高峰时分配出大量蒸汽用于蓄热，以备夜间使用。供热地区白天用电负荷较高而热负荷需求较低，夜间用电负荷处于低谷而供热负荷需求较高，此时为了保障夜间供热，需要提高机组出力，这也导致发电负荷被动升高，无法参与电力调峰。因而白天发电负荷较高时可将一部分蒸汽用于蓄热以保障夜间供电负荷低时的供热。开展调峰蓄热可深入挖掘机组的电力调峰和供热能力，助力机组参与调峰。蓄热系统可结合打孔抽汽或光轴改造等技术一同进行。

某电厂计划对 3 台 200MW 纯凝机组进行供热改造，该机组承担着区域供电、供热的重要功能。目前机组服役时间已超过 30 年，机组能耗居高不下，进行供热改造并建立蓄热系统后可有效降低能耗并提高区域供热能力，实现供热的削峰填谷功能，从而为电厂带来更多的经济效益。

按照项目设计，机组运行中可蓄热 819GJ，满足最多 250 万 m^2 的夜间供热需求。该电厂蓄热项目中的蓄热罐运行以 24h 为一个周期，并在周期内完成一次蓄热和放热过程。根据用电及用热时间统计分析，本项目在设计蓄热罐时，将白天蓄热时间定为 17h，晚上放热时间定为 7h。蓄热系统将在外网供热负荷高峰期进行放热，在供热负荷低谷时期蓄热，实现了电力负荷深度调峰运行。

二、热负荷分析

据统计，2015 年本工程城区集中供热面积约为 583.4 万 m^2，2016 年年底前可并网供热面积 171.19 万 m^2，总供热面积为 754.59 万 m^2。2017～2020 年新增可并网的面积为 98 万 m^2，至 2020 年该区总供热面积为 852.59 万 m^2。考虑现供热机组可承担的供热面积最多为 600 万 m^2，仍有 252.59 万 m^2 供热缺口，缺口部分考虑通过蓄热系统进行补充。设计供热面积统计见表 4－1。

表 4－1　　设计供热面积统计表　　万 m^2

设计年限	2015 年	2016 年	2017 年	2018 年	2019 年	2020 年
区域总供热面积	750	750	790	810	830	850
蓄热项目供热面积	165	165	190	210	230	250

根据供热参数及指标，采用式（4－1）计算采暖期的热负荷数值。

设计热负荷计算公式：

$$Q = q_n F \tag{4-1}$$

式中 q_n——采暖综合热指标，根据资料统计，在进行蓄热罐选型设计时，取 56.5W/m^2。

F——采暖建筑物建筑面积，本项目中蓄热罐考虑至 2020 年该电厂所带的集中供热面积约 250 万 m^2。

根据图 4－1 分析可知，供热初末期，供热负荷较小，12 月份供热负荷最大。通过分析，得出某厂 2014 年整个供热季不同月份的采暖指标，大致分布在 27～63W/m^2 范围之内。参考 2014 年该电厂供热季每月采暖指标，计算 2015～2020 年供热负荷，计算结果见图 4－2。根据图 4－2 计算结果对 2015～2020 年供热负荷进行计算，结果见表 4－2。通过计算，蓄热罐的蓄热量可满足供热系统热负荷的要求。

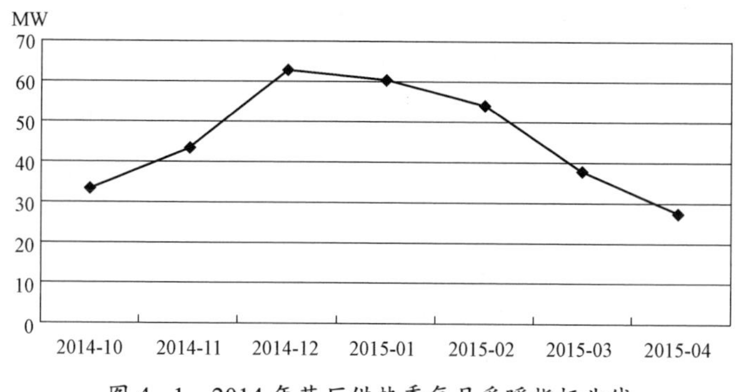

图 4－1　2014 年某厂供热季每月采暖指标曲线

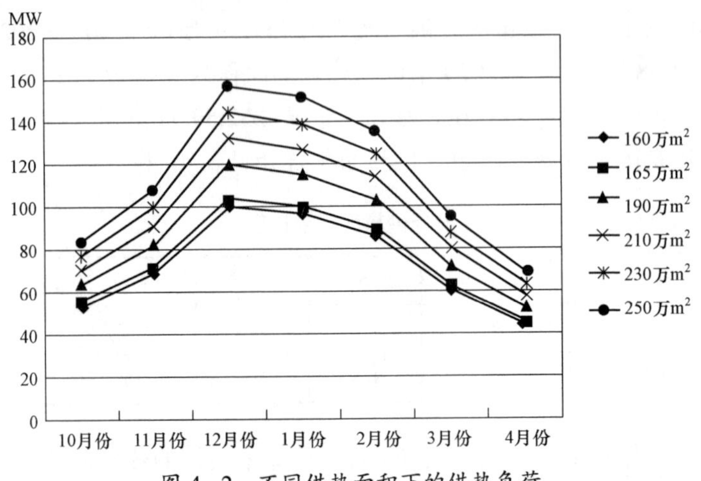

图 4–2　不同供热面积下的供热负荷

表 4–2　　2015～2020 年不同供热面积下的供热负荷　　MW

供暖季	供热面积（万 m²）	10 月份	11 月份	12 月份	1 月份	2 月份	3 月份	4 月份
2015 年度	160	53.76	69.32	101.01	97.14	87.13	60.91	43.97
2016 年度	165	55.43	71.48	104.16	100.17	89.85	62.80	45.34
2017 年度	190	63.83	82.32	119.95	115.35	103.47	72.33	52.21
2018 年度	210	70.55	90.99	132.58	127.49	114.36	79.94	57.71
2019 年度	230	77.27	99.65	145.20	139.64	125.25	87.55	63.21
2020 年度	250	83.99	108.32	157.83	151.78	136.14	95.16	68.70

三、设计参数

为满足采暖供热需求，充分利用机组深度调峰的补偿机制，本项目采用 1 台机组光轴改造方案，另 1 台机组打孔抽汽方案的运行模式进行蓄热系统的设计；蓄热系统采用直接式连接方式；供回水温度为 98/65℃；蓄热罐容器为 8000m³，蓄热罐高度考虑实际运行时回水压力约 0.2MPa，高度为 25m。

主要设计参数见表 4–3。

表 4–3　　设 计 参 数 汇 总 表

项　　目	单位	数值
电厂设计供热面积	万 m²	250
采暖综合指标	W/m²	56.5

续表

项　目	单位	数值
电厂供热负荷	MW	142.17
蓄热罐蓄热时间	h	17
蓄热罐放热时间	h	7
蓄热罐供水温度	℃	98
蓄热罐回水温度	℃	65
蓄热罐容积	m^3	8000
蓄热罐数量	个	1
蓄热罐高度	m	25
蓄热系统连接形式		直接式

完整的蓄热系统包括蓄热罐本体、蓄热系统、放热系统、制氮系统及附属系统等。

蓄热罐本体设计容量为 8000m^3，高度 25m，主体采用钢结构形式，为了防止顶部腐蚀在蓄热罐顶部设置一套制氮系统，运行时，蓄热罐顶部空间注满氮气。

蓄热系统进行蓄热时，在供水母管上引出一根热水管进入到蓄热罐上部；另外由于热网首站设计供回水温度 120/70℃，而蓄热罐设计供水温度为 98℃，为了匹配温度，在热网循环水泵与热网首站之间引出一根冷却水管用于混合至蓄热罐中的热水；对蓄热罐进行蓄热的时候为了保证水位稳定，同时满足蓄热 17h 的要求，设置 2 台蓄热泵，1 用 1 备，单台泵流量 600t/h。在进行放热时，为了满足放热 7h 的要求，本系统设置 2 台放热泵，1 用 1 备，单台泵流量 1250t/h；所蓄热水直接接至热网首站出水母管之后。在供热高寒期时，热网水所供温度大于蓄热罐所需温度时，可以通过调节首站热网水出口温度来调节最终供水温度。为了保持蓄热罐稳定蓄放热，在回水处设置电动蝶阀进行补水。蓄热、放热系统运行图见图 4–3。

四、技术路线选择或方案比选

一般情况下，日间供热时期，供电负荷需求量大，发电机组负荷率高，机组的产汽量也增加，夜间供热时期，供电负荷需求量小，发电机组负荷率小。当机组改为供热机组时，电负荷的波动给供热造成影响，而白天电负荷大，晚上电负荷小的特点也为蓄热系统应用提供可能。

蓄热罐在供热过程中起到削峰填谷的作用。根据监管局政策并结合机组运行特点及在机组发电负荷尖峰时期及腰荷时期的运行时间内。

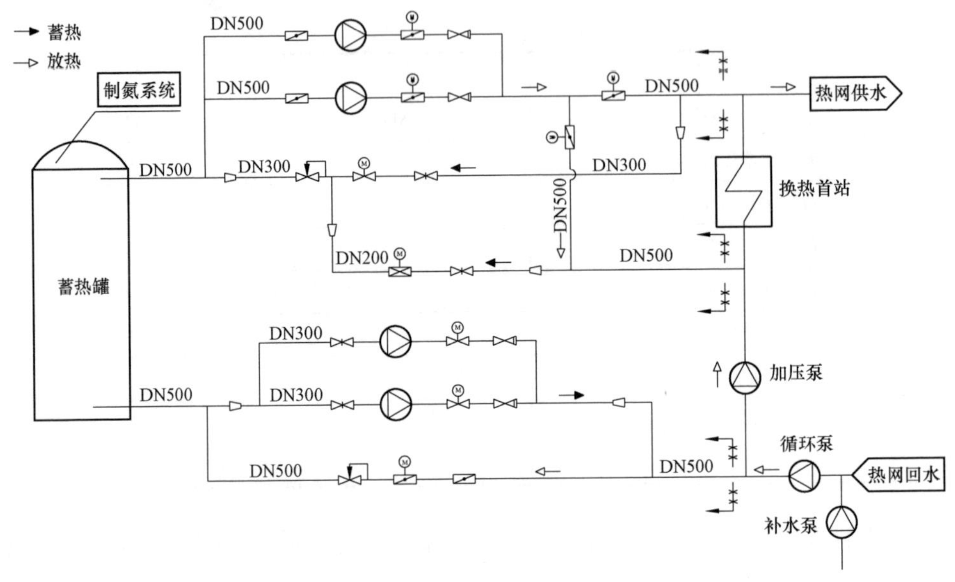

图 4-3　蓄热系统蓄热放热系统图

表 4-4 为电厂所提供的机组在未进行供热改造之前，机组的电负荷在一天当中的变化情况统计表。电厂在往年运行过程中，白天负荷较高，负荷率维持在 75% 以上，晚上基本上负荷率维持 60%左右。根据表 4-4 分析，本项目在进行蓄热罐选型时，将白天尖峰、腰荷时期定为蓄热时间，电负荷低谷时期定为放热时间。蓄热项目中的蓄热罐运行以完成一次蓄热和放热过程为一个周期。

表 4-4　　机组电负荷统计表

负荷情况	时间段分布	负荷时间长度	负荷大小/（MW）
尖峰时期	7～11 时，17～21 时	10h	180
腰荷时期	6 时，12～16 时，22 时	7h	150
低谷时期	1～5 时，23 时，24 时	7h	120～130

该电厂经过供热改造并建设蓄热罐项目后，在机组运行时，保证电负荷和供热负荷的情况下，白天将多余的抽汽用蓄热罐进行蓄热，然后晚上放热，将白天蓄热时长定为 17h，蓄热时间 6～23 时，晚上放热时长定为 7h，放热时间 23 时至次日 6 时实行供热的削峰填谷功能，从而为电厂带来可观的经济效益。

五、投资估算与财务评价

调峰蓄热系统经济效益分为政府给予的政策补偿金额扣除系统的运营成本组成。

根据监管局政策，火电厂不同调峰深度所对应的三档电厂补偿机制，具体的补偿金额按照以下公式计算

$$火电厂调峰补偿金额=\sum_{i=1}^{3}(第\,i\,挡有偿调峰电量\times第\,i\,挡实际出清电价) \tag{4-2}$$

其中，有偿调峰电量定义为火电厂在各有偿调峰分档区间内的未发电量。

本项目的主要收入为政府给与的补贴，第一挡电价为0.4，第二挡电价为0.6元/kWh时，每年的补贴见表4–5。

表4–5　　政府补贴一览表

序号	项目名称	单位	指标
1	2016年	万元	236.94
2	2017年	万元	368.86
3	2018年	万元	444.62
4	2019年	万元	487.97
5	2020年及往后年份	万元	487.97

对本项目改造方案和投资估算进行财务评价，单台光轴机组可以将电负荷最低降至88.164MW，按照政府补偿政策，单台光轴机组运行情况下，2016～2020年度从政府得到的补偿金额分别为236.94、368.86、444.62、487.97、487.97万元。

本项目静态总投资为2559万元，工程动态总投资为2584万元；调峰蓄热系统的年生产成本约为325万元，其中年运营成本为140万元。项目经营期预计20年，在现行补偿调峰政策下，将补偿作为本项目的效益，通过项目财务评价得到整个项目投资的内部收益率为9.58%，投资回收期为9.97年，资本金内部收益率13.96%，效益较好。

第二节　长输供热技术在某热电厂的应用

一、项目概况

我国《关于加快关停小火电机组的若干意见》通知明确指出，大部分小机组、小锅炉在“十一五”期间将面临强制性关停，积极鼓励以热电联产为核心的大中型火电机组改造和建设。银川市与许多城市一样，近年来经济快速增长，经济发展与资源环境的矛盾日趋尖锐，节能减排形势严峻。

目前某市城市集中热网建设现状严重滞后于城市的发展，城市热网建设缺乏统一规划，热网仍然由供热热源单位投资建设，大量锅炉房采用直供的方式进行供热，热网建设水平参差不齐，一次网建设水平严重滞后于城市的发展，热源冲突及管网重复建设现象严重；同时，老旧管网漏水损失、散热损失和水力不均匀损失较大。

按照供热规划，某市将逐步取缔本市内小型燃煤热电厂、小型分散燃煤锅炉房等低效、高污染供热方式，采用热量的远距离输送和余热资源的回收利用，形成以城市周边或远郊大型燃煤热电联产+电厂余热+工业余热为主热源承担基础负荷，利用天然气分布承担尖峰负荷，大型燃煤锅炉房作为备用安全的保障热源的城市集中热网供热方式。

某电厂作为该市周边装机容量最大的火电厂，供热潜力巨大，向该市供热一期项目于 2018 年年底完成，实现替代燃煤小锅炉 3659 万 m^2 供热面积，极大地改善了当地供热现状。目前，还有部分燃煤锅炉急需按照当地市政府要求替代，并对快速增长的热负荷需求实现清洁供热，某电厂向该市供热二期工程对于实现城市热网规划意义重大。

本项目在充分挖掘电厂现有机组供热能力的基础上进行改造，实现对该市长输距离供热，结束多年燃煤锅炉供热的历史，同时节约能源，减少污染，改善空气质量，满足城市供热需求，有效改善人民群众的生活质量。

二、热负荷分析

城镇集中供热热负荷分为常年性热负荷和季节性热负荷两类。常年性热负荷包括生产工艺热负荷和生活热水供应热负荷；季节性热负荷包括建筑冬季采暖热负荷、通风热负荷、空调热负荷和夏季供冷热负荷等。

通过对该市热负荷的具体调查和分析，可以得出以下结论：

（1）项目供热范围内的生产用户较少，用汽量也小并且很分散，实施集中供汽很不经济，故本区域不考虑生产用汽的集中供热。

（2）生活用热水以宾馆、饭店、医院为主，用量不大，经比较现阶段实施集中供生活热水很不经济，并且考虑到当地居民的生活水平、习惯和接受能力，故本区域暂不考虑集中供生活热水。

综上所述，本项目热负荷主要为解决供热范围内区域各类建筑物的采暖用热，各类建筑集中供热热负荷的计算和预测采用面积综合热指标法进行。

本项目近期实现供热面积 $3770.1\times10^4m^2$，按采暖综合热指标 $47.6W/m^2$ 计算，项目近期设计供热采暖热负荷为 1794.56MW；远期最终规模实现供热面积 $7918\times10^4m^2$，按采暖综合热指标 $46.4W/m^2$ 计算，最终设计采暖热负荷为

3673.95MW。具体负荷计算数据见表 4–6。

表 4–6　　热电联产集中供热热负荷表

序号	项目	单位	项目近期	项目远期	最终规模
1	供热面积	$\times 10^4 m^2$	3770.1	4147.9	7918
2	设计热负荷	MW	1794.56	1879.39	3673.95
3	平均热负荷	MW	1221.19	1278.91	2500.1
4	年供热量	MWh	4 425 602.20	4 634 769.81	9 060 372.01

三、设计参数

1. 2 × 600MW 机组锅炉设计参数

亚临界参数 Π 型控制循环汽包炉，一次中间再热、单炉膛、四角切圆燃烧方式、燃烧器摆动调温、平衡通风、固态排渣、全钢悬吊结构、紧身封闭布置的燃煤锅炉。锅炉主要热力参数见表 4–7。

表 4–7　　锅炉主要热力参数

名　　称	单位	BMCR	100%THA
过热蒸汽流量	t/h	2093	1848
过热器出口蒸汽压力	MPa（表压力）	17.47	17.27
过热器出口蒸汽温度	℃	541	541
再热蒸汽流量	t/h	1779.6	1574.4
再热器进口蒸汽压力	MPa（表压力）	4.08	3.61
再热器出口蒸汽压力	MPa（表压力）	3.89	3.44
再热器进口蒸汽温度	℃	335	322
再热器出口蒸汽温度	℃	541	541
省煤器进口给水温度	℃	284	276
预热器出口一次风	℃	317	313
预热器出口二次风	℃	331	326
炉膛出口温度（屏底）	℃	1363	1388
炉膛出口温度（后屏过热器出口）	℃	1017	1005
空气预热器出口（未修正）	℃	133.5	131
空气预热器出口（修正后）	℃	129	127.5
燃料消耗量	t/h	272	282

续表

名　　称	单位	BMCR	100%THA
计算热效率（按 LHV）	%	93.41	93.51
保证热效率	%		93.51
截面热负荷	MW/m²	4.561	
容积热负荷	kW/m³	85	
最低稳燃负荷	%	30B－MCR	
点火方式		高能电火花—轻油—煤粉	
省煤器出口过剩空气系数	—	1.20	1.20

2. 2×600MW 机组汽轮机设计参数

亚临界、一次中间再热、单轴、三缸四排汽、直接空冷凝汽式汽轮机。汽轮机主要参数见表 4–8。

表 4–8　　　　汽 轮 机 主 要 参 数

项　　目	单位	THA 工况	TRL 工况	TMCR 工况	VWO 工况	阻塞背压工况
机组出力	kW	600 163	600 388	642 228	664 476	6 506 333
汽轮发电机组热耗值	kJ/kWh	8064	8614	8051	8049	7947
主蒸汽压力	MPa（绝对压力）	16.67	16.67	16.67	16.67	16.67
再热蒸汽压力	MPa（绝对压力）	3.395	3.639	3.661	3.808	3.662
高压缸排汽压力	MPa（绝对压力）	3.773	4.043	4.068	4.231	4.069
主蒸汽温度	℃	538	538	538	538	538
再热蒸汽温度	℃	538	538	538	538	538
高压缸排汽温度	℃	322	329	330	334.4	330
主蒸汽流量	kg/h	1 847 495	2 005 902	2 005 902	2 093 447	2 005 902
再热蒸汽流量	kg/h	1 574 153	1 691 251	1 700 090	1 769 314	1 700 092
背压	kPa	15	35	15	15	7.55

3. 2×1000MW 机组锅炉参数

超超临界参数变压直流炉、单炉膛、一次再热、平衡通风、前后墙对冲燃烧、紧身封闭布置、固态排渣、全钢构架、全悬吊结构 Π 型锅炉。锅炉主要热力参数见表 4–9。

表 4-9　　　　锅炉主要热力参数

名　称	单位	设计煤种		校核煤种	
		BMCR	BRL	BMCR	BRL
过热蒸汽流量	t/h	3100.00	2872.50	3100.00	2872.50
过热器出口蒸汽压力	MPa（绝对压力）	26.25	26.08	26.25	26.08
过热器出口蒸汽温度	℃	605	605	605	605
再热蒸汽流量	t/h	2513.2	2343.9	2513.2	2343.9
再热器进口蒸汽压力	MPa（绝对压力）	4.98	4.65	4.98	4.65
再热器出口蒸汽压力	MPa（绝对压力）	4.78	4.47	4.78	4.47
再热器进口蒸汽温度	℃	351	343	351	343
再热器出口蒸汽温度	℃	602	603	602	602
省煤器进口给水温度	℃	302	297	302	297
预热器出口一次风	℃	373	368	378	372
预热器出口二次风	℃	357	353	362	358
炉膛出口温度	℃	1021	1000	1025	1005
空气预热器出口（未修正）	℃	125	125	134	134
空气预热器出口（修正后）	℃	121	120	129	129
燃料消耗量	t/h	456.51	428.26	486.90	456.95
计算热效率（按 LHV）	%	93.97	93.99	93.24	93.16
保证热效率	%		93.7		
截面热负荷	MW/m^2	4.57	4.28	4.59	4.31
容积热负荷	kW/m^3	81.27	76.24	81.73	76.70
一次风率	%	21.88	22.91	21.96	22.94
省煤器出口过剩空气系数	—	1.19	1.19	1.18	1.18

4. 2×1000MW 机组汽轮机参数

超超临界、一次中间再热、四缸四排汽、单轴、直接空冷凝汽式汽轮机。汽轮机主要参数见表 4-10。

表 4-10　　　　汽轮机主要参数

工况项目	额定功率工况	夏季工况	TMCR 工况	VWO 工况	阻塞背压工况
功率（MW）	1000	938.467	1039.378	1064.774	1017.697

续表

工况项目	额定功率工况	夏季工况	TMCR 工况	VWO 工况	阻塞背压工况
热耗率（kJ/kWh）	7675	8376	7664	7657	7542
主蒸汽压力［MPa（绝对压力）］	25	25	25	25	25
主蒸汽温度（℃）	600	600	600	600	600
主蒸汽流量（kg/h）	2 872 500	2 009 700	3 009 700	3 100 000	2 872 500
高压缸排汽压力［MPa（绝对压力）］	4.75	4.91	4.954	5.087	4.75
高压缸排汽温度（℃）	344.3	347.7	348.9	352.0	344.4
再热蒸汽压力［MPa（绝对压力）］	4.37	4.517	4.557	4.68	4.37
再热蒸汽温度（℃）	600	600	600	600	600
再热蒸汽流量（kg/h）	2 343 858	2 429 120	2 446 179	2 513 209	2 343 911
中压缸排汽压力［MPa（绝对压力）］	0.993	1.005	1.034	1.061	0.993
低压缸排汽压力［kPa（绝对压力）］	13	33	13	13	6.18
低压缸排汽焓（kJ/kg）	2438.7	2630.3	2433.2	2429.7	2391.1
低压缸排汽流量（kg/h）	1 663 897	1 735 863	1 728 461	1 770 285	1 621 356
补给水率（%）	0	3	0	0	0
最终给水温度（℃）	298.2	301	301.4	303.4	298.2

5. 供热参数

（1）高温热水网。为保证高背压改造机组的安全运行，满足采暖供热负荷变化的需求，减少一次投资，该项目供、回水温度差采用梯级升高模式。为了充分发挥利用项目建设管网的输送能力，本项目采用大温差（热力站加热泵）供热形式，近期实现供热面积 3770.1 万 m^2，远期最终规模实现供热面积 7918 万 m^2，高温热水网供、回水温度为 130/30℃（温差为 100℃）。

（2）一级网。为了与某市供热区域已有供热管道连接，保证用户侧旧有系统的安全，本项目近期设置 2 座隔压站；远期需再设置 1 座隔压站。隔压站后一级网供、回水温度采用 125/25℃（温差 100℃）。

（3）二级网。本项目二级网暖气片热水采暖系统的设计供、回水温度采用 60/40℃，因地板辐射采暖系统管材及人体舒适度的限制，其供水温度不得超过 60℃，供回水温差不宜大于 10℃。因此，为了提高供热质量和人体舒适度，本项目二级网地板辐射热水采暖系统的设计供、回水温度为 45/35℃。

四、技术路线选择或方案比较

1. 双回路管线系统

考虑到项目长距离输送供热管线的安全性、稳定性，防止长输管道的水击，可以考虑采用双回路供热型式，在管路的三通接口处做到双回路互切，以保证整个供热系统的供热安全。

2. 单回路管线+热泵系统

考虑到热负荷的不确定因素，减少因一次投资过大产生的风险，也可以选择单回路+热泵的系统，本项目一级供热管网对供、回水温度、流量随室外气温变化的运行调节仍然采用固定流量的中央质调节方式，根据室外气温变化，逐步增加供热温度；其供热系统调峰是依靠电厂的抽汽来完成的。

综上所述，为了减少投资风险，增加投资收益，本设计建议采用单回路+热泵系统。

（1）热力网敷设。

1）管道敷设方式。本项目管道基本沿道路或居住区内铺设，敷设路径复杂。本工程供热管道敷设方式有直埋敷设、顶管敷设及盾构穿越管廊敷设。

2）热力网与热力站的连接方式。热力网与热用户的连接方式有直接连接与间接连接两种。

直接连接热力站的优点是系统简单、投资少、站内运行费用低。其缺点是水力工况不稳定，二级网失水直接影响高温热水网或一级网的正常运行，且受地形影响较大，不适合地形变化大的地理条件。

间接连接热力站的优点是水力工况稳定，二级网失水不影响高温热水网或一级网，调节方便，受地形条件影响较小，对于整个系统来讲节能效果优于直接连接的热力站。其缺点是投资较高、系统较复杂。

（2）供热系统。考虑本工程供热规模大，而且 130℃的供水温度远高于用户采暖系统的设计温度，同时结合当前城市集中供热的发展趋势，确定本项目所有热力站与高温热水网或一级网的连接方式全部为间接连接。其系统构成如下：

供热首站→热力站→热用户

供热首站→隔压站→热力站→热用户

（3）热力站系统。

1）直接连接系统。由于直接连接系统是原锅炉房循环水直接与用户用热系统连接，即将换热机组和热泵机组设置在改造热力站内，因此较容易实现大温差供热。

2）间接连接系统。由于原有二级网热力站均设置在居民小区内，在热力站内无安装热泵的空间，扩建热力站可能性也不大。根据对市区原二级系统的一级管网调查，一级网系统的设计温差为115/70℃和95/70℃，考虑到在设计一级管网时一般设计温差为30℃左右，考虑管道管径，同时，实际运行通常也达不到设计温度；因此，在间接连接锅炉房设计热力站时，设置板式换热机组和热泵机组，确保原有系统不变。经初步计算，在高温网130/30℃时，其原一级网温度可达到30℃，可以实现热力站的60/40℃；在现一级网125/25℃时，其原一级网温度可达到25℃温差，可以满足旧有热力站的60/40℃。

（4）水力计算。

1）热力网水力计算参数。本动态水力计算只针对项目近期供热面积进行的水力计算。

a. 水力计算条件。

（a）高温热水网供、回水温度。项目高温热水网供、回水温度为130/30℃，温差为100℃。

（b）一级网供、回水温度。一级网供、回水为125/25℃，温差为100℃；二级网供、回水温度为60/40℃，温差为20℃。

b. 供热面积。根据规划及实际建设情况，本项目近期供热面积为 $3770.1\times10^4m^2$，远期供热面积 $7918\times10^4m^2$。

2）水力计算结果。通过供热管网计算软件，对本项目近期供热面积及供回水温差的稳态和瞬态进行测算，在系统不汽化、不超压的设计原则下，对供热中继泵站及隔压站的设备进行了如下选择：

本项目高温热水网系统中继加压泵站供、回水设计温度为130/30℃，隔压泵站后一级网供、回水设计温度为125/25℃。

3）热力网定压系统。市内现有老旧管网设计压力等级为1.6MPa，为了与老旧管网对接，同时降低整个管网的运行压力，将本项目设计管网系统分为高温热水网与一级网两种系统，需分别进行定压。两系统内介质汽化压力以设计最高温度130℃考虑，汽化压力为176kPa（$17.6mH_2O$），考虑30kPa（$3mH_2O$）的富裕压头，本项目一级网系统与二级网系统的定压点压力均取用0.6MPa。

五、投资估算与财务评价

本项目采用双回路大温差加热泵供热方案，实现供热面积7918万 m^2。2018年供热面积3770万 m^2。远期新增供热自营面积4148万 m^2 计算，到2020年最终实现供热面积7918万 m^2。

投资包含：厂内供热改造、供热管网建设。

建设投资（不含建设期利息）744 965.88万元。其中：厂内技改工程投资81 020

万元，热网工程投资 663 945.88 万元；建设期利息为 51 628.71 万元；项目资本金财务内部收益率 13.26%。

第三节 智能热网供热在某电厂的应用

一、项目概况

某供热企业智能化水平整体偏低，运营管理方式较为粗放，相当一部分供热系统参数尚未实现远传远控，缺乏在线诊断与实时分析的数据支撑，水力失调和冷热不均的情况时有发生；由于缺乏数据采集和数据共享的保障，智能热网实施前后的指标经济性、运营时效性难以评估；收费客服系统功能不完善，热用户服务不能满足互联网信息化时代要求。

“互联网+”智能供热系统的建设基于基层供热企业的生产需求，将供热技术和信息通信技术（通信、智能感知、云计算等）结合起来，进行供热基础设施与信息网络系统的相互耦合，形成信息物理系统，实现信息互通互联，数据共享促进企业资源高效利用，进一步节能降耗，使企业效益最大化。创新基层供热企业生产经营管理模式，进行各项业务的在线实时协同，实现热力“产–输–配–售”全过程精细化、标准化、智能化管理，稳步提高客户服务水平，以满足“互联网+”大环境下的客户需求。

本项目作为国家能源局实施“互联网+”智能供热的示范工程之一，智能热网改造内容主要包括换热站自控设备升级改造、“一站一优化曲线”智能控制、能耗分析系统、热力公司信息化平台建设。通过这些具体措施，提高电厂能源利用率，实现热网的智能化运行调节，提高企业供热的经济效益与社会效益。

二、供热系统现状分析

1. 热源现状

该企业热源为 2×300MW 级亚临界一次中间再热供热机组，单台机组设计最大抽汽流量为 600t/h，平均采暖抽汽流量 550t/h，额定采暖抽汽流量 340t/h，采暖抽汽压力可调整，最大采暖抽汽压力为 0.49MPa（绝对压力）。

2005 年至今，随着城市的快速发展，城市集中供热建设蓬勃发展。主要是对原有小锅炉房实行拆小并大，经过这几年的改造与建设，锅炉房数量大为减少，集中供热面积迅速增加。

2. 首站现状

热网首站供热蒸汽采用单元制。每台机组设置 2 台换热面积为 2800m^2 的卧式高效汽水热交换器。设计为市区采暖热网 60℃回水回到热网首站后，经热网加热器加热到120℃后外供市区采暖热网。在汽机房0m层布置6台疏水泵，每个单元3台，2运1备。每个单元疏水量为550m³/h，水泵额定流量300m³/h，额定扬程185m。疏水分别回1号机和2号机除氧器。热网水系统采用母管制布置方式，本期工程热网水系统总循环水量为10 320m³/h，最不利环路阻力损失1.0MPa。在汽机房0m层布置5台循环水泵，4运1备。水泵额定流量3000m³/h，额定扬程135m，功率1600kW。热网水管网的补给水采用除氧软化水，按系统循环水量的1.0%设计。采用补给水泵定压方式，定压值为0.35MPa，补给水泵采用变频控制。

热力公司根据环境温度通过电话下发一次网供水温度和供水压力指令，在采暖抽汽量许可（受机组负荷影响）的情况下，电厂内运行人员根据热力公司调度指令进行调节。一网供热调节曲线为一个环境温度区间对应一个供水温度和一个供水压力，即采用“质、量”双调的方式，调节频率偏低，一天的调节次数大约2～3次，调节曲线完全靠运行经验摸索，不能及时做到按需供热。

在目前的体制下，由于热网首站和热网监控中心之间不能很好统一协调调度，导致当气温突降时，热源调整不及时，造成供热量不够。这种情况在供热初末期易造成过量供热。

3. 运行现状

热网监控中心当前可对约36个自控换热站的循环泵、补水泵及运行参数进行实时监视和调整，但仍有约45个换热站为手动换热站。自控的换热站温度、补水等参数均有实时统计和报表，通过报表可以分析各个换热站耗热量和补水量大小。但数据报表缺少换热站耗电统计、循环水泵功率（电流）、电动调节阀开度等数据打印，不便于换热站电耗、水泵和调节阀的运行分析。自控换热站通过手动输入二次网的供水温度值，自动实现阀门的开度调节。当前，换热站无热负荷调节曲线，二次网的供水温度根据运行人员经验进行调节。站内循环水泵、补水泵均采用变频方式进行控制，但对循环水泵变频调节较少，二次网侧主要采用质调节。机组上传的数据中，部分换热站一、二次网的温度测点偏差较大，二次网的供水温度测点不准直接影响整个换热站的供热效果；另外，部分换热站一网管道上的热量表无示数或表计已经损坏，对换热站以及整个热网的热量统计、经济运行、指标考核造成影响。手动换热站完全依赖就地值班人员进行调节，且由于设备等各种原因，存在无法及时准确调节等问题。

4. 能耗现状

表4-11通过三个供暖季的供热指标来分析热力公司供热管网的节能潜力。

表 4－11　　近三个供暖季单位面积耗热量对比

项　　目	2012～2013 供暖季	2013～2014 供暖季	2014～2015 供暖季
购热量（$\times 10^4$GJ）	269.65	327	492.11
供热面积（$\times 10^4 m^2$）	445.6	519.4	853
单位面积耗热量［GJ/（m^2·a）］	0.605	0.629	0.577
采暖度日数（℃·d）	3347	2835	2931
修正到设计度日数的单位面积耗热量［GJ/（m^2·a）］	0.560	0.687	0.609

按照《民用建筑节能设计标准》计算，在设计采暖度日数下，当地所需最小耗热量为 0.26GJ/（m^2·a），这三个供暖季的单位面积耗热量均远高于设计标准。2014～2015 年供暖季修正到设计采暖度日数下的单位面积耗热量为 0.609GJ/（m^2·a），供热系统能量输配效率仅为 42.7%，在能量输送过程中的各种热损失相当大，高达 50%以上。通常这些损失包括过量供热损失（15%左右）、不均匀供热损失（换热站间、楼宇间和楼内用户间 25%左右）及管网散热损失（一网和二网 10%左右）。

另一方面从前述热源系统和换热站实际运行分析，目前热负荷调节品质相对较差，一是厂网未实现联动，厂侧不能及时根据网侧用户的负荷变化进行调整，尤其在初末期过量供热较明显；二是存在大量手动换热站，调节不及时或者无法准确调节，造成手动换热站热量偏高，三是自控换热站也缺少热负荷调节曲线，按照运行经验调节。

通过以上分析可以看出该企业集中供热系统的蕴藏的节能潜力较大，节能供热大有可为。而本次集中供热系统扩容增效改造项目中的换热站自控改造、换热站二次网加装自力式平衡阀和换热站“一站一优化曲线”等是为减小供热输配过程中的过量供热损失和各种不均匀供热损失而开发的针对性技术，对降低单位面积耗热量，改善供热效果，实现节能供热发挥积极作用，也将对电厂内汽轮机乏汽余热回收等相关改造创造良好的边界条件。

三、改造方案

1. 换热站自控升级改造

换热站自动化改造是实现智能供热进而开展节能经济供热的基础，对于当前未实现远程自控将要改造的 32 个换热站通过自动化改造实现自控功能。换热站自控系统主要拟实现功能如下：

（1）数据采集。系统能够采集换热站的压力、温度等参数：一次供水、回水温度，二次供水、回水温度，室外温度，一次供水、回水压力，二次供水、回水压力；变频器运行参数：变频器电流、电压、状态、频率等；电动调节阀门开度。

（2）实时控制。系统能够根据换热站或公共建筑的用热特点进行自动化的控制，系统软件有多种控制策略组成，可以满足不同用热特性的控制要求，提高换热站及建筑的供暖质量，降低能源消耗。

（3）顺序控制功能。一次网电动调节阀门在系统发生故障和断电时自动关闭；来电时启动顺序为：控制器上电→补水泵（如果需要）→二次网循环水泵→一次电动调节阀门缓慢开启；当系统发生故障时的顺序为：一次网电动调节阀门关闭→二次网循环水泵关闭→补水泵关闭；远程关闭阀门：直接关闭即可；远程开关二次网循环水泵：关泵先关一次网电动调节阀阀，开泵后开启一次网电动调节阀。

（4）故障保护功能。当二次供水温度、二次供水压力过高超高时，系统将自动停止运行，关闭一次网阀门，同时向上位机报警；当二次回水压力超高时，补水泵自动停止运行；当二次网回水压力超低时，系统将自动停止运行；关闭一次网阀门，停止循环泵，同时向上位机报警。压力恢复正常后，自动启动系统；当补水箱液位过低时，自动停止补水泵，同时向上位机报警，液位恢复正常一段时间后，自动启动补水泵。

（5）跟现有热网通信系统及 InTouch 监控系统兼容。系统能够通过现有网络系统，将换热站的实时数据传输到 InTouch 监控软件，InTouch 监控软件也可以通过网络系统将控制指令下达到现场控制器，执行控制调节指令。

2. 二次网加装平衡阀改造

换热站内循环水泵大多采用大流量低温差运行方式，造成换热站电耗增大。在用户家测温发现部分换热站远近端室温差别较大，甚至达到 5℃以上，部分末端支路或楼宇用户室温较低。换热站二网水力失调较严重，造成近端过量供热，远近端冷热不均现象较明显。换热站为了保证末端用户供热效果，只能在站内采用大流量运行方式，但效果并不甚理想。首要解决的就是换热站二网水力动态平衡，在二网支路或者入楼宇、单元管道加装自力式压差平衡阀是解决二网水力失调的最佳选择，即便将来推行分户计量也能通用。

3.“一站一优化曲线”的制定

（1）“一站一优化曲线”的必要性。目前，该热力企业并没有针对每个换热站制定各自的二次网温度调节曲线，而是制定了统一的二次网温度调节曲线。各换热站在该调节曲线的基础上，仅凭经验稍作修正，通过调节各自的一次网侧供水温度，控制二次网的回水温度。这种制定统一的二次网温度调节曲线的形式，并没有考虑各换热站所管辖小区的差异性（如小区建筑物的保温性能、朝向、所在区域平均温度）。

（2）“一站一优化曲线”工作原理。本方案通过综合考虑室外气温、太阳辐射以及建筑物热惰性对供热负荷的影响，折算成一个综合环境温度，实现对温度调节曲线的优化，并建立数学模型。

在各换热站端进行功能扩展，主要流程是在各换热站室外安装高精度气象监测设备，在站内安装智能曲线调节控制器。智能曲线调节控制器用于采集储存气象及供热参数，并根据“一站一优化曲线”计算模型对所采集数据进行实时计算，计算出当前换热站最佳供水温度，最终将目标供水温度输入换热站现有 PLC，换热站 PLC 接收到智能曲线调节控制器目标供水温度后启动现有 PID 算法，自动调整换热站供水温度为目标值。

4. 智能供热平台信息化改造

（1）公司其余换热站安装自动化设备后，监控系统软硬件系统进行相应的升级及扩容。

（2）增加一站一曲线智能调节模块，实现各换热站精细化智能调节。

（3）安装水力平衡分析软件。

（4）安装厂网一体化预测调节软件。

5. 热网水力分析模块

采用热力管网水力平衡分析软件有助于大量的日常计算分析，在热网运行状态发生变化时，系统能够及时进行计算分析，方便热力公司管理人员随时调整管网运行状态，达到经济、稳定运行的目的；系统可以获得在各种负荷条件下各换热站、热用户等的热量需求，各种负荷状态下的压力、流量和温度的分布；系统可以计算热网的压力和热量的统计值，生成各种运行统计表，包括管网运行质量统计报表、管网运行费用分析统计报表，进行费用分析。

6. 厂网一体化预测调节

由于一网管线太长导致首站温度调节存在很大的滞后性，因此，需要采用分阶段定压差的质调节，缩短首站调节的滞后性。在定压差的方式下，若二网调节不及时或不调节，就相当于是单效的温度调节。

基于上述分析，提出更优的调节方式：根据环境温度，一段供热时期内保持一网供水压力固定不变，首站根据未来三小时预测环境温度进行调节，二网换热站根据“一站一优化曲线”实时调节，做到按需供热。

针对优化调节措施“一网供水温度预测调节”模块可对热网水温进行预测，

运行人员只需按照软件中提供的温度值每隔三小时调节一次一网供水温度即可。若与蓄热系统结合可实现一网供水温度自动跟踪调节，该软件具有数据记录功能，可存储整个采暖季的一网温度调节曲线。目前厂内热网循环泵采用液力耦合器调节转速，可设置为跟踪热网水供水压力自动调节转速，来实现一次网定压差运行。热网首站调节通过优化后，调节更加便捷。在分时段固定一网供水压力不变的前提下，“一网供水温度预测调节”结合“一站一优化曲线”形成的双重调节，进一步缩短了一网调节的作用时间。

7. 生产运行及能耗分析系统

针对企业生产调度及能耗管理现状，建设生产运行及能耗管理信息平台。对全网各种生产资料及能耗进行统一管理，方便工作人员及时了解最新生产运行及能耗信息，确保供热系统低能耗、经济化运转。可实现运行数据分析、气象管理、电镀方案与经济运行分析、能耗分析等功能。

8. 供热收费系统升级

目前供热公司已经建立了供热收费及稽查管理系统，实现了用户入网管理、采暖费用户档案管理、热费调整管理、收费退费管理、票据管理、停热管理、用户服务卡管理、用户稽查等功能。根据实际运行情况需要对该系统进行如下升级：

建设 Internet 网上服务网站。网站界面简洁友好，通过该平台供热用户可以注册个人账户，通过实名验证与公司经营收费系统热用户基础信息挂钩。用户注册成功后，可以通过登录个人账户可以实现如下功能：

（1）用户信息查询。包括本账户对应的供暖用户基础档案信息、缴费信息、稽查处罚信息等，这些信息跟现有的供热收费系统数据库里的信息保持一致。

（2）进行网上报修、网上投诉、网上留言咨询，以及满意度评价。这些信息与公司所建设的客服系统数据库保持一致。

（3）实现网上缴费。公司目前已经实现了银行代收费功能，为进一步方便用户缴费便利，收费的手段的多样化，添加网上缴费功能。用户可以通过网上银行，支付宝等第三方支付系统，进行网上支付，缴热费及罚款，收费信息系统以及与之相连的银行系统同步更新用户数据。此功能要求具有足够的安全机制。

（4）完善系统对稽查罚款收费的管理功能。在原有数据库基础上增加稽查罚款收费数据库，实现系统稽查违章用户罚款处理后自动解锁功能，免去现今只有开具纸质违章罚款缴费证明上交至收费营业厅，才可人工解锁的工作流程。

9. 供热客服系统

针对企业客服系统的现状，宜建立企业供热客户服务管理系统平台，提升企业服务质量及市场响应速度。客户服务管理系统由呼叫中心功能块、坐席软件功能块及业务处理模块组成。

10. 生产管理及地理信息系统

该系统以客户端/服务器的结构形式。系统具有强大的网络拓扑及网络分析功能。能满足管网的许多网络分析要求，系统采用了先进的数据库引擎，支持规划设计时多用户的同时操作，要求系统是一个开放的开发平台，它能兼容和连接其他系统，如热网监控系统、收费系统等。

11. 供热控制信息化综合管理平台

针对企业内部信息流转问题，宜建立企业综合管理平台，打通生产运行、经营收费、财务、行政、客服各环节的信息通道。实现公司各部门按权限、分层次的信息共享，从而提高企业整体运行效率。图 4–4 为其供热系统综合管理平台示意图。

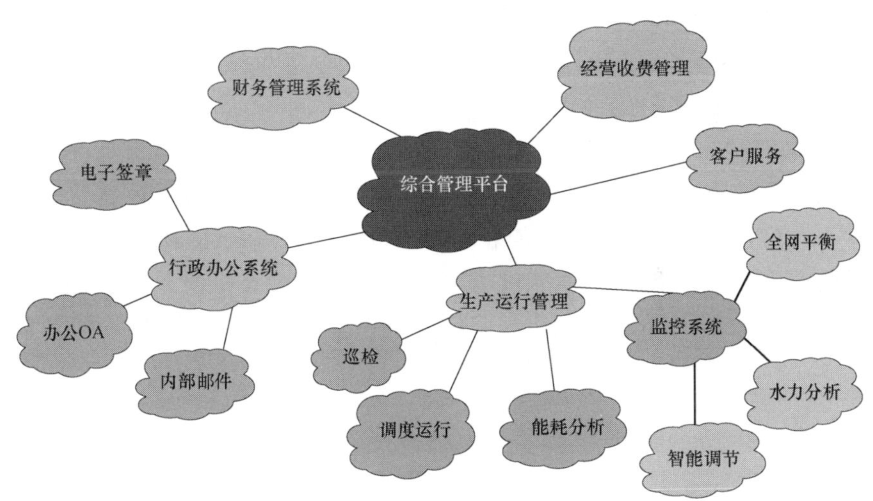

图 4–4　供热系统综合管理平台

四、节能收益分析

1. 水耗节能分析

由于二网水力失调，造成的冷热不均现象突出，通过二网侧加装自力式压差平衡阀进行动态平网可有效解决这种现象，补水量大幅度下降。近两个供暖季热力公司自管换热站二网单位面积水耗约为 120kg/（m^2 • a），对比优秀值 46.5kg/（m^2 • a），同时考虑存在人为无端放水或偷水现象，按照 40%的回收量计算，在当前供热面积下，补水量可下降约 25 万 t，一个采暖季节水收益 43.3 万元。

2. 热耗节能分析

一次网优化改造后，再实施手动换热站自控改造，结合部分换热站二网加装平衡阀进行水力动态平衡改造，再采用“一站一优化曲线”等进行供热调节可有效减少管网的过量供热损失和换热站间、楼宇间的冷热不均损失，进而降低系统热耗，通过前述中的外部及内部对比评估分析得出，当前可回收的损失包括过量供热损失约 5%，换热站间和楼宇间的不均匀供热损失约 6%，改造后可使热力单位面积耗热量由前三个供暖季的平均值 0.62GJ/（m^2・a）下降到 0.56GJ/（m^2・a）（均修正到节能标准设计采暖度日数），实现节热约 44.6 万 GJ/a，节热收益约 2000 万元/a；若按照节煤计算，相当于节标准煤约 1.8 万 t，按照标准煤 580 元/t 计算，可实现节煤收益约 1049 万元/a。

3. 电耗节能分析

通过降低二网循环泵的实际运行流量和扬程，整个采暖季可节约电能 120 万 kWh，按电费 0.8 元/kWh 计，一个采暖季可节约电费 96 万元。

五、投资估算与财务评价

1. 投资估算

本次工程改造内容包括热泵回水温度优化调整改造、一次管网优化改造、换热站分析改造、换热站二次网侧加装平衡阀改造、“一站一优化曲线”制定和试验和软件平台搭建等内容。静态投资 13 448 万元，建设期贷款利息 166 万元，总的工程动态投资 13 614 万元。其中厂内改造部分工程费用及设备购置费共计 8916 万元，厂外改造部分工程费用及设备购置费共计 3072 万元。具体如表 4－12 所示。

表 4－12　总投资估算表　万元

序号	工程或费用名称	建筑工程费	设备购置费	安装工程费	其他费用	合计	各项占静态投资比例（%）
一	主辅生产工程						
（一）	厂内改造部分	607	6936	1374		8916	66.30
1	热网首站优化改造	0	160	153		314	2.33
2	吸收式热泵技术改造	607	6775	1221		8603	63.97
（二）	厂外改造部分	199	1471	1403		3072	22.85
	小计	805	8407	2777	0	11 988	89.15
二	其他费用						
1	建设场地征用及清理费				0	0	0.00

续表

序号	工程或费用名称	建筑工程费	设备购置费	安装工程费	其他费用	合计	各项占静态投资比例（%）
2	项目建设管理费				188	188	1.40
3	项目建设技术服务费				832	832	6.18
4	调试费				48	48	0.36
三	基本预备费				392	392	2.91
	小计				1460	1460	10.85
	工程静态投资	805	8407	2777	1460	13 448	100.00
	各项静态投资的比例（%）	5.99	62.51	20.65	10.85	100.00	
四	工程动态费用						
1	价差预备费				0	0	
2	建设期贷款利息				166	166	
	小计	0	0	0	166	166	
	工程动态投资	805	8407	2777	1626	13 614	

2. 财务评价

通过本项目的改造，可达到以下节能收益：

厂内部分，通过热泵回收循环水余热和首站改造，折合每年可节煤收益约3316 万元，节约水费 100 万元。

厂外部分，通过一网水力分析改造、换热站分析改造、二网采用自力式压差平衡阀动态平网、一站一优化曲线等措施，可使热力公司节约补水成本 43.3 万元、节煤成本 1049 万元、用电成本 96 万元，总计收益 1188 万元。

合计可实现节能收益 4604 万元。

对本项目改造方案和投资估算进行财务评价。具体财务指标见表 4-13。

表 4-13　　财务评价指标表

项目名称		单位	经济指标
项目投资	内部收益率	%	34.34
	净现值	万元（I_e=10%）	25 052.37
	投资回收期	年	3.87

续表

项目名称		单位	经济指标
资本金	内部收益率	%	203.32
	净现值	万元（I_e=10%）	25 456.93
	投资回收期	年	1.49

经过计算，项目投资的内部收益率为 34.34%，投资回收期为 3.87 年；项目资本金的内部收益率为 203.32%，投资回收期为 1.49 年。内部收益率高于基本收益率 10%，因此项目盈利能力较强。

以标准煤价、静态投资两个要素作为项目财务评价的敏感性分析因素，以增减 5%和 10%为变化步距静态投资、标准煤价分别调整正负 10%和 5%时，项目投资内部收益率在 29.94%～39.16%之间，资本金净利润率在 97.09%～149.22%之间。可见本项目抗风险能力很强。

第四节　热网智能化改造在某化工园区的应用

一、项目概况

1. 项目背景

当前，我国正以“清洁低碳、安全高效”为目标推进能源生产与消费革命，并大力发展“互联网+”智慧能源以实现多元化能源系统的供需动态平衡。依托热电联产机组，在工业园区内建设集中式蒸汽热网公用基础设施，能显著提升工业园区能源效率，降低工业用能成本，减少环境污染，这同时也对工业园区供热系统的安全性、可靠性、供汽品质、能效提出了更高要求。具体对于工业园区的蒸汽供热系统，尤其是大型化工园区的多源环状蒸汽供热系统，其供需态势与蒸汽潮流多变复杂，存在蒸汽停滞水击风险、供需主体角色动态转换、蒸汽品质要求苛刻等一系列难点，依靠人工经验方式粗放式运维的传统生产方式难以满足现代工业园区的需求。如何实现工业园区蒸汽供热系统的连续安全可靠运行和精细化管理是目前工业园区发展普遍面临的难题。

2. 项目概况

国内某化工园区集聚了国内外众多在国际上有影响力的化工企业，由于化工生产过程对工艺连续性、稳定性和安全性有着严格的要求，各家企业对蒸汽的需求有着极高的要求，本着节能、环保和资源循环利用这一原则，化工区采用了集中供热这一模式。园区内的热电发电公司，作为热源单位共同承担了园区内所有用户的蒸汽供应，其中 1 号热源，拥有两套 300MW 9FA 燃气蒸汽联合循环机组。2 号热源，拥有两台 1000MW 蒸汽发电机组。所有蒸汽通过园区内蒸汽管网即热网输送到各家企业。整个园区内的管网由 1 号热源热电公司负责规划、建设和运行管理。截至目前供热管网提供 14 家大型化工企业的高品质蒸汽供给，还有部分化工企业会间歇性为管网回供蒸汽，因此热网运行状况复杂多变。

由于该园区热网是一个多热源、多用户、多工况以及环网结构的复杂多变热网，园区内各家热用户的生产工艺和生产装置不尽相同，两家热源单位的发电工况和设备也各有特性，因此，使得热网的运行呈现出多样性、复杂性，并直接反映在管道内蒸汽流量、温度和流速的无序变化，进而导致管网运行的安全性不受控，向用户供热的可靠性和合同参数无法得到保证；管网的运行经济性不受控，各项经济指标和运行参数偏离设计。以上因素大大增加了热网管理与运行调控的难度。

二、热负荷分析

蒸汽热负荷根据园区内集中供热区域的已建及拟建项目的热负荷调查统计表，并深入考察热用户，调查了解热用户的用汽规模、用汽参数、用汽情况和扩展情况，进行详细的分析和统计。

1. 热负荷类型

该园区热负荷均为化工生产热负荷，从用汽特性上看，主要包括持续性热负荷、间歇性热负荷以及回供负荷。

（1）持续性热负荷。企业主要进行化工生产，并存在持续不断的蒸汽需求，24h 运行。

（2）间歇性热负荷。部分企业因生产工艺的不同，在某些时段用汽，某些时段停汽，对管网存在间歇性用汽需求，此类负荷也对管网的运行会产生较大影响。

（3）回供热负荷。部分企业，因为企业自身特性，部分情况下，会将生产工艺过程产生的一定品质的蒸汽回供到供热管网。但这类回供负荷往往品质有限，会对管网的运行产生极大的影响。

2. 热负荷规模

按照园区热用户的用汽情况，已有的热负荷规模见表 4-14。

表 4-14　　蒸汽热负荷需求表

序号	名称	用汽特性	蒸汽参数		蒸汽消耗量	
			温度（℃）	压力（MPa）	平均（t/h）	最大（t/h）
1	用户 1	连续	270	4	20	25
2	用户 2	连续	260	4	20	25
3	用户 3	连续	260	4	10	20
4	用户 4	间歇/回供	250	3.5	15	20
5	用户 5	连续	270	4	15	30
6	用户 6	连续	270	4	35	50
7	用户 7	连续	250	2.8	10	15
8	用户 8	间歇/回供	280	4	15	20
9	用户 9	连续	270	4	20	40
10	用户 10	连续	260	4	5	10
11	用户 11	间歇/回供	260	4	35	50
12	用户 12	连续	250	2.5	30	40
13	用户 13	连续	270	4	35	50

另外有热网新增用户及已有用户的负荷变化需求见表 4-15。

表 4-15　　新增热负荷情况

序号	名称	用汽特性	蒸汽参数		蒸汽消耗量		蒸汽回供量	
			温度（℃）	压力（MPa）	平均（t/h）	最大（t/h）	平均（t/h）	最大（t/h）
1	用户 11	间歇/回供	270	4	20	150	30	150
2	用户 14（新增）	连续	260	3.8	25	30	/	/

（1）北部环网上，北干线与西干线交叉口，计划新增用户 14，负荷需求为 25t/h，250℃，3.8MPa。

（2）用户 11 计划新增大量间歇性负荷，最高用汽负荷可达 150t/h，最高回供负荷同样可达 150t/h。

三、设计参数

目前园区已有主要热源，1 号热源燃气蒸汽联合循环机组，供热能力超过 300t/h，供热参数为 4.5MPa，295℃。2 号热源燃煤机组，供热能力为 100t/h，供热参数为4.5MPa，295℃。蒸汽管道采用20 号无缝钢管，主管管径 DN250～DN500，管内介质为过热蒸汽。

管网结构形成多个环网，基本结构示意图如图 4-5 所示。

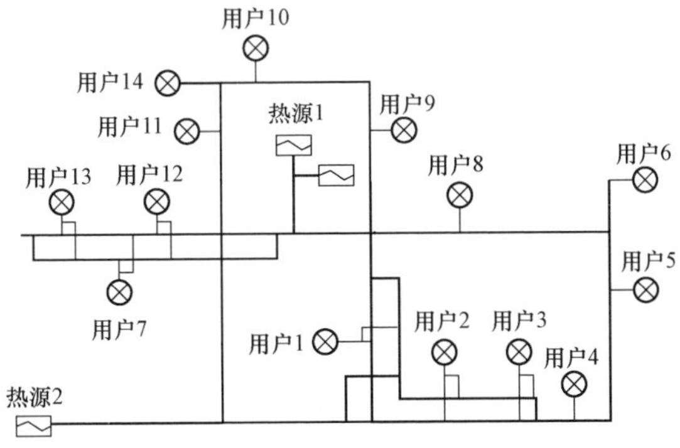

图 4-5 某化工园区热网结构示意图

四、技术路线与核心内容

1. 技术路线

为提升供热生产管理水平并实现科学调度控制，经过两年多时间的探讨，本项目形成智能化辅助决策作为研究方向，围绕“基于模型做预测，基于预测做决策”核心方法形成构建“面向安全节能的智慧工业园区热网状态分析与运行优化系统”的技术路线，见图 4-6。

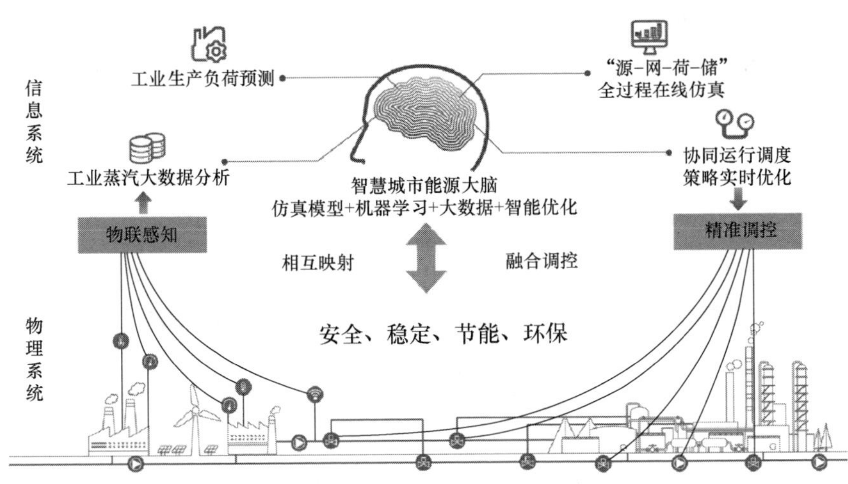

图 4-6 智慧供热生产管理与运行调度技术路线

即以 SCADA、DCS、物联感知测量系统为基础，基于 GIS 地理信息系统实现供热设备资产的信息化管理，并在计算机系统内建立与现实供热系统相对应的热能生产、输配、消费全过程仿真模型，进而基于测量与仿真实现对热网运行状态进行定量分析诊断，面向供热系统运行的安全性、可靠性、供汽品质、节能性等目标开展运行调度方案优化，为运行人员提供建议方案和决策依据，实现大型供热生产的智慧升级。

2. 项目目标和主要内容

根据技术路线，制定本项目研究的目标如下：建设面向安全节能的智慧工业园区热网状态分析与运行优化系统，通过数据的采集、建模、在线实时计算和辅助决策等一系列技术手段来实现智慧工业园区供热的安全性和经济性。其中经济性指标：实现工业供热生产全过程能耗比系统应用前降低 0.5%；安全性指标为：系统能够在 2min 内对停滞水击事故提前预警和故障定位。

主要研究内容：

（1）可结合热网 GIS 地图实时发布展示热网系统各处的运行状态，具体包括：蒸汽流向、蒸汽流量、蒸汽流速、蒸汽温度、蒸汽压力，实现设备测量与仿真软测量互补的运行状态全面软测量。

（2）对全网运行数据的采集，通过仿真模型对全网蒸汽状态（温度、压力、流量）进行虚拟计算测量，并与运行实测数据形成互补和验证，实现供热系统整体供热安全性分析，展示存在风险的管线，并基于全网的用户蒸汽品质达标情况，实现经济性分析。

（3）通过在线水力计算并对比数据库中以往水击工况数据，对蒸汽管道冷凝滞留水击预警，并能够通过窗口拓扑图直观在风险发生相应位置展示并提醒运行人员，预警方式至少包括页面闪烁警示、短信通知，见图 4–7。

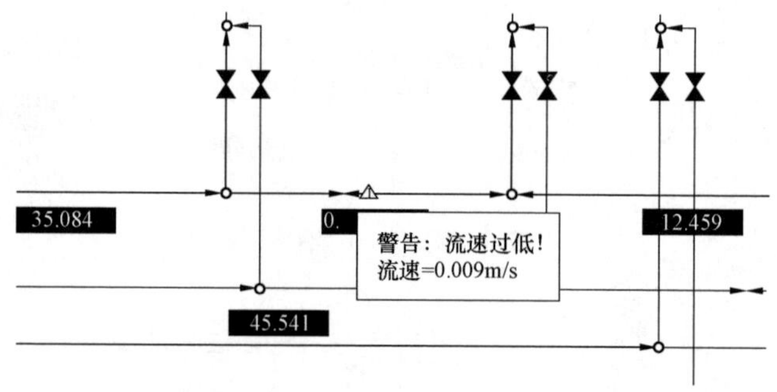

图 4–7　蒸汽热网滞留危险报警显示界面

（4）系统可实现基于算法寻优的供热系统运行调度的辅助决策，实现了根据不同的用户侧热负荷需求，以用户用汽品质为优化目标、现场可操作阀门为优化调节手段的运行优化，满足不同用户需求的准确分配，并实现结果可视化展示。

五、投资估算与财务评价

本项目投资含硬件购置费、软件研发费、安全测评费等几项费用，总投资约为 630 万元。

本项目成果支撑了该园区蒸汽热网系统规划设计方案择优，有效提高了供汽品质，降低了热网网损，控制了环网蒸汽冷凝停滞水击风险，显著提升该园区蒸汽热网系统运行的安全性和经济性。考虑项目实施和研发周期，只计算节能收益（不核算系统保障运行安全产生的间接经济效益）条件下，从项目启动开始 3 年内可以收回投资。

同时本项目还要以下社会效益：

（1）显著提升工业园区蒸汽供热的安全性、经济性与环保水平，以数字化、精细化科学运营管理替代粗放式管理模式，为工业园区蒸汽供热管网的智慧化转型发挥重要作用。

（2）为多源多能互补的能源互联网建设提供参考性理论、技术、案例，引领了我国集中供热行业的智慧升级，具有极其重要的标杆性意义。

（3）有助于提升工业生产综合能源利用效率，降低单位 GDP 能耗，促进工业生产与生态环境协调的循环经济模式的落地。

（4）在保证供热生产安全性和可靠性的前提下，基于热网仿真系统的应用，科学开展跨区域供热调度的研究，均衡考虑多区域间的热能生产、热能输送能力，减少因工业生产带来的环境污染。

六、性能试验与运行情况

本项目实现了供热企业从粗放的、基于经验的管理方式向基于模型预测、物联感知的智慧化管理的转变。项目应用后，支撑了该园区蒸汽热网系统规划设计方案择优，有效提高了供汽品质，降低了热网网损，控制了环网蒸汽冷凝停滞水击风险，显著提升该园区蒸汽热网系统运行的安全性和经济性。蒸汽热网运行主要技术指标见表 4–16。

表 4–16　　蒸汽热网运行主要技术指标

指标类别	指　标　名　称	应用情况
性能指标	全网压力、流量、温度仿真计算与实际测量值偏差	＜5%
	全网蒸汽在线流动状况更新频率	1min
	对停滞水击事故提前预警、故障定位时间	＜2min
	蒸汽停滞及供热参数不达标的优化调节策略生成时间	5min
节能指标	源侧能耗降低值	0.6%
	网侧能耗降低值	0.56%

本项目研发的“面向安全节能的智慧工业园区热网状态分析与运行优化系统”现已投入运行调度人员使用，从使用的效果看目前系统的各项指标和功能均已满足预期目标，起到在线分析、计算的智能辅助决策作用。

其中仿真功能项目建设中期就已投入使用，已多次支持现场的热网运行工况的针对性分析，为运行人员提供指定工况下的异常情况原因分析及调节决策指导。在热网运行改造的过程中，通过仿真对各种改造方案实现了预演分析，并找到了优化的改造方案，支持了改造方案的科学决策。在线运行系统可帮助运行人员实时掌握热网的全网运行状态参数，针对消除环状热网运行中潜在的水击风险，以及严格保证到达各热用户蒸汽品质参数的两个核心技术目标，采用增设调节阀和调整多热源供热量分配的方法主动调控环网中的蒸汽流动状态。通过在线优化算法智能寻优，依据不断变化的工况计算确定调节阀的最优开度和多热源协同供热的负荷优化的运行调度方案。

2018 年 12 月项目研发成果通过专家鉴定，鉴定意见认为项目的研发的系统创新性强、集成度高、通用性广、易用性好，项目总体上达到了国际先进水平，在蒸汽热网热工水利工程在线仿真与停滞故障诊断方面达到国际领先水平。同时，项目成果荣获“2019 年度中国电力科技创新一等奖”，具有较高的行业认可度与推广价值。

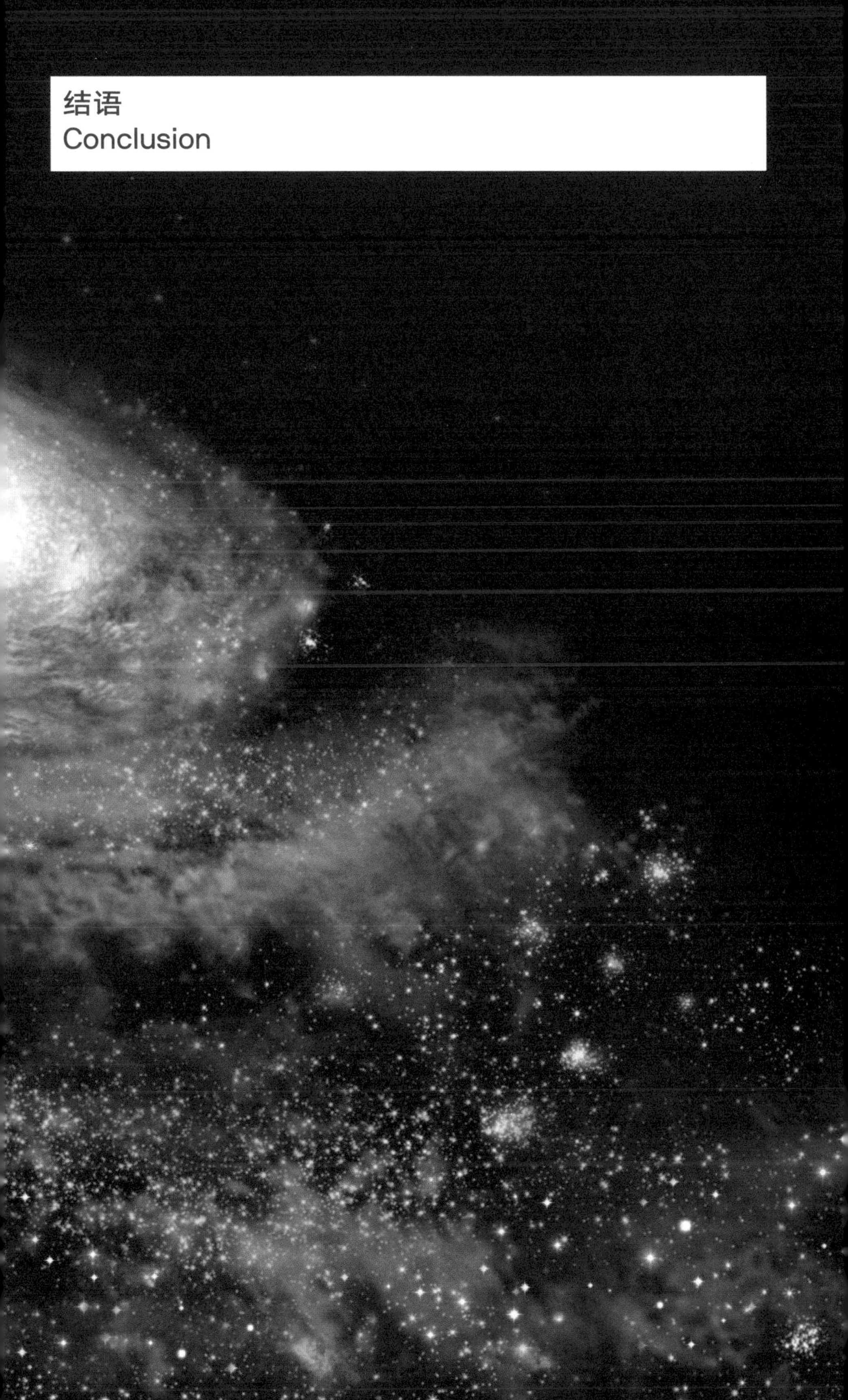

结语
Conclusion

回答太空的形状这个表面上简单的问题，带我们进行了一次漫长的航行，即从古代以地球为中心的宇宙（U.）的观点到现代的观点。现代观点指我们可能确实是我们自己可观测的宇宙（U.）的中心，但是如美国天文学家卡尔·萨根（Carl Sagan，1934—1996）令人难忘地指出的那样，除此之外，我们并不比“宇宙海洋中的一粒沙子”更有意义。

一路上，我们已经看到引力在塑造时空中扮演着怎样关键的角色，并发现了令人信服的证据表明我们的日常宇宙（U.）中看不见的暗物质远远多于熟悉的物质。然而，即使宇宙中所有质量的组合引力也不足以克服神秘的暗能量。它正以不断加速的速度将空间推开。

那么从目前的证据来看，今天的宇宙是“平的”——基本上在所有方向上都是均匀的，没有大范围内的曲率。

更重要的是，它几乎肯定远远超出了我们可见宇宙（U.）的界限，此界限扩大到一个无法到达的领域，成为一个无限的一级多元宇宙（不管我们在第 4 章中遇到的其他类型的多元宇宙是否最终被证明）。

当然，这可能不是这件事的最后定论。在过去的几个世纪里，我们对宇宙的理解发生了如此多的变化，以至于很少有人认为我们目前的知识是全面的。一个显然有待解决的问题围绕着仍然令人困惑的暗物质和暗能量的本质，特别是暗能量的强度是否会无限期地增长，或者它是否有一天会逐渐消失甚至逆转。

B

C

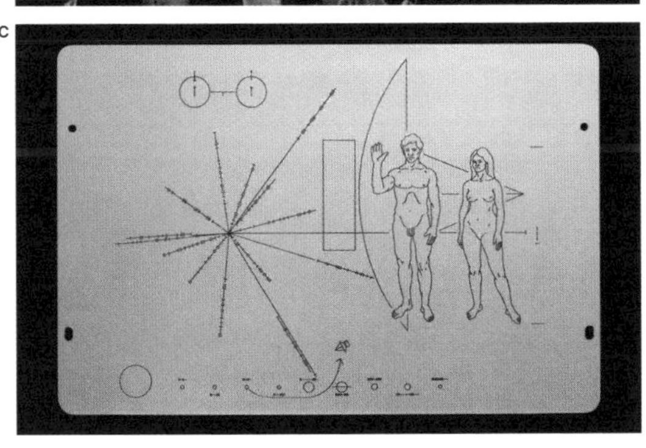

A 螺旋恒星系统，比如我们充满了恒星、能够支持复杂的智能生命的银河系，是由于某种指导性的影响偶然产生的，还是多元宇宙力学的结果？

B 卡尔·萨根的书籍和电视剧向几代人介绍了关于宇宙、生命和智慧存在的深刻问题。

C 萨根和他的同事科学家弗兰克·德雷克（Frank Drake）设计了人类给恒星的第一条信息。这是一块镀金的饰板，装在先锋 10 号和 11 号宇宙飞船上。飞船于 20 世纪 70 年代初发射，现在正离开太阳系。

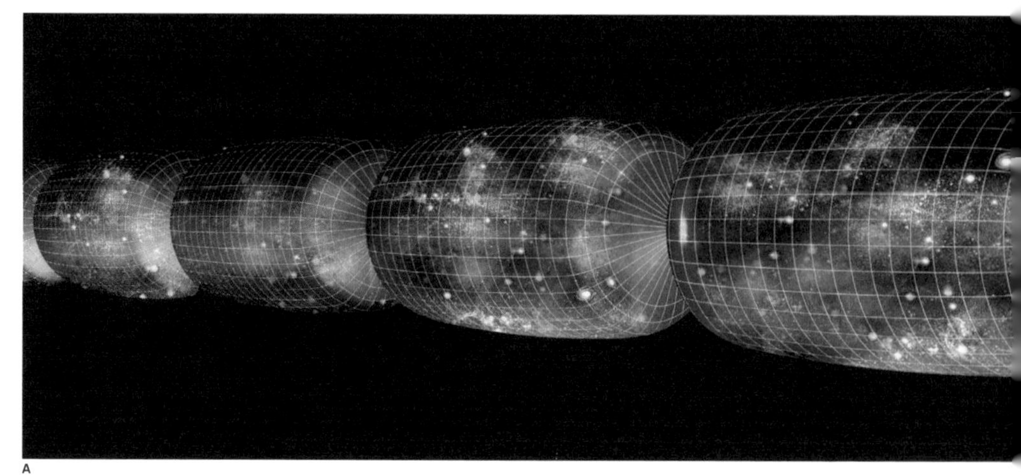
A

引力理论也有对立的理论。它们试图不借助暗物质或暗能量的概念解释观测到的宇宙（U.）现象（尽管目前这些只是少数人的兴趣）。

所有这些都很重要，因为尽管探究太空的形状看起来纯粹是一个学术兴趣，但它与其他极其重要的问题有着内在的联系，这些问题关乎宇宙（U.）未来的发展和宇宙中所有生命（尤其是我们自己）的位置。

在第 3 章中，我们详细探讨了宇宙中物质的密度加上暗能量的强度如何有潜在的能力去影响局部层面的时空曲率和整个空间的形状。广义地说，这可能产生一个封闭的球形宇宙，一个开放的鞍形宇宙或者一个没有任何曲率的扁平宇宙。然而，到目前为止还没有提到的是，这些形状不仅决定了空间当前的几何形状，也决定了它未来可能的演变。

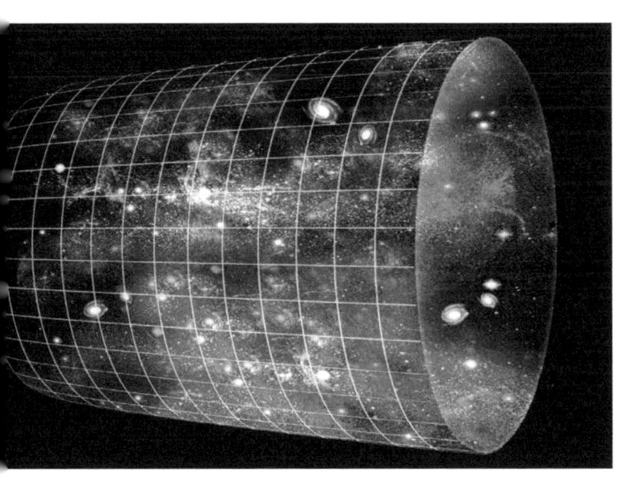

A　一个循环的宇宙（U.）经过膨胀和收缩的周期性阶段，每次膨胀与一个全新宇宙的诞生没有区别。

B　宇宙（U.）三种可能的命运，即开放的（注定会永远膨胀，粉红色），平坦的（膨胀最终会停止，蓝色），或者封闭的（膨胀最终会逆转，绿色）。一些宇宙学家将宇宙（U.）在时空中的起源称为阿尔法点，称其结束点（如果有）为欧米茄点（omega point）。

C　如果每个新宇宙（U.）的基础物理常数可以具有真正随机的值，那么单个宇宙（U.）为生命创造条件的可能性就非常小。

封闭的宇宙不仅仅限制今天，也限制未来的发展，在某个时候，引力会克服大爆炸时开始的膨胀，把物质拉回到一起。在遥远的未来，宇宙将变得越来越致密，温度将开始上升，直到一切再次集中在被称为“大紧缩”（Big Crunch）的超高温、超致密状态。这种崩溃可能在数万亿年内不会发生，并可能最终导致时空反弹，从而创造一个新的大爆炸（可能是一个永无止境的循环宇宙的新阶段），但这将标志着我们所知的宇宙的最终终结。

循环宇宙（cyclic U.）认为我们的宇宙（U.）只是一个永恒周期中的某个阶段，最终会被新大爆炸中的继任者所取代的理论。

B

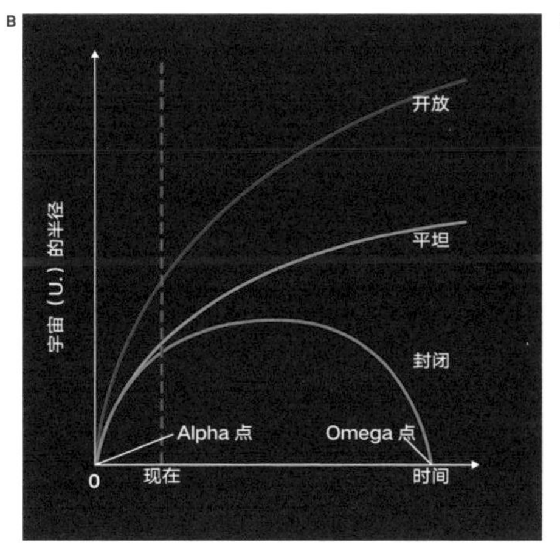

C

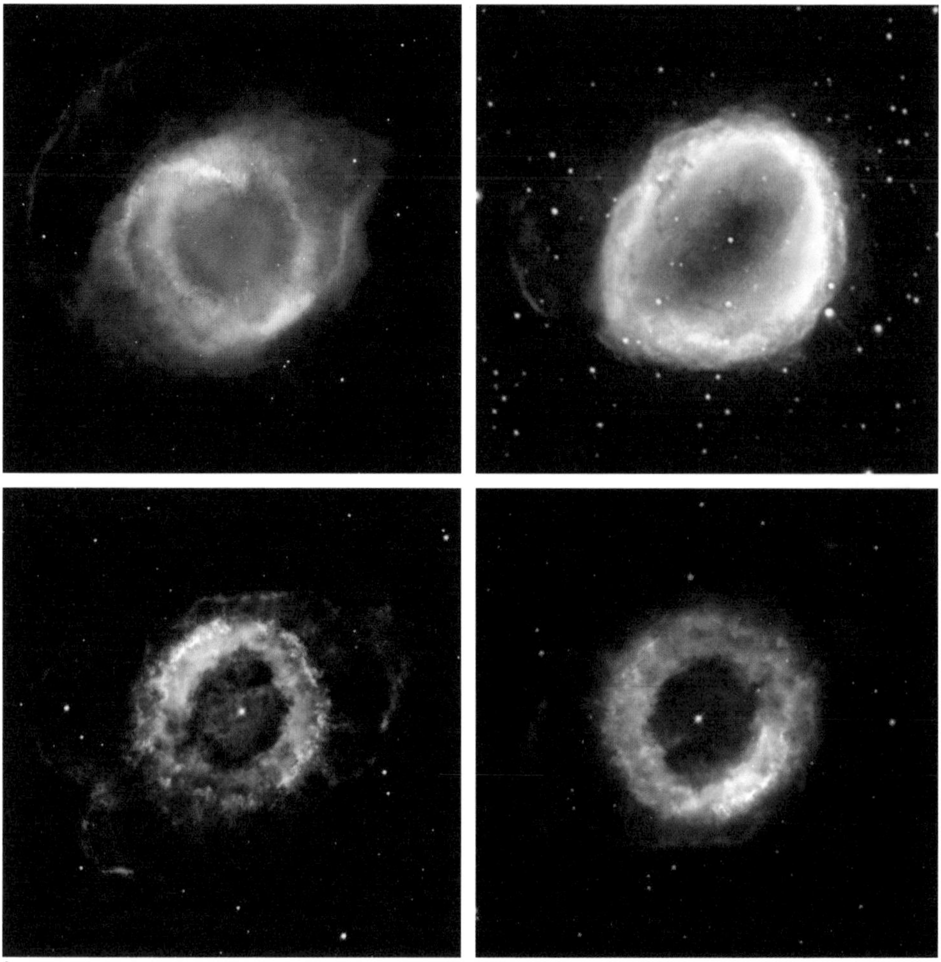

A

相反，当今的开放宇宙（U.）是一个引力永远不能克服初始膨胀速度的宇宙——事物分离得太快，永远不会被拉回到一起。相反，空间将永远继续扩大。在这种情况下，宇宙的最终命运将是“大寒”（Big Chill）。随着星系越来越远，后代恒星逐渐耗尽所有可用于核聚变的燃料，天空将变暗。天空中除了慢慢冷却的恒星残余物，什么也没有。

一个统一的或几何上平坦的宇宙（U.），表面上类似于我们现在所生活着的宇宙，曾经被认为是这两个宇宙命运的分界线。这样一个宇宙（U.）被认为包含足够的质量来减缓膨胀，但从未完全逆转它。宇宙（U.）将继续以不断下降的速率变大到一个人们看到开放宇宙（U.）的程度，同时遭受与开放宇宙（U.）中相似的“大寒”命运。

然而，来自微波背景的测量证据表明，我们宇宙扁平的真正原因不仅仅是物质的质量，还包括暗能量的存在。暗能量在反直觉地推动宇宙膨胀的同时，也增加了空间中能量的含量。这意味着有可能有这么一个宇宙（U.），它是平坦的并且有可能永远持续膨胀而不减速。

B

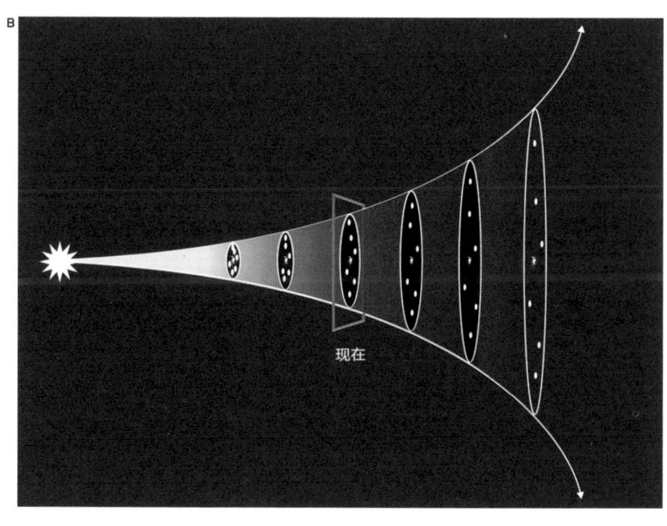

A　行星状星云是快要消亡的恒星所产生的美丽但短暂的宇宙烟圈。在它们尾流后留下的耗尽的核心像白矮星一样继续发光数十亿年。但这些核心最终也会褪色、冷却和分裂。

B　随着暗能量导致空间在未来更快地膨胀，物质和热能将会更加稀薄地扩散。这导致宇宙（U.）不可避免地陷入“大寒”。

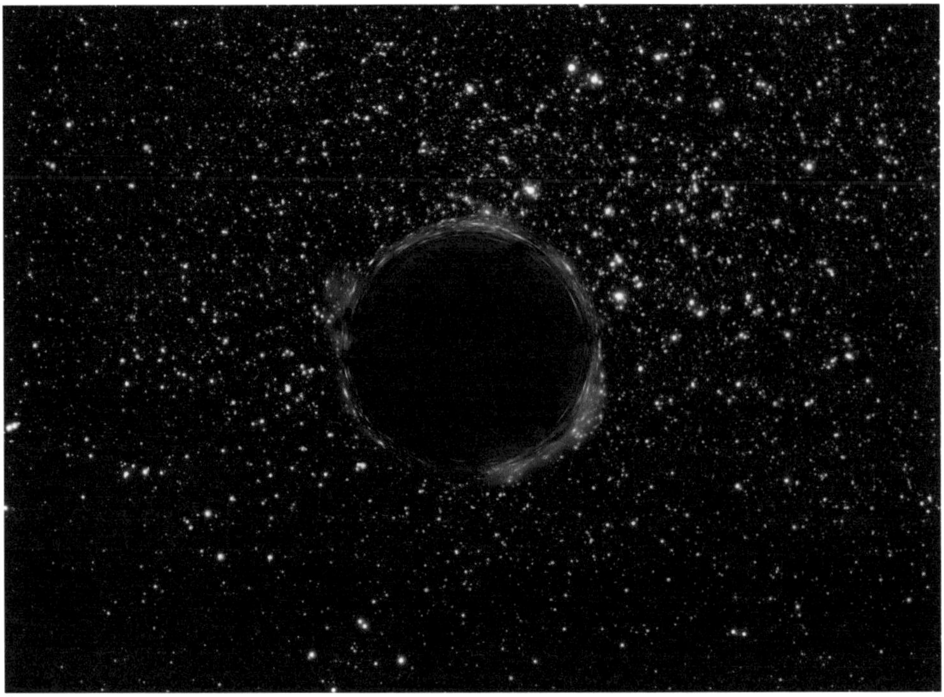

A

因此，似乎宇宙（U.）注定要经历一场“大寒”。但是在宇宙历史上，人们发现暗能量明显增强了。这个发现开辟了另一个最令人惊恐的可能性：暗能量不是在数千亿年内慢慢冷却和死亡，而是让宇宙朝着更早结束的命运疾驰而去。“大撕裂”（Big Rip）假说表明，由暗能量驱动的宇宙膨胀的加速率可能不仅在稳步增长，而且是呈**指数级增长**。

在这种情况下，随着时间的推移，膨胀会越来越快。首先在更大的尺度上，然后在越来越小的尺度上，它会压倒引力的吸引作用。这种现象的第一个迹象是已经在最遥远星系中所探测到的加速膨胀，但是最终相对较近的星系也会因为空间的拉伸而远离我们。我们所在的拉尼亚凯亚超星系团将开始解体。最终，甚至我们自己的星系也会随着引力的减弱而开始解体。接近尽头时，我们的太阳系将会瓦解。最终，随着暗能量变得势不可挡，行星本身也将瓦解。最后的“大撕裂”将看到暗能量克服将分子和单个原子结合在一起的电磁力和核力。最终，“大撕裂”会将一切撕成亚原子粒子碎片。

指数级增长（exponential growth）与当前值成比例增加的增长率（因此，例如，宇宙可能需要 x 年才能变大一倍，但之后只有 ½ x 年才能再变大一倍，在这之后，¼ x 年才能再变大一倍。

拉尼亚凯亚超星系团（Laniakea supercluster）离银河系最近的主要宇宙结构，一个大约 1 亿光年长的星系云，我们的星系靠近它的一端。

A　在一个寒冷的大宇宙中，如果有足够的时间，即使是物质密度最大的形式，如黑洞，也将慢慢消散为乌有。

B　由于暗能量越来越占主导地位，大撕裂使空间规模不断指数级地扩大。它首先在最大的空间尺度上为人所知，以越来越快的速度将遥远的星系拉开，也许就像我们在当今的宇宙（U.）中看到的那样。随着能量的增长，它将让自己在越来越小的范围内被观测到。

B

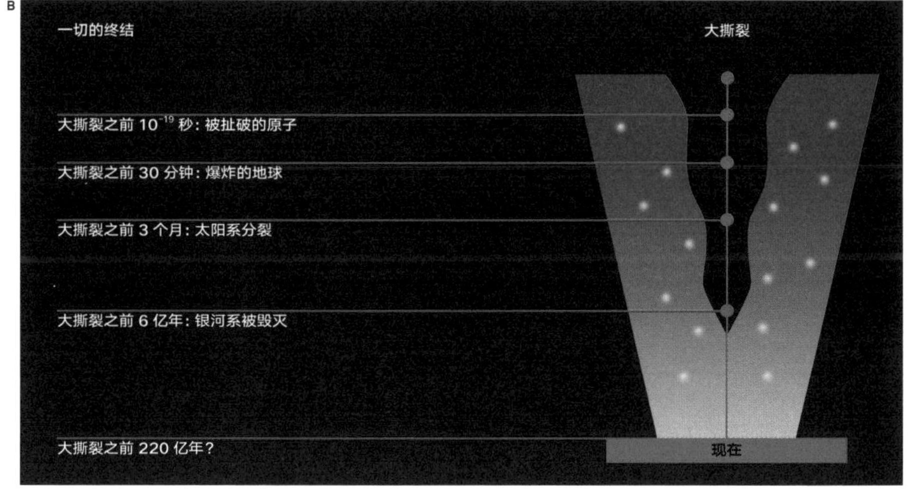

A

B

常数（constant）表示物理性质之间关系的强度的数字，它在整个宇宙中被认为保持不变。

溶剂（solvent）分子们可以在其中移动并相遇的液体，有可能发生化学反应。

A 我们的星球，即地球，为生命的进化提供了看似理想的条件，但是宇宙学家们正在纠结为什么会这样。

B 地球上的生命如此丰富以至于它几十亿年来塑造了地球的地质演化。所有岩层都是由古老森林的残余物组成的。

C 大型强子对撞机之类的实验让我们进一步确信：我们的宇宙是经过微调的，从而允许稳定的物质存在，这一切意义重大。

大撕裂真的可能发生吗？

物理学家认为，只有当暗能量采取一种被称为幻能量的特定形式时，它才有可能以某种方式具有负动能（正常运动物体固有的“运动能量”）。除此之外，撕裂的增长速度取决于某些宇宙常数的值，因此目前的测量表明，即使这样的大灾难是可能发生的，它也不会在数百亿年内发生。根据我们目前所理解的宇宙（U.）形状和结构，我们的远房子孙更有可能不得不应对“大寒”的后果而不是大撕裂的后果，特别是考虑到我们太阳的剩余寿命只有短短几十亿年。

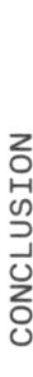

撇开我们最终命运的问题不谈，宇宙（U.）的形状也提供了一个新的视角给一个最大的问题——我们为什么在这里？我们能对宇宙（U.）做出的最惊人的观测之一是，它似乎被可疑地“微调”以促进生命的发展。

宇宙（U.）基本粒子的性质和基本力的强度如果稍有不同，生命就是不可能的。例如，降低电磁力的强度可以显著缩小水呈稳定液态的温度范围（这对于水作为生物化学反应的溶剂至关重要）。篡改引力，你就可以防止行星、恒星和星系聚结，或者导致它们坍塌成黑洞。与此同时，干扰核作用力可能会影响为恒星提供能量的聚变反应，改变它们的寿命或者根本阻止它们发光。

c

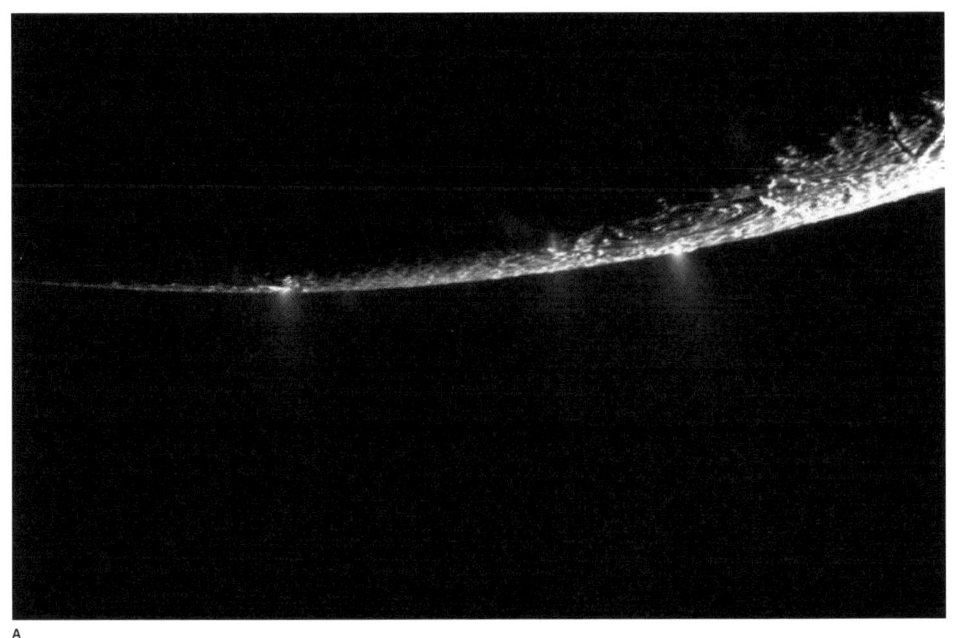

A

进一步的宇宙巧合包括重子物质对反物质的控制，这阻止了造成破坏的湮灭反应在我们的宇宙区域发生（并确保这里确实有物质）。宇宙（U.）中暗物质的数量是形成大规模宇宙结构的原因，而暗能量、物质和宇宙膨胀初始力的平衡决定了我们的宇宙（U.）迄今已经以稳定的形式演化了数十亿年，并将继续演化数十亿年。

A 土星的小卫星土卫二的冰冷外壳下有液态海洋，其水以间歇泉状的水柱流出。这样的海洋可以给太阳系中的外星生命提供一个舒适的环境。

B 人们在看似贫瘠的火星表面附近发现液体水流动。这也使这里成为简单生命可能的住所。

为了解释这些明显惊人的巧合，天文学家采用一个被人称为“人择原理”的简单但强大的想法。该原理于 1973 年由布兰登·卡特提出，后来在 20 世纪 80 年代由约翰·D. 巴罗和弗兰克·蒂普勒（Frank Tipler，1947— ）完善。该原理有“弱”和“强”两种类型。弱人择原理仅仅是一种观测，我们不应该惊讶地发现宇宙（U.）被微调以促进生命的发展。因为如果不是这样，我们就不会在这里观测它。而强人择原理（如巴罗和蒂普勒所描述的）则更进一步。它认为宇宙（U.）确实有必要创造生命——它确实在某些方面得到了微调。

B

湮灭（annihilation）在平衡物质和反物质粒子相互接触的瞬间，两种物质直接转化成能量爆发的过程。

人择（anthropic）字面上是“与人类有关”的意思。人择原理本质上是这样一种想法，即如果不考虑我们自己在宇宙中的存在，我们就无法正确理解宇宙（U.）。

布兰登·卡特（Brandon Carter，1942— ）澳大利亚理论物理学家，1973 年提出了人类宇宙学原理的最初版。他指出，在评估我们对宇宙的观测时，需要考虑我们目前在宇宙中的存在。他也做了关于黑洞和中子星性质的重要工作。

约翰·D. 巴罗（John D. Barrow，1952— ）英国宇宙学家，剑桥大学数学科学教授和著名作家。除了在人择原理和连接哲学与物理学的工作，他还以他的声明而闻名：“一个简单到足以被理解的宇宙（U.）太简单了，以至于无法产生一个能够理解它的头脑。”

巴罗和蒂普勒提出了强人择宇宙（U.）的三种可能的变体。第一种是外部机构的有意识干预——一种创造宇宙并使其以最终允许生命发展的方式运行的额外维度智能。不管这个代理人是传统意义上的神、强大的外来物种还是设计数学微调模型的后人类程序员（如仿真假设所提出的，见第 4 章），除了从神学角度看，几乎不会有什么不同。

然而，强人择思想的其他变体依赖于对宇宙形状和性质的基本观测。第二种变体是宇宙不可能存在，除非产生能够观测它的有意识的实体。这听起来可能很奇怪，但是回想一下我们在第 4 章中所探索的量子物理的怪异世界——如果量子现象真的需要在它们自己分解成确定的结果之前被观测到，那么难道整个宇宙在被观测到之前，不能类似地被困在不确定的状态中吗，即薛定谔的猫在宇宙中的等价物？

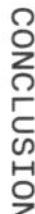

鉴于这是对多世界诠释的一种可能的观点，这个想法就更有趣了，即宇宙（U.）以无数量子态的巨大“叠加”形式存在。这些量子态以某种方式分解为我们存在的宇宙（U.）。如果具有意识的观测者可以被证明扮演了这个重要的角色，那么我们可能不得不承认我们确实生活在一个三级量子多元宇宙中。

A　我们远古祖先首次强加于天空的星座模式仍然象征着我们对宇宙的看法。这些星座模式不可避免地受我们在宇宙（U.）中的位置的影响。图为亚历山大·贾米森（Alexander Jamieson）于1822年出版的《天体地图集》中的插画。

A

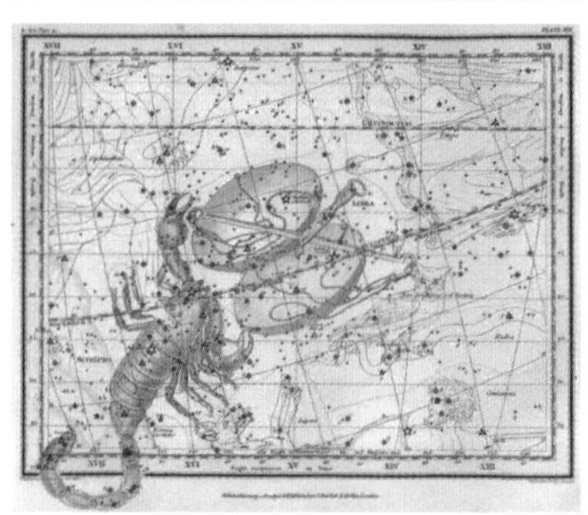

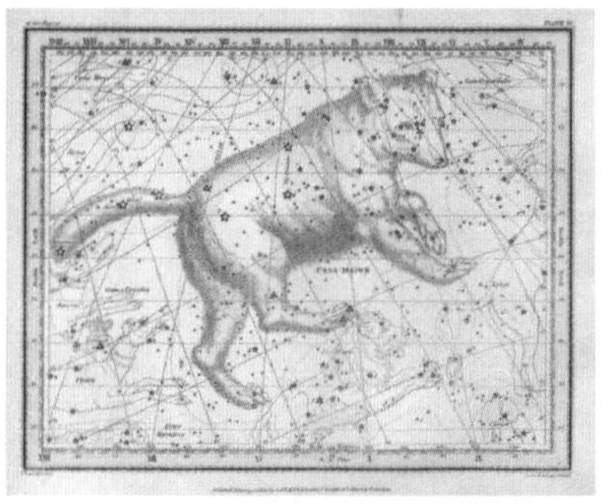

与此同时，强人择原理的第三个变体是这样一种观点，存在一个在某一事件上有无数选择的宇宙集合，我们的宇宙只是这集合中的一个。这让人想起混乱暴胀的二级多元宇宙——宇宙是一个永恒结构的可能性，它产生了无数的气泡宇宙（U.）。每个气泡宇宙都有自己独特的维度排列和其他基本属性。这些气泡中，许多将是一片巨大空旷而没有生命的虚无，而其余的是如此不稳定以至于它们一旦形成就会坍塌。“我们的”气泡碰巧是一个可居住的气泡，而这只是弱原理所致。

B

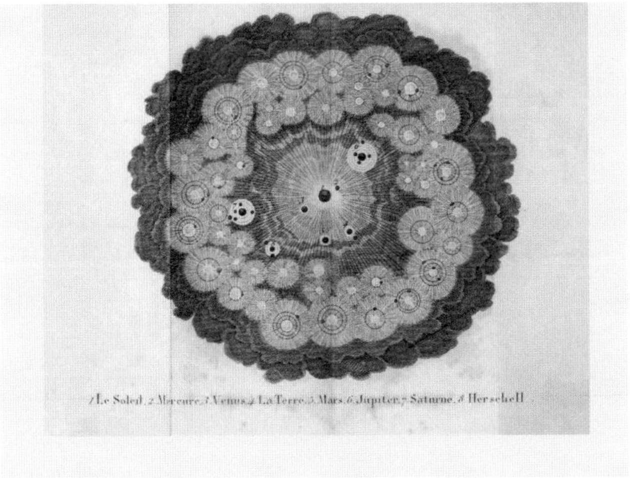

B　现代宇宙学的信息肯定与贝尔纳德・德・丰特纳勒在 17 世纪第一次掌握的信息相同：我们的世界只是数不清的世界中的一个，也许是无限个世界中的一个。图为贝尔纳德・德・丰特纳勒《关于多个世界的对话》（*Conversations on the Plurality of Worlds*）中的插画，出版于 1686 年。

过去的一个世纪里，我们对宇宙形状的探索已经被证明有着远远超出哥白尼甚至哈勃想象的影响。它揭示了物质和能量的隐藏形式，宇宙的起源和命运，甚至生命本身的秘密。也许最令人惊讶的是，考虑到引力和物质之间的秘密关系所带来的奇异可能性，我们所能看到的宇宙（U.）是我们所能想象的最简单的形状。

然而，如果宇宙没有那种统一的平坦结构，我们可能根本就不会在这里看到它。

延伸阅读
Further Reading

Amendola, Luca, *Dark Energy: Theory and Observations* (Cambridge: Cambridge University Press, 2010)

Barrow, John D. and Tipler, Frank J., *The Anthropic Cosmological Principle* (Oxford: Oxford University Press, 1986)

Bartusiak, Marcia, *Einstein's Unfinished Symphony: The Story of a Gamble, Two Black Holes, and a New Age of Astronomy* (New Haven, Connecticut: Yale University Press, 2017)

Davies, Paul, *The Goldilocks Enigma: Why Is the Universe Just Right for Life?* (London: Penguin Books, 2006)

Davies, Paul, *Other Worlds: Space, Superspace and the Quantum Universe* (London: J. M. Dent & Sons, 1980)

Einstein, Albert, *Relativity: The Special and General Theory* (New York: Crown Publishing Group, 1961, English translation)

Gilliland, Ben, *How to Build a Universe: From the Big Bang to the End of the Universe* (London: Philip's, 2015)

Gott, J. Richard and Vanderbei, Robert J., *Sizing up the Universe* (Washington: National Geographic, 2011)

Greene, Brian, *The Elegant Universe: Superstrings, Hidden Dimensions and the Quest for the Ultimate Theory* (London: W. W. Norton and Company, 2003)

Guth, Alan H., *The Inflationary Universe* (New York: Perseus Books, 1997)

Hawking, Stephen, *A Brief History of Time: From Big Bang to Black Holes* (London: Bantam Press, 1988)

Hawking, Stephen, *The Universe in a Nutshell* (London: Transworld Publishers, 2001)

Hoskin, Michael, *The Cambridge Illustrated History of Astronomy* (Cambridge: Cambridge University Press, 1997)

Jones, Mark H., Lambourne, Robert J., and Serjeant, Stephen (eds.), *An Introduction to Galaxies and Cosmology* (2nd revised edition, Cambridge: Cambridge – Open University, 2015)

Krauss, Lawrence M., *The Greatest Story Ever Told – So Far* (New York: Atria Books, 2017)

Krauss, Lawrence M., *A Universe from Nothing: Why There Is Something Rather than Nothing* (New York: Free Press, 2012)

Liddle, Andrew, *An Introduction to Modern Cosmology* (3rd edition, (Chichester, West Sussex: John Wiley and Sons, 2015)

Panek, Richard, *The 4 Percent Universe: Dark Matter, Dark Energy and the Race to Discover the Rest of Reality* (London: Oneworld Publications, 2011)

Rees, Martin, *Just Six Numbers: The Deep Forces that Shape the Universe* (London: Weidenfeld & Nicolson, 1999)

Rovelli, Carlo, *Seven Brief Lessons on Physics* (New York: Riverhead Books, 2016)

Rovelli, Carlo, *Reality Is Not What it Seems: The Journey to Quantum Gravity* (London: Allen Lane, 2016)

Sagan, Carl, *Cosmos* (London: Macdonald and Co, 1980)

Schilling, Govert, *Ripples in Spacetime: Einstein, Gravitational Waves, and the Future of Astronomy* (Cambridge, Massachusetts: Belknap Press, 2017)

Smoot, George and Davidson, Keay, *Wrinkles in Time: Witness to the Birth of the Universe* (New York: William Morrow and Company, 1993)

Sparrow, Giles, *50 Astronomy Ideas You Really Need to Know* (London: Quercus, 2016)

Sparrow, Giles, *The Universe: In 100 Key Discoveries* (London: Quercus, 2012)

Thorne, Kip S., *Black Holes and Time Warps: Einstein's Outrageous Legacy* (London: W. W. Norton and Company, 1994)

Weinberg, Steven, *Cosmology* (Oxford: Oxford University Press, 2008)

索引
Index

涉及图片的参考文献以黑体表示。

图书在版编目（CIP）数据

太空是什么形状的？/（英）贾尔斯·斯帕罗著；项南译. -- 北京：中信出版社，2020.10
（The Big Idea：21世纪读本）
书名原文：What Shape Is Space？
ISBN 978-7-5217-2122-5

Ⅰ. ①太… Ⅱ. ①贾… ②项… Ⅲ. ①宇宙 - 普及读物 Ⅳ. ① P159-49

中国版本图书馆 CIP 数据核字 (2020) 第 150551 号

太空是什么形状的？

著　　者：［英］贾尔斯·斯帕罗
编　　者：［英］马修·泰勒
译　　者：项南
出版发行：中信出版集团股份有限公司
（北京市朝阳区惠新东街甲 4 号富盛大厦 2 座　邮编　100029）
承 印 者：深圳当纳利印刷有限公司

开　　本：155mm×230mm　1/16
印　　张：9
字　　数：69 千字
版　　次：2020 年 10 月第 1 版
印　　次：2020 年 10 月第 1 次印刷
京权图字：01-2019-4657
书　　号：ISBN 978-7-5217-2122-5
定　　价：68.00 元